아이스크림 더 실전

차례

왜, 더 실전 일까요?

AI 데이터로 구성한 교재입니다.

『더 실전』은 누적 체험자 수 130만 명의 선택을 받은
아이스크림 홈런의 **학습 데이터를 기반**으로 만들었습니다.
AI가 추천한 문제들을 난이도별로 배열한 **단원 평가를 총 4회 구성**하여
실전 시험에 충분히 대비할 수 있도록 하였습니다.
또한 AI를 활용하여 정답률 낮은 문제를 선별하였으며 **'틀린 유형 다시 보기'**를 통해
정답률 낮은 문제를 이해하는 기초를 제공하고 반복하여 복습할 수 있도록 하여
빈틈없이 **실전을 준비**할 수 있도록 하였습니다.

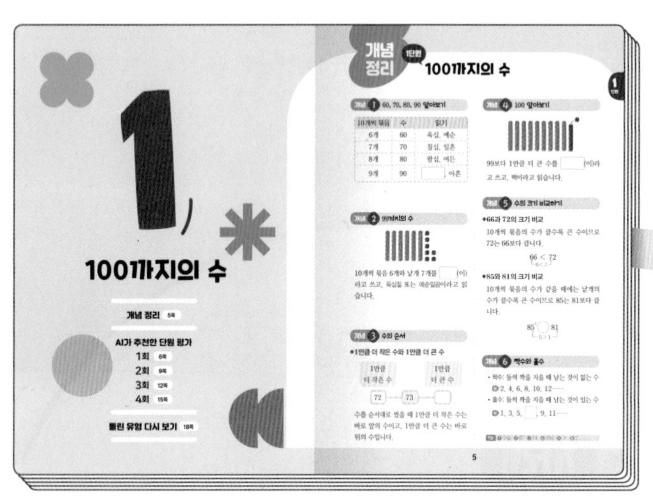

개념을 먼저 정리해요.

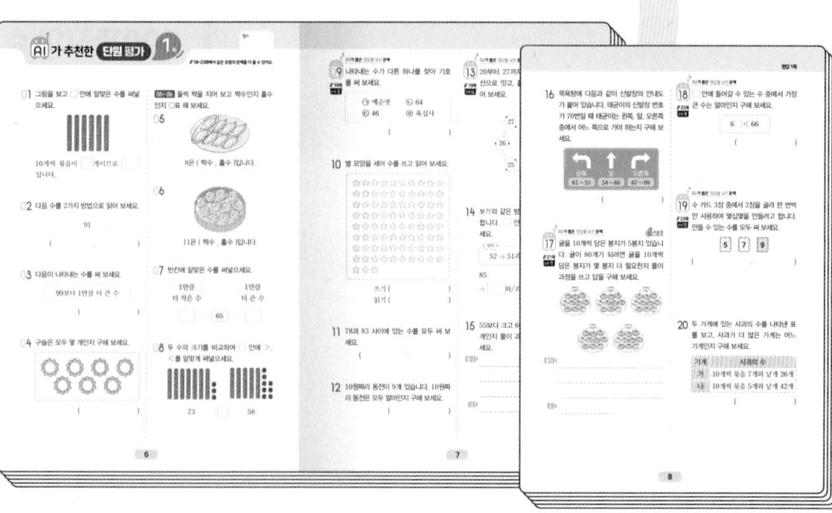

단원 평가 1회 ~ 4회로 실전 감각을 길러요.

더 실전은 아래와 같은 상황에 더 필요하고 유용한 교재입니다.

- ☑ 내 실력을 알고 싶을 때
- ☑ 단원 평가에 대비할 때
- ☑ 학기를 마무리하는 시험에 대비할 때
- ☑ 시험에서 자주 틀리는 문제를 대비하고 싶을 때

『더 실전』이 적합합니다.

틀린 유형 다시 보기로 집중 학습을 해요.

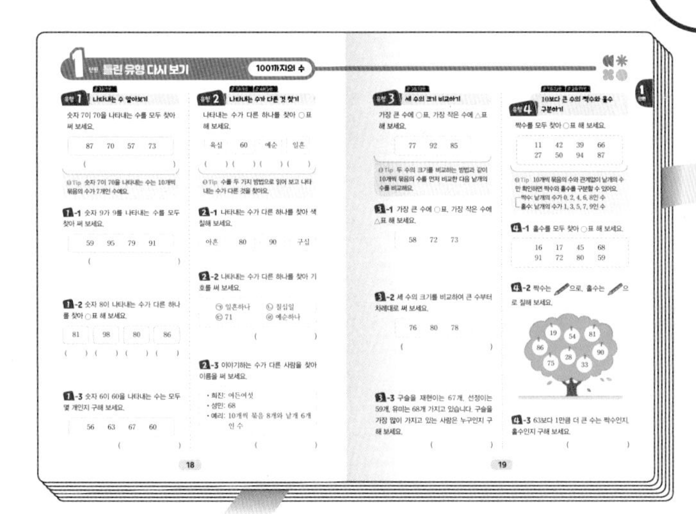

정답 및 풀이로 확인하고 점검해요.

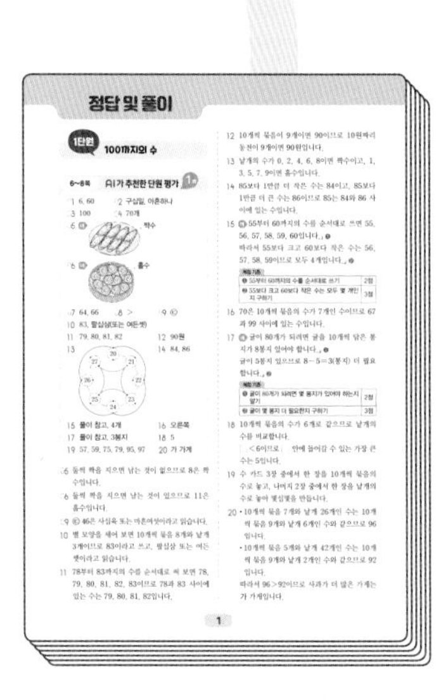

1. 100까지의 수

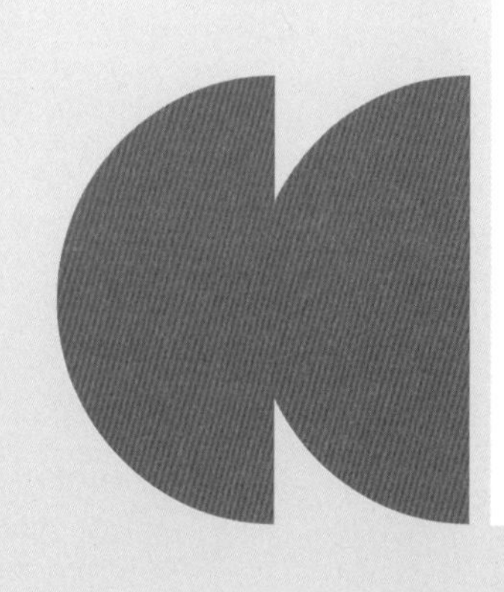

개념 정리 1단원

100까지의 수

개념 1 60, 70, 80, 90 알아보기

10개씩 묶음	수	읽기
6개	60	육십, 예순
7개	70	칠십, 일흔
8개	80	팔십, 여든
9개	90	☐, 아흔

개념 2 99까지의 수

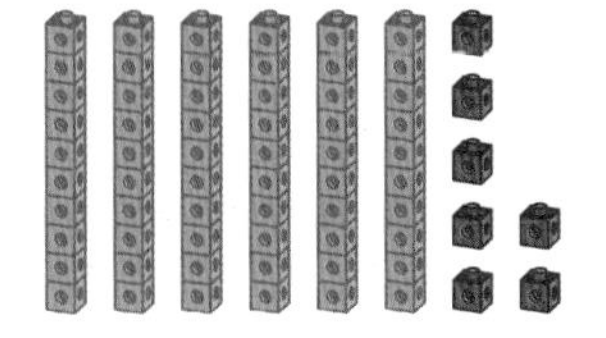

10개씩 묶음 6개와 낱개 7개를 ☐(이)라고 쓰고, 육십칠 또는 예순일곱이라고 읽습니다.

개념 3 수의 순서

◆1만큼 더 작은 수와 1만큼 더 큰 수

1만큼 더 작은 수　　1만큼 더 큰 수

72 — 73 — ☐

수를 순서대로 썼을 때 1만큼 더 작은 수는 바로 앞의 수이고, 1만큼 더 큰 수는 바로 뒤의 수입니다.

개념 4 100 알아보기

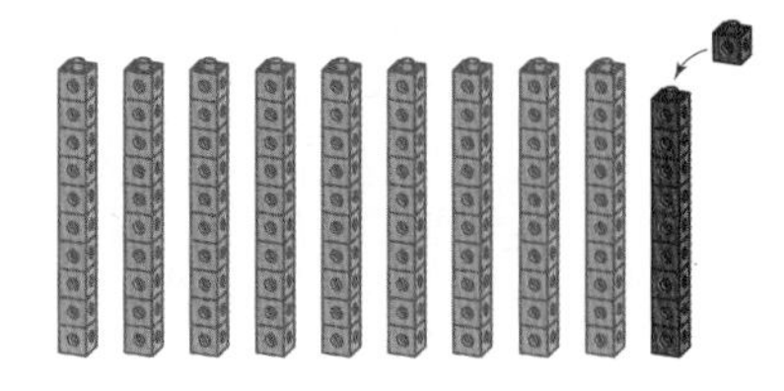

99보다 1만큼 더 큰 수를 ☐(이)라고 쓰고, 백이라고 읽습니다.

개념 5 수의 크기 비교하기

◆66과 72의 크기 비교

10개씩 묶음의 수가 클수록 큰 수이므로 72는 66보다 큽니다.

$66 < 72$ ($6 < 7$)

◆85와 81의 크기 비교

10개씩 묶음의 수가 같을 때에는 낱개의 수가 클수록 큰 수이므로 85는 81보다 큽니다.

85 ◯ 81 ($5 > 1$)

개념 6 짝수와 홀수

- 짝수: 둘씩 짝을 지을 때 남는 것이 없는 수
  예 2, 4, 6, 8, 10, 12……
- 홀수: 둘씩 짝을 지을 때 남는 것이 있는 수
  예 1, 3, 5, ☐, 9, 11……

정답 ❶ 구십 ❷ 67 ❸ 74 ❹ 100 ❺ > ❻ 7

18~23쪽에서 같은 유형의 문제를 더 풀 수 있어요.

01 그림을 보고 □ 안에 알맞은 수를 써넣으세요.

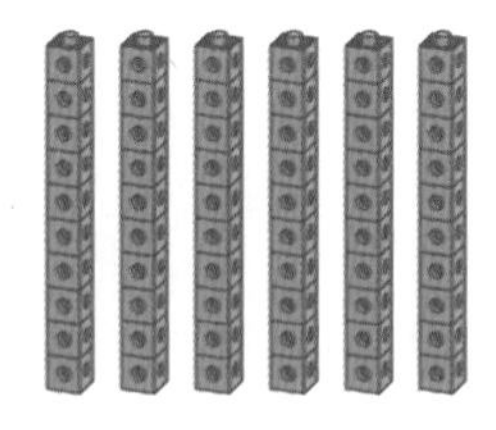

10개씩 묶음이 □개이므로 □입니다.

02 다음 수를 2가지 방법으로 읽어 보세요.

91

(,)

03 다음이 나타내는 수를 써 보세요.

99보다 1만큼 더 큰 수

( )

04 구슬은 모두 몇 개인지 구해 보세요.

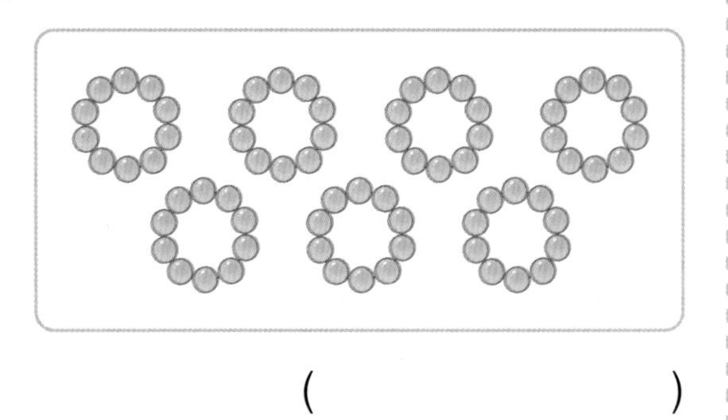

( )

05~06 둘씩 짝을 지어 보고 짝수인지 홀수인지 ○표 해 보세요.

05

8은 (짝수 , 홀수)입니다.

06

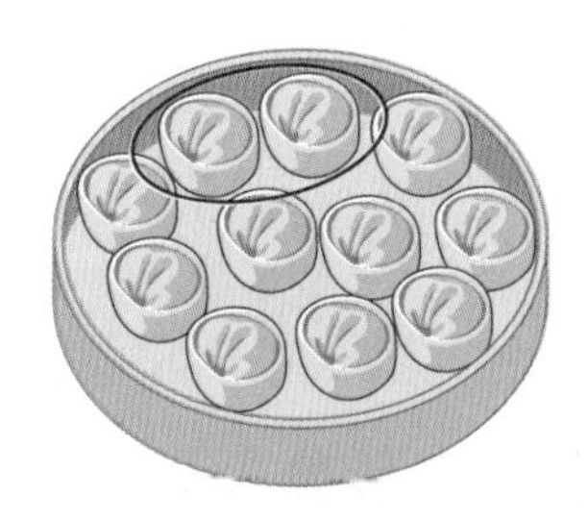

11은 (짝수 , 홀수)입니다.

07 빈칸에 알맞은 수를 써넣으세요.

1만큼 더 작은 수 — 1만큼 더 큰 수

□ — 65 — □

08 두 수의 크기를 비교하여 ○ 안에 >, <를 알맞게 써넣으세요.

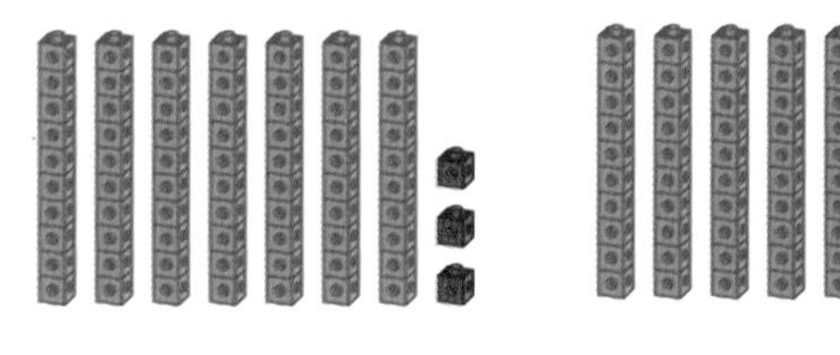

73 ○ 58

AI가 뽑은 정답률 낮은 문제

09 나타내는 수가 다른 하나를 찾아 기호를 써 보세요.

18쪽 유형 2

㉠ 예순넷　㉡ 64
㉢ 46　㉣ 육십사

(　　　　　　　　)

10 별 모양을 세어 수를 쓰고 읽어 보세요.

☆☆☆☆☆☆☆☆☆☆
☆☆☆☆☆☆☆☆☆☆
☆☆☆☆☆☆☆☆☆☆
☆☆☆☆☆☆☆☆☆☆
☆☆☆☆☆☆☆☆☆☆
☆☆☆☆☆☆☆☆☆☆
☆☆☆☆☆☆☆☆☆☆
☆☆☆☆☆☆☆☆☆☆
☆☆☆

쓰기 (　　　　　　　　)
읽기 (　　　　　　　　)

11 78과 83 사이에 있는 수를 모두 써 보세요.

(　　　　　　　　)

12 10원짜리 동전이 9개 있습니다. 10원짜리 동전은 모두 얼마인지 구해 보세요.

(　　　　　　　　)

AI가 뽑은 정답률 낮은 문제

13 20부터 27까지의 수를 짝수는 빨간색 선으로 잇고, 홀수는 파란색 선으로 이어 보세요.

19쪽 유형 4

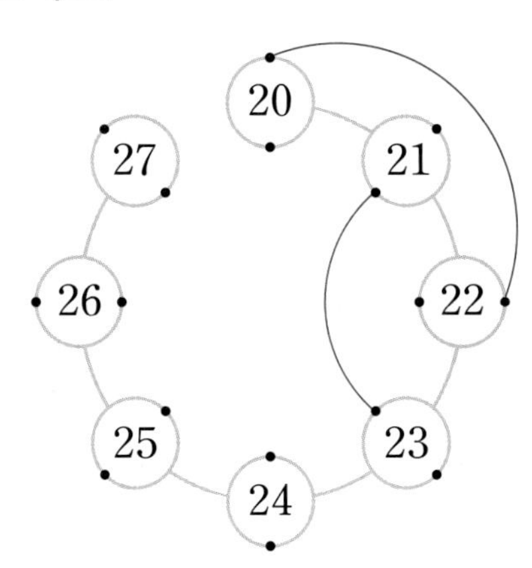

14 보기와 같은 방법으로 85를 나타내려고 합니다. □ 안에 알맞은 수를 써넣으세요.

보기
52 → 51과 53 사이에 있는 수

85
→ □와/과 □ 사이에 있는 수

서술형

15 55보다 크고 60보다 작은 수는 모두 몇 개인지 풀이 과정을 쓰고 답을 구해 보세요.

풀이

답

1 단원

16 목욕탕에 다음과 같이 신발장의 안내도가 붙어 있습니다. 태균이의 신발장 번호가 70번일 때 태균이는 왼쪽, 앞, 오른쪽 중에서 어느 쪽으로 가야 하는지 구해 보세요.

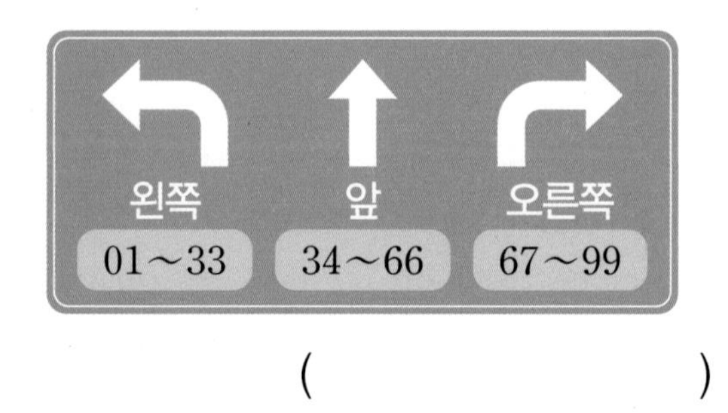

(　　　　　　　　)

AI가 뽑은 정답률 낮은 문제 　　서술형

17 귤을 10개씩 담은 봉지가 5봉지 있습니다. 귤이 80개가 되려면 귤을 10개씩 담은 봉지가 몇 봉지 더 필요한지 풀이 과정을 쓰고 답을 구해 보세요.

21쪽 유형 7

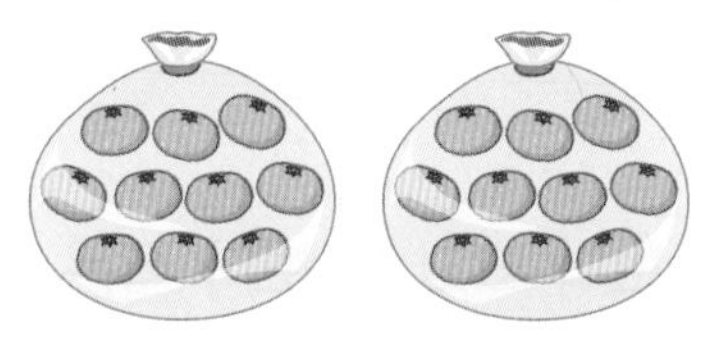

풀이

답

AI가 뽑은 정답률 낮은 문제

18 □ 안에 들어갈 수 있는 수 중에서 가장 큰 수는 얼마인지 구해 보세요.

22쪽 유형 9

6□ < 66

(　　　　　　　　)

AI가 뽑은 정답률 낮은 문제

19 수 카드 3장 중에서 2장을 골라 한 번씩만 사용하여 몇십몇을 만들려고 합니다. 만들 수 있는 수를 모두 써 보세요.

23쪽 유형 11

5　7　9

(　　　　　　　　)

20 두 가게에 있는 사과의 수를 나타낸 표를 보고, 사과가 더 많은 가게는 어느 가게인지 구해 보세요.

가게	사과의 수
가	10개씩 묶음 7개와 낱개 26개
나	10개씩 묶음 5개와 낱개 42개

(　　　　　　　　)

점수

18~23쪽에서 같은 유형의 문제를 더 풀 수 있어요.

01 10개씩 묶어 세어 보세요.

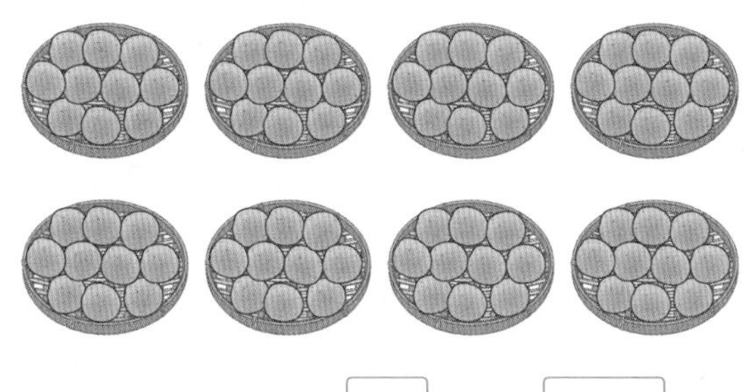

10개씩 묶음 [ ]개 → [ ]

02 수를 쓰고 읽어 보세요.

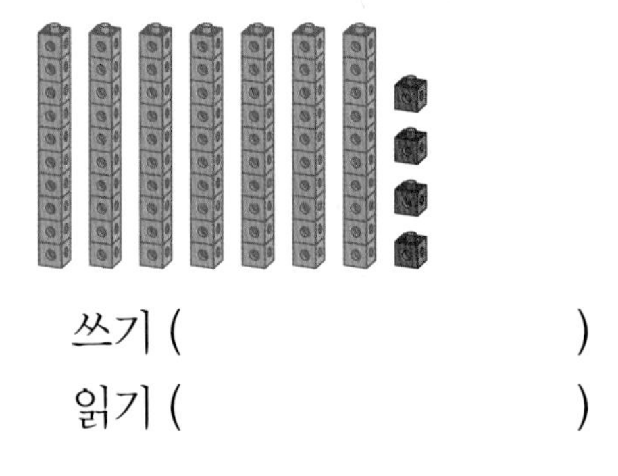

쓰기 (   )
읽기 (   )

03~04 그림을 보고 [ ] 안에 알맞은 수나 말을 써넣으세요.

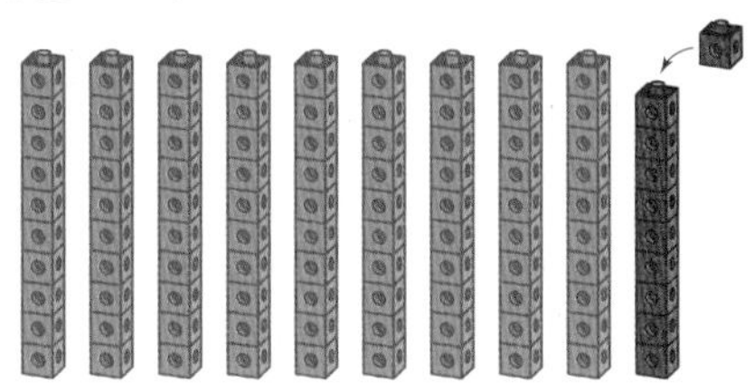

03 99보다 1만큼 더 큰 수는 [ ]입니다.

04 100은 [ ](이)라고 읽습니다.

05 알맞은 말에 ○표 해 보세요.

2, 4, 6, 8, 10……과 같이 둘씩 짝을 지을 때 남는 것이 없는 수를 (짝수 , 홀수)라고 합니다.

06 수의 순서대로 빈칸에 알맞은 수를 써넣으세요.

64 - 65 - [ ] - [ ] - 68 - [ ]

AI가 뽑은 정답률 낮은 문제

07 다음 수에서 숫자 7이 나타내는 수는 얼마인지 구해 보세요.

18쪽 유형 1

74

(   )

08 두 수의 크기를 비교하여 ○ 안에 >, <를 알맞게 써넣고, 읽어 보세요.

91 ○ 93

읽기 ▶ ____________________

09 빈칸에 알맞은 말을 써넣으세요.

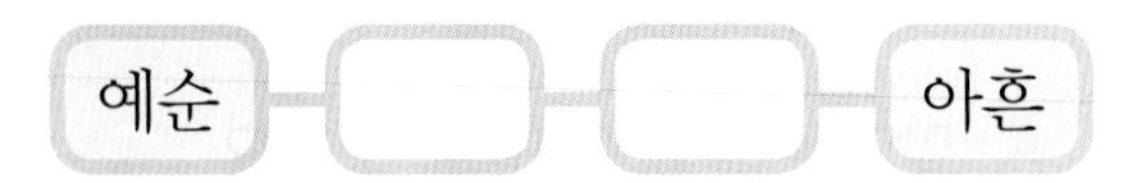

10 짝수는 , 홀수는 으로 칠해 보세요.

4	5	6	7	8
9	10	11	12	13

11 정현이네 집에서 학교와 서점까지 가는 데 걸어야 하는 걸음 수를 나타낸 것입니다. 학교와 서점 중에서 정현이네 집과 더 가까운 곳은 어디인지 구해 보세요.

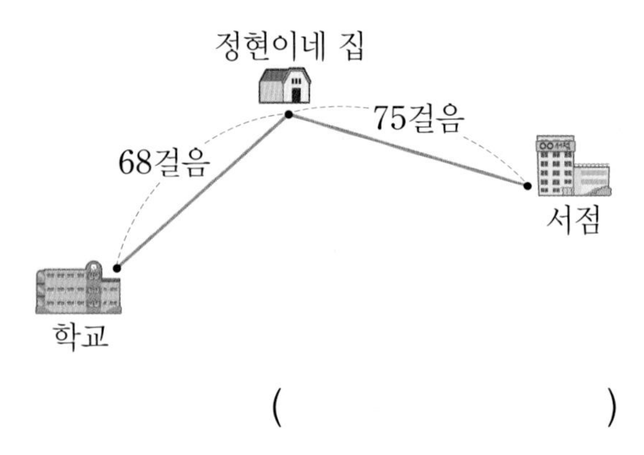

( )

12 두 수의 크기를 비교하여 더 큰 수를 위의 빈칸에 써넣으세요.

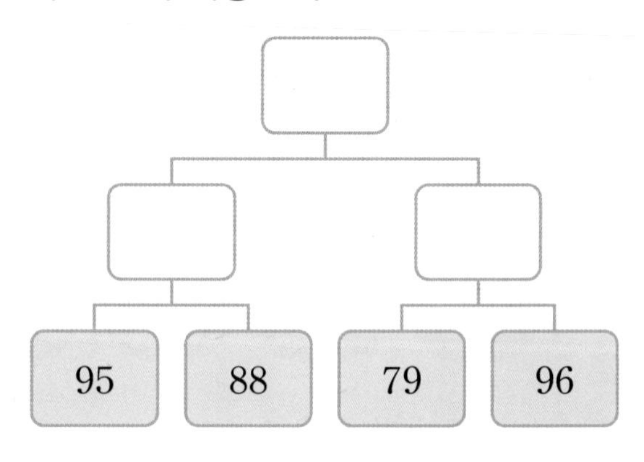

13 색연필이 한 상자에 10자루씩 들어 있습니다. 색연필을 70자루 사려면 몇 상자를 사야 하는지 구해 보세요.

( )

서술형

14 서진이는 색종이를 10장씩 8묶음과 낱장으로 7장을 가지고 있습니다. 서진이가 가지고 있는 색종이는 몇 장인지 풀이 과정을 쓰고 답을 구해 보세요.

풀이

답

AI가 뽑은 정답률 낮은 문제

15 63보다 10만큼 더 큰 수를 구해 보세요.

20쪽 유형 5

( )

AI가 뽑은 정답률 낮은 문제

16 계산 결과가 짝수인지 홀수인지 구해 보세요.

21쪽 유형 8

(짝수)−(홀수)

( )

AI가 뽑은 정답률 낮은 문제 서술형

17 도로명주소는 (도로명)+(건물 번호)로 이루어져 있고 다음과 같이 건물 번호를 정합니다. 왼쪽 건물과 오른쪽 건물에 번호를 정할 때 홀수와 짝수를 어떻게 붙이는지 설명해 보세요.

19쪽 유형 4

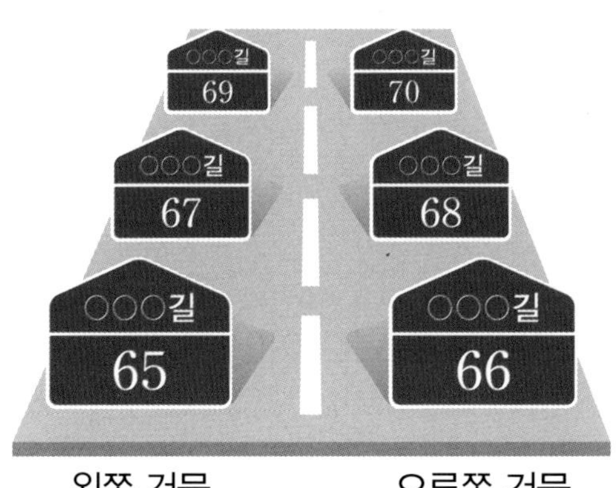

답

18 작은 수부터 수 카드를 놓으려고 합니다. 58 은 어디에 놓아야 하는지 □ 안에 알맞은 수를 써넣으세요.

55	57	60	63

□ 와/과 □ 사이

19 지현이와 해인이는 각각 구슬을 90개씩 가지고 있었습니다. 지현이가 해인이에게 구슬을 1개 주었다면 지현이와 해인이가 가지고 있는 구슬은 각각 몇 개인지 구해 보세요.

지현 ( )

해인 ( )

AI가 뽑은 정답률 낮은 문제

20 조건에 맞는 수를 구해 보세요.

23쪽 유형 12

조건
- 10개씩 묶음이 8개인 수입니다.
- 87보다 큰 짝수입니다.

( )

점수

18~23쪽에서 같은 유형의 문제를 더 풀 수 있어요.

01~02 그림을 보고 물음에 답해 보세요.

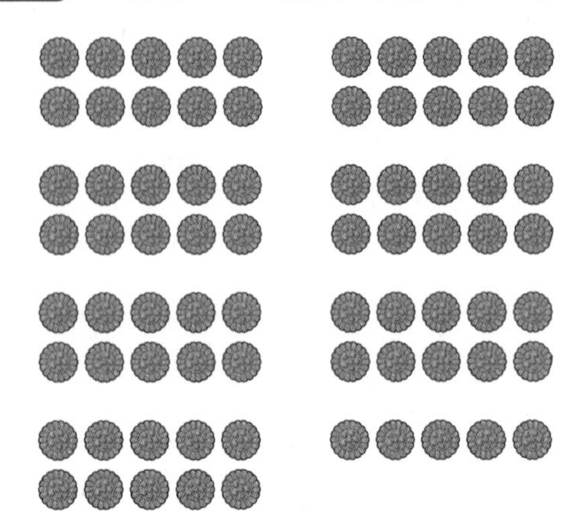

01 빈칸에 알맞은 수를 써넣으세요.

10개씩 묶음	낱개

02 수를 쓰고 두 가지 방법으로 읽어 보세요.

쓰기 (　　　　　　　　)

읽기 (　　　　　　,　　　　　　)

03 다음을 수로 써 보세요.

여든

(　　　　　　)

04 >, <를 사용하여 나타내어 보세요.

53은 56보다 작습니다.

(　　　　　　)

05 당근의 수가 홀수인 것에 ○표 해 보세요.

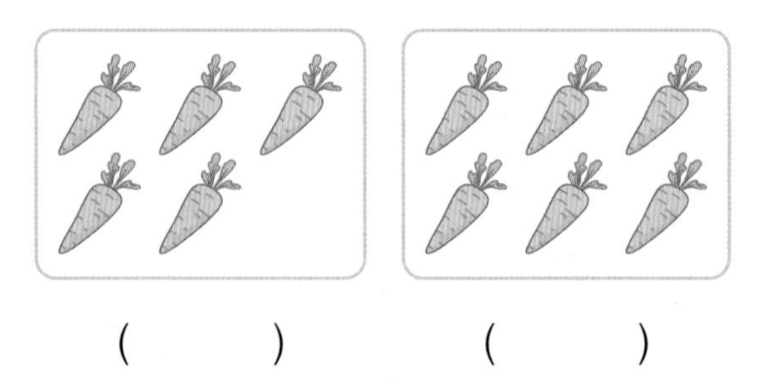

(　　　)　　(　　　)

06 빈칸에 두 수 사이에 있는 수를 써넣으세요.

91 - [　] - [　] - 94

07 수직선을 보고 ○ 안에 >, <를 알맞게 써넣으세요.

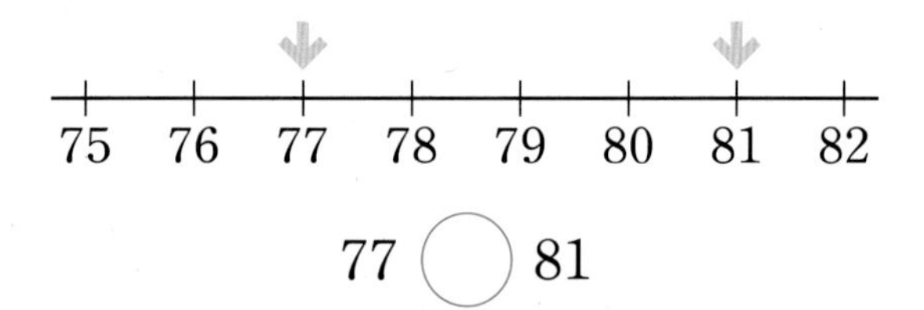

77 ○ 81

08 알맞게 선으로 이어 보세요.

60	70	80
팔십	칠십	육십
일흔	예순	여든

09 90이 되도록 ◯를 더 그려 넣으세요.

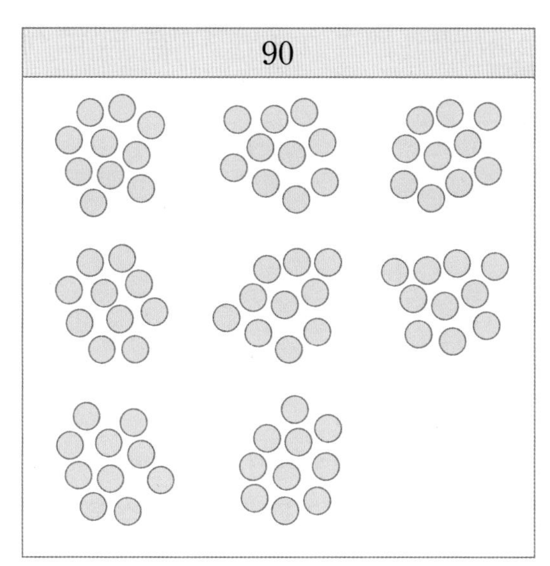

10 100을 바르게 설명한 것을 모두 고르세요. (　　　　)

① 십영이라고 읽습니다.
② 백이라고 읽습니다.
③ 99 바로 앞의 수입니다.
④ 99보다 1만큼 더 큰 수입니다.
⑤ 99보다 1만큼 더 작은 수입니다.

11 12는 짝수인지 홀수인지 쓰고, 그 이유를 설명해 보세요.

답 ▶ ______________________

____

____

12 가장 큰 수에 ○표, 가장 작은 수에 △표 해 보세요.

19쪽 유형 3

68　　64　　76

13 홀수만 모은 것을 찾아 기호를 써 보세요.

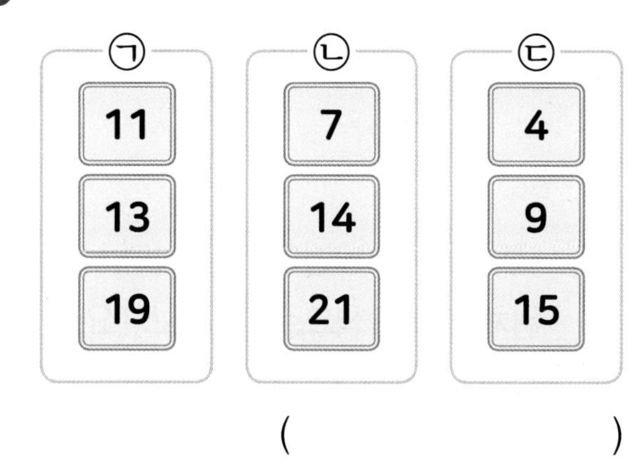

(　　　　　　)

AI가 뽑은 정답률 낮은 문제

14 수박이 10통씩 들어 있는 상자가 6상자 있습니다. 수박이 모두 90통이 되려면 몇 상자가 더 필요한지 구해 보세요.

21쪽 유형 7

(　　　　　　)

15~16 어느 마을의 안내도에 가게들이 번호 순서대로 있습니다. 물음에 답해 보세요.

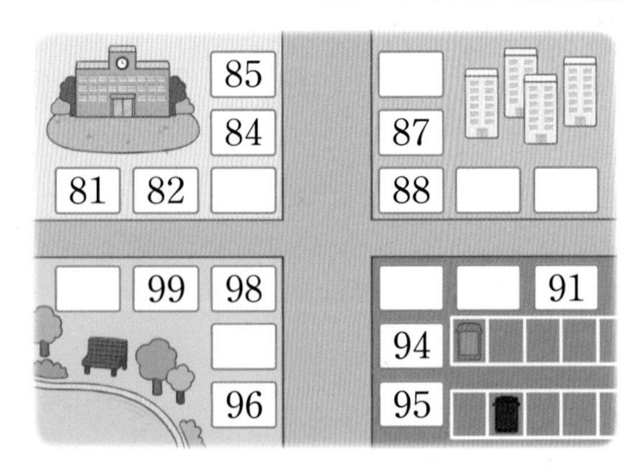

15 슈퍼마켓은 90번에 있습니다. 슈퍼마켓의 위치를 빨간색으로 칠해 보세요.

16 세탁소는 100번에 있습니다. 세탁소의 위치를 파란색으로 칠해 보세요.

서술형

17 은행에서 민호와 선영이가 번호표를 뽑았습니다. 민호가 뽑은 번호표는 63번이고, 선영이가 뽑은 번호표는 67번이었습니다. 두 사람 사이에 있는 사람은 모두 몇 명인지 풀이 과정을 쓰고 답을 구해 보세요.

풀이

답

AI가 뽑은 정답률 낮은 문제

18 22쪽 유형10

어떤 수보다 1만큼 더 작은 수는 97입니다. 어떤 수보다 1만큼 더 큰 수는 얼마인지 구해 보세요.

( )

AI가 뽑은 정답률 낮은 문제

19 22쪽 유형 9

□ 안에 들어갈 수 있는 수를 모두 구해 보세요.

$55 < 5\square < 59$

( )

AI가 뽑은 정답률 낮은 문제

20 23쪽 유형11

수 카드 3장 중에서 2장을 골라 한 번씩만 사용하여 몇십몇을 만들려고 합니다. 만들 수 있는 가장 큰 수를 구해 보세요.

( )

점수

18~23쪽에서 같은 유형의 문제를 더 풀 수 있어요.

01 수를 쓰고 읽어 보세요.

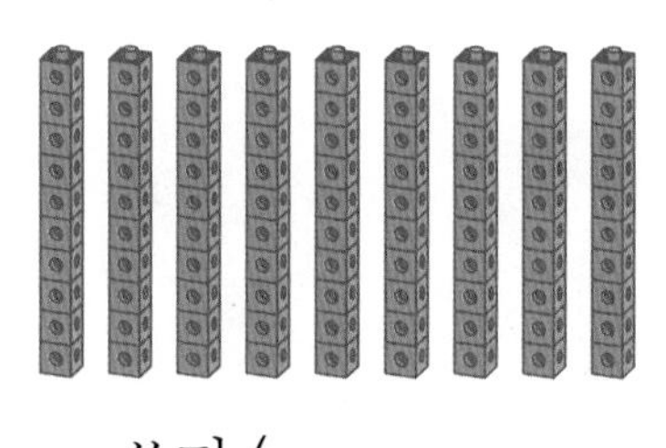

쓰기 (   )
읽기 (   )

02 다음을 수로 써 보세요.

예순여섯

(   )

03 □ 안에 알맞은 수를 써넣으세요.

10개씩 묶음 4개는 □입니다.

04 수를 순서대로 이어 보세요.

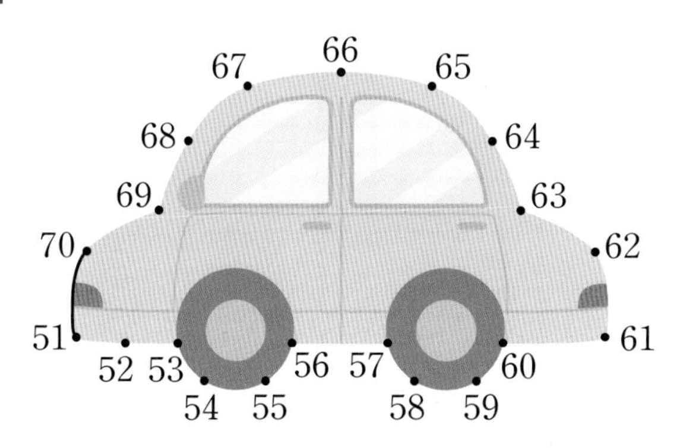

AI가 뽑은 정답률 낮은 문제

05 나타내는 수가 다른 하나를 찾아 ○표 해 보세요.

18쪽 유형 2

70	아흔	일흔	칠십
( )	( )	( )	( )

06~07 수 배열표를 보고 물음에 답해 보세요.

81	82	83		85
86		88	89	
91	92		94	95
	97	98	99	

06 위의 수 배열표에서 빈칸에 알맞은 수를 모두 써넣으세요.

07 노란색으로 칠한 칸에 알맞은 수를 읽어 보세요.

(   )

08 수를 잘못 읽은 것을 찾아 기호를 써 보세요.

㉠ 56 — 오십여섯
㉡ 77 — 칠십칠
㉢ 84 — 여든넷
㉣ 91 — 구십일

(   )

09 □ 안에 알맞은 수를 써넣고, ○ 안에 >, <를 알맞게 써넣으세요.

93보다 1만큼 더 작은 수	88보다 1만큼 더 큰 수

□ ○ □

10 수의 순서를 거꾸로 하여 쓰려고 합니다. 빈칸에 알맞은 수를 써넣으세요.

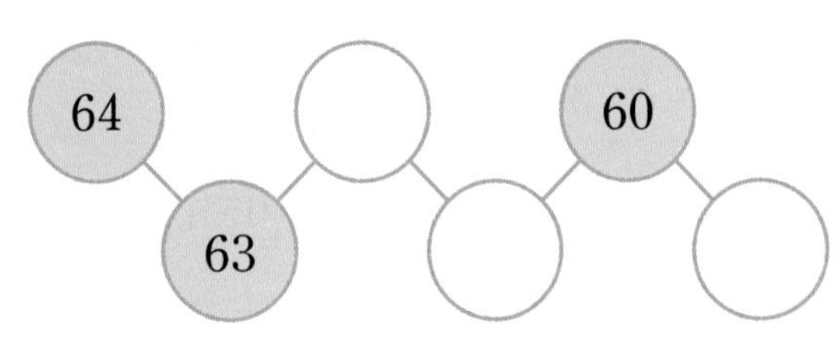

11 고구마 농장에서 지후는 고구마를 72개 캤고, 혜경이는 지후보다 고구마를 1개 더 많이 캤습니다. 혜경이가 캔 고구마는 몇 개인지 구해 보세요.

( )

12~13 그림을 보고 알맞은 말에 ○표 해 보세요.

12 새 친구가 전학을 오기 전에 경민이네 반 학생 수는 (짝수 , 홀수)입니다.

13 새 친구가 전학을 온 후에 경민이네 반 학생 수는 (짝수 , 홀수)입니다.

서술형

14 세영이는 한 묶음에 10장씩 들어 있는 색종이 9묶음을 가지고 있습니다. 이 중에서 3묶음을 종이접기에 사용했다면 세영이에게 남아 있는 색종이는 몇 장인지 풀이 과정을 쓰고 답을 구해 보세요.

풀이 ▶

답 ▶

AI가 뽑은 정답률 낮은 문제

15 52와 58 사이에 있는 수 중에서 홀수를 모두 찾아 써 보세요.

20쪽 유형 6

(   )

AI가 뽑은 정답률 낮은 문제

16 계산 결과가 짝수인지 홀수인지 구해 보세요.

21쪽 유형 8

(홀수)+1

(   )

AI가 뽑은 정답률 낮은 문제 서술형

17 1부터 9까지의 수 중에서 □ 안에 들어갈 수 있는 가장 작은 수는 얼마인지 풀이 과정을 쓰고 답을 구해 보세요.

22쪽 유형 9

65 < 3

풀이

답

18 69는 10개씩 묶음 6개와 낱개 9개인 수입니다. 수직선을 보고 69를 다른 방법으로 나타내어 보세요.

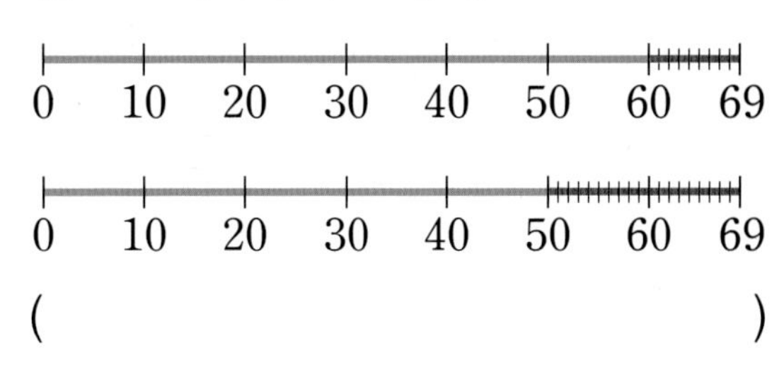

(   )

19 90보다 5만큼 더 큰 수는 100보다 몇만큼 더 작은 수인지 구해 보세요.

(   )

AI가 뽑은 정답률 낮은 문제

20 조건에 맞는 수를 모두 구해 보세요.

23쪽 유형 12

조건
- 10개씩 묶음이 9개인 수입니다.
- 95보다 작은 짝수입니다.

(   )

2회 7번

유형 1 나타내는 수 알아보기

숫자 7이 70을 나타내는 수를 모두 찾아 써 보세요.

87 70 57 73

( )

Tip 숫자 7이 70을 나타내는 수는 10개씩 묶음의 수가 7개인 수예요.

1-1 숫자 9가 9를 나타내는 수를 모두 찾아 써 보세요.

59 95 79 91

( )

1-2 숫자 8이 나타내는 수가 다른 하나를 찾아 ○표 해 보세요.

81	98	80	86
( )	( )	( )	( )

1-3 숫자 6이 60을 나타내는 수는 모두 몇 개인지 구해 보세요.

56 63 67 60

( )

1회 9번 4회 5번

유형 2 나타내는 수가 다른 것 찾기

나타내는 수가 다른 하나를 찾아 ○표 해 보세요.

육십	60	예순	일흔
( )	( )	( )	( )

Tip 수를 두 가지 방법으로 읽어 보고 나타내는 수가 다른 것을 찾아요.

2-1 나타내는 수가 다른 하나를 찾아 색칠해 보세요.

아흔	80	90	구십

2-2 나타내는 수가 다른 하나를 찾아 기호를 써 보세요.

㉠ 일흔하나 ㉡ 칠십일
㉢ 71 ㉣ 예순하나

( )

2-3 이야기하는 수가 다른 사람을 찾아 이름을 써 보세요.

- 희진: 여든여섯
- 성민: 68
- 예리: 10개씩 묶음 8개와 낱개 6개인 수

( )

3회 12번

유형 3 세 수의 크기 비교하기

가장 큰 수에 ○표, 가장 작은 수에 △표 해 보세요.

77	92	85

Tip 두 수의 크기를 비교하는 방법과 같이 10개씩 묶음의 수를 먼저 비교한 다음 낱개의 수를 비교해요.

3-1 가장 큰 수에 ○표, 가장 작은 수에 △표 해 보세요.

58	72	73

3-2 세 수의 크기를 비교하여 큰 수부터 차례대로 써 보세요.

76	80	78

(　　　　　　　　　　)

3-3 구슬을 재현이는 67개, 선정이는 59개, 유미는 68개 가지고 있습니다. 구슬을 가장 많이 가지고 있는 사람은 누구인지 구해 보세요.

(　　　　　　　　　　)

1회 13번 2회 17번

유형 4 10보다 큰 수의 짝수와 홀수 구분하기

짝수를 모두 찾아 ○표 해 보세요.

11	42	39	66
27	50	94	87

Tip 10개씩 묶음의 수와 관계없이 낱개의 수만 확인하면 짝수와 홀수를 구분할 수 있어요.
- 짝수: 낱개의 수가 0, 2, 4, 6, 8인 수
- 홀수: 낱개의 수가 1, 3, 5, 7, 9인 수

4-1 홀수를 모두 찾아 ○표 해 보세요.

16	17	45	68
91	72	80	59

4-2 짝수는 (연필)으로, 홀수는 (연필)으로 칠해 보세요.

4-3 63보다 1만큼 더 큰 수는 짝수인지, 홀수인지 구해 보세요.

(　　　　　　　　　　)

2회 15번

유형 5 10만큼 더 큰(작은) 수 구하기

52보다 10만큼 더 큰 수를 구해 보세요.

( )

Tip 10만큼 더 큰 수는 10개씩 묶음의 수가 1개 더 많은 수예요.

5-1 88보다 10만큼 더 작은 수를 구해 보세요.

( )

5-2 알맞게 선으로 이어 보세요.

65보다 10만큼 더 큰 수	65보다 10만큼 더 작은 수

55	65	75

5-3 □ 안에 알맞은 수를 구해 보세요.

□보다 10만큼 더 큰 수는 90입니다.

( )

4회 15번

유형 6 두 수 사이에 있는 짝수(홀수) 찾기

85보다 크고 91보다 작은 수 중에서 짝수를 모두 찾아 써 보세요.

( )

Tip 먼저 85보다 크고 91보다 작은 수에는 어떤 수가 있는지 구해요.

6-1 57보다 크고 63보다 작은 수 중에서 홀수를 모두 찾아 써 보세요.

( )

6-2 70보다 크고 80보다 작은 수 중에서 짝수는 모두 몇 개인지 구해 보세요.

( )

6-3 76보다 크고 91보다 작은 수 중에서 홀수는 모두 몇 개인지 구해 보세요.

( )

1회 17번 3회 14번

유형 7 더 필요한 상자의 수 구하기

멜론이 10개씩 들어 있는 상자가 4상자 있습니다. 멜론이 모두 60개가 되려면 몇 상자가 더 필요한지 구해 보세요.

(　　　　　　)

Tip 멜론이 10개씩 들어 있는 상자가 ●상자 있다면 멜론은 모두 ●0개 있어요.

7-1 참외가 10개씩 들어 있는 상자가 3상자 있습니다. 참외가 모두 80개가 되려면 몇 상자가 더 필요한지 구해 보세요.

(　　　　　　)

7-2 사탕이 10개씩 들어 있는 상자가 5상자 있습니다. 사탕이 모두 70개가 되려면 몇 상자가 더 필요한지 구해 보세요.

(　　　　　　)

7-3 초콜릿이 10개씩 들어 있는 상자가 2상자 있습니다. 초콜릿이 모두 90개가 되려면 몇 상자가 더 필요한지 구해 보세요.

(　　　　　　)

2회 16번 4회 16번

유형 8 계산 결과가 짝수인지 홀수인지 알아보기

계산 결과가 짝수인지 홀수인지 구해 보세요.

(짝수)+(홀수)

(　　　　　　)

Tip 짝수 대신에 2, 홀수 대신에 1을 써넣어 계산 결과가 짝수인지 홀수인지 구해요.

8-1 계산 결과가 짝수인지 홀수인지 구해 보세요.

(홀수)+(홀수)

(　　　　　　)

8-2 계산 결과가 짝수인지 홀수인지 구해 보세요. (단, 계산 결과는 0이 아닙니다.)

(짝수)−(짝수)

(　　　　　　)

8-3 계산 결과가 짝수인지 홀수인지 구해 보세요.

(짝수)+2

(　　　　　　)

1회 18번 3회 19번 4회 17번

유형 9 □ 안에 들어갈 수 있는 수 구하기

0부터 9까지의 수 중에서 □ 안에 들어갈 수 있는 수를 모두 써 보세요.

$57 < 5\square$

( )

Tip 10개씩 묶음의 수가 5개로 같으므로 낱개의 수를 비교해요.

9-1 □ 안에 들어갈 수 있는 수 중에서 가장 큰 수는 얼마인지 구해 보세요.

$83 > 8\square$

( )

9-2 □ 안에 들어갈 수 있는 수 중에서 가장 작은 수는 얼마인가요? ( )

$77 < \square 4$

① 5 ② 6 ③ 7
④ 8 ⑤ 9

9-3 □ 안에 들어갈 수 있는 수는 모두 몇 개인지 구해 보세요.

$93 < 9\square < 100$

( )

3회 18번

유형 10 어떤 수 구하기

어떤 수보다 1만큼 더 작은 수는 65입니다. 어떤 수는 얼마인지 구해 보세요.

( )

Tip 거꾸로 생각해 보면 어떤 수는 65보다 1만큼 더 큰 수예요.

10-1 어떤 수보다 1만큼 더 큰 수는 54입니다. 어떤 수는 얼마인지 구해 보세요.

( )

10-2 어떤 수보다 10만큼 더 큰 수는 89입니다. 어떤 수보다 10만큼 더 작은 수는 얼마인지 구해 보세요.

( )

10-3 어떤 수보다 3만큼 더 작은 수는 94입니다. 어떤 수보다 3만큼 더 큰 수는 얼마인지 구해 보세요.

( )

1회 19번 3회 20번

유형 11 수 카드로 몇십몇 만들기

수 카드 9, 6 을 한 번씩만 사용하여 몇십몇을 만들려고 합니다. 만들 수 있는 수를 모두 써 보세요.

( )

Tip 10개씩 묶음에 놓을 수와 낱개에 놓을 수를 정하여 몇십몇을 만들어요.

11-1 수 카드 3장 중에서 2장을 골라 한 번씩만 사용하여 몇십과 몇십몇을 만들려고 합니다. 만들 수 있는 수는 모두 몇 개인지 구해 보세요.

7 8 0

( )

11-2 수 카드 3장 중에서 2장을 골라 한 번씩만 사용하여 몇십몇을 만들려고 합니다. 만들 수 있는 가장 큰 수를 구해 보세요.

5 7 9

( )

11-3 수 카드 3장 중에서 2장을 골라 한 번씩만 사용하여 몇십몇을 만들려고 합니다. 만들 수 있는 가장 작은 짝수를 구해 보세요.

5 6 8

( )

2회 20번 4회 20번

유형 12 조건에 맞는 수 구하기

조건에 맞는 수를 구해 보세요.

조건
- 10개씩 묶음이 5개인 수입니다.
- 51보다 작은 수입니다.

( )

Tip 10개씩 묶음이 5개인 수는 5□예요.

12-1 조건에 맞는 수를 구해 보세요.

조건
- 10개씩 묶음이 9개인 수입니다.
- 96보다 큰 짝수입니다.

( )

12-2 조건에 맞는 수는 모두 몇 개인지 구해 보세요.

조건
- 10개씩 묶음이 7개인 수입니다.
- 77보다 작은 홀수입니다.

( )

12-3 조건에 맞는 수를 구해 보세요.

조건
- 60보다 크고 70보다 작은 수입니다.
- 10개씩 묶음의 수가 낱개의 수보다 1만큼 더 작습니다.

( )

덧셈과 뺄셈(1)

개념정리 2단원 덧셈과 뺄셈(1)

개념 1 세 수의 덧셈

◆ 2+3+1의 계산

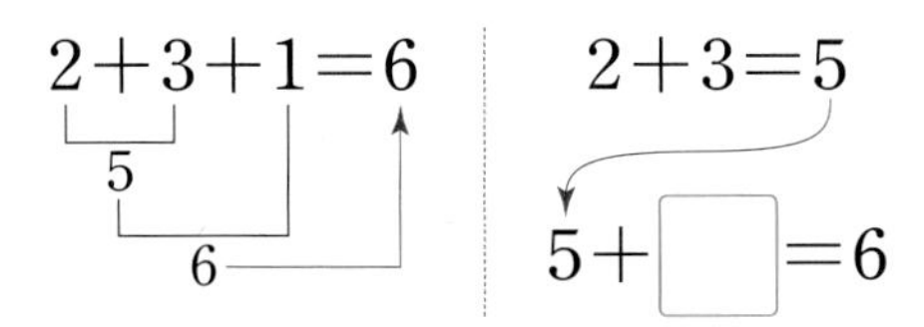

세 수의 덧셈은 두 수를 더해서 나온 수에 나머지 한 수를 더합니다.

개념 2 세 수의 뺄셈

◆ 8−2−1의 계산

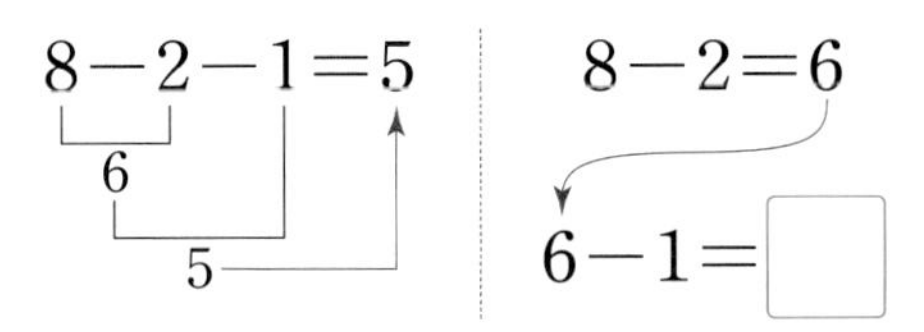

세 수의 뺄셈은 앞의 두 수를 빼서 나온 수에서 나머지 한 수를 뺍니다.

개념 3 10이 되는 더하기

◆ 계산 결과가 10이 되는 덧셈식

9+1=10

8+2=10

7+3=10

6+4=10

5+5=10

4+6=10

3+7=10

2+8=10

1+□=10

개념 4 10에서 빼기

◆ 10에서 빼는 뺄셈식

10−1=9

10−2=8

10−3=7

10−4=6

10−5=5

10−6=4

10−7=3

10−8=2

10−9=□

개념 5 10을 만들어 더하기

◆ 3+7+2의 계산

3+7+2=10+2=12

앞의 두 수를 먼저 더해서 10을 만든 다음 나머지 한 수를 더합니다.

◆ 4+5+5의 계산

4+5+5=4+□=14

뒤의 두 수를 먼저 더해서 10을 만든 다음 나머지 한 수를 더합니다.

참고

맨 앞과 맨 뒤의 수를 더해서 10을 만든 다음 나머지 한 수를 더해서 계산할 수도 있어요.

6+7+4=10+7=14

정답 ❶ 1 ❷ 5 ❸ 9 ❹ 1 ❺ 10

점수

38~43쪽에서 같은 유형의 문제를 더 풀 수 있어요.

01 그림을 보고 세 수의 덧셈을 해 보세요.

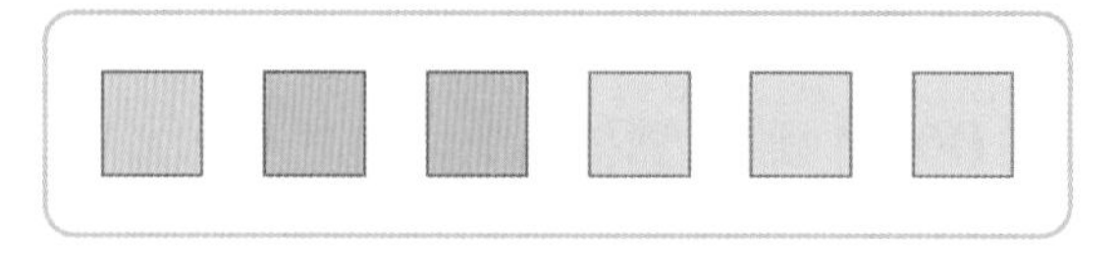

$1+2+3=\square$

02 $7+3$을 계산하려고 합니다. □ 안에 알맞은 수를 써넣으세요.

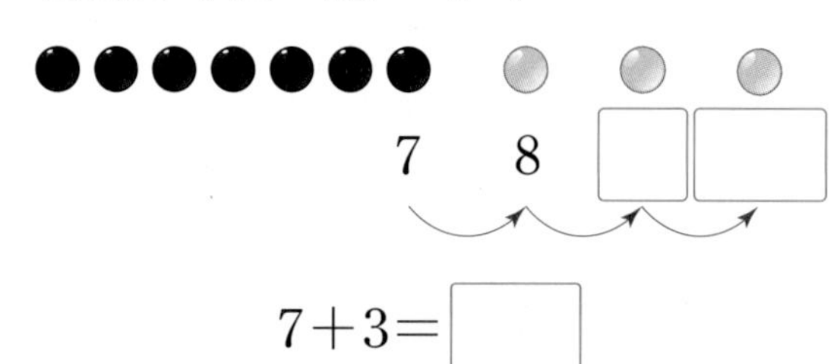

$7+3=\square$

03~04 □ 안에 알맞은 수를 써넣으세요.

03 $4+1+4=\square$

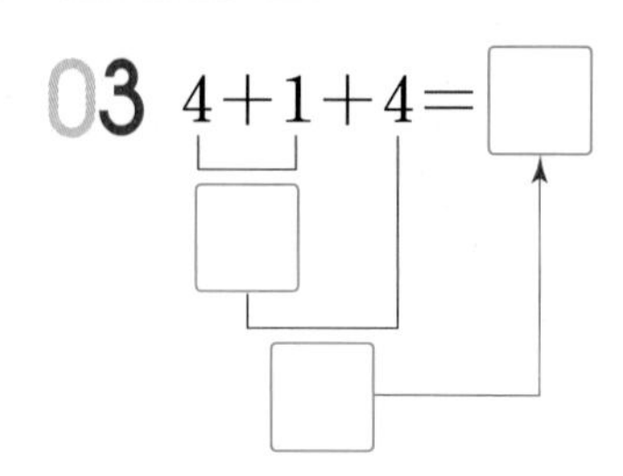

04 $9-3-3=\square$

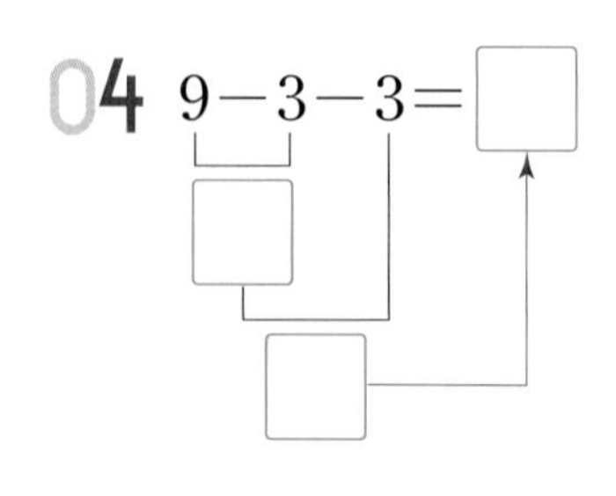

05 상자에서 구슬을 꺼내는 그림을 보고 알맞은 식을 만들어 계산해 보세요.

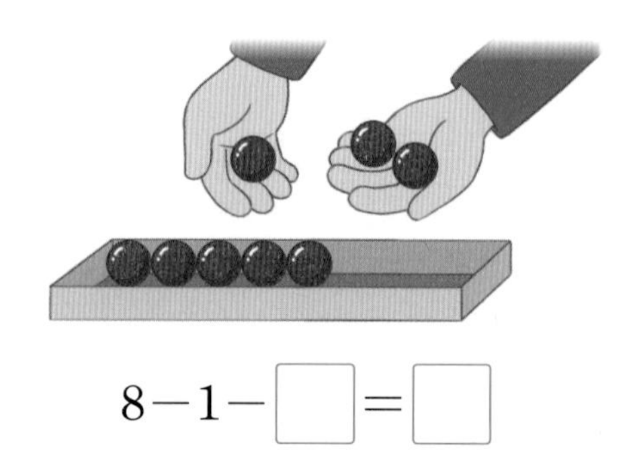

$8-1-\square=\square$

AI가 뽑은 정답률 낮은 문제

06 수직선을 보고 뺄셈식을 완성해 보세요.

38쪽 유형 1

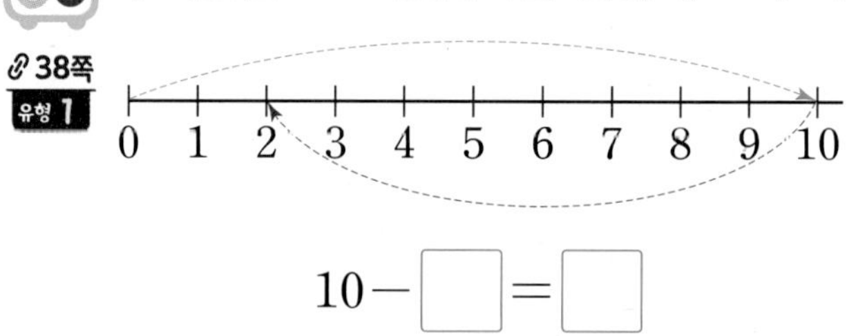

$10-\square=\square$

07 그림을 보고 덧셈식을 완성해 보세요.

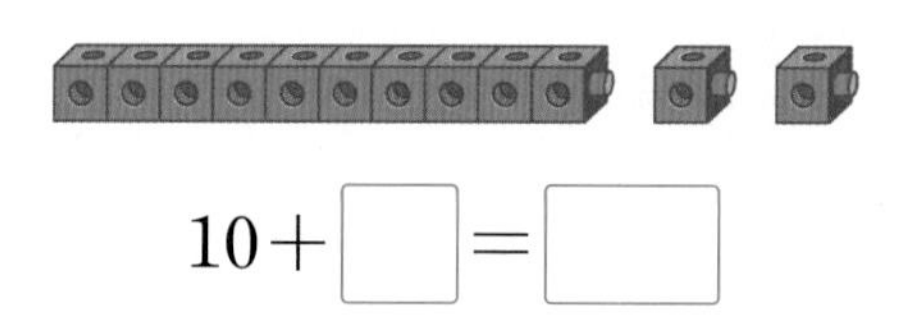

$10+\square=\square$

08 빈칸에 △를 그리고, 10이 되는 덧셈식을 만들어 보세요.

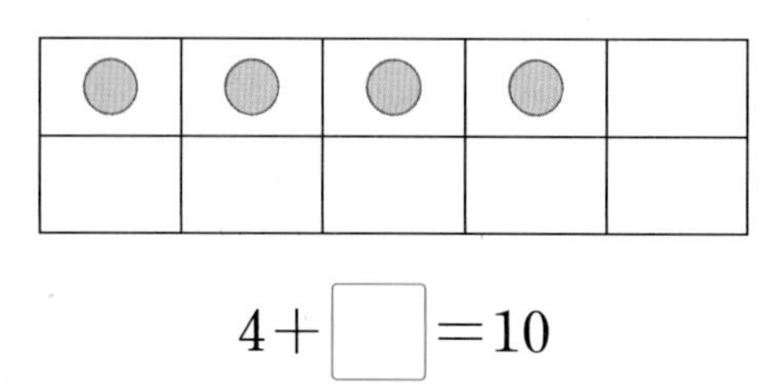

$4+\square=10$

09 빈칸에 알맞은 수를 써넣으세요.

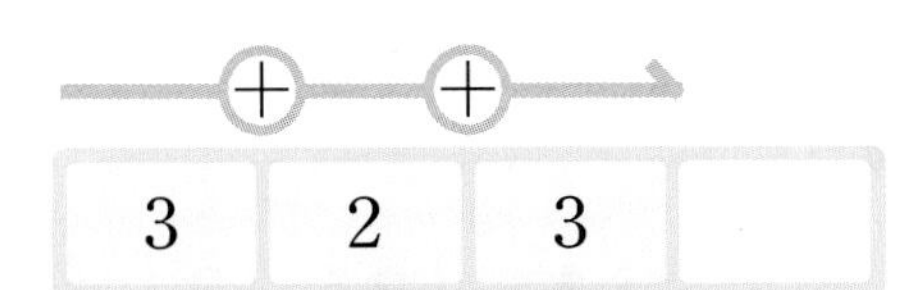

10 더해서 10이 되는 수끼리 선으로 이어 보세요.

9

6

5

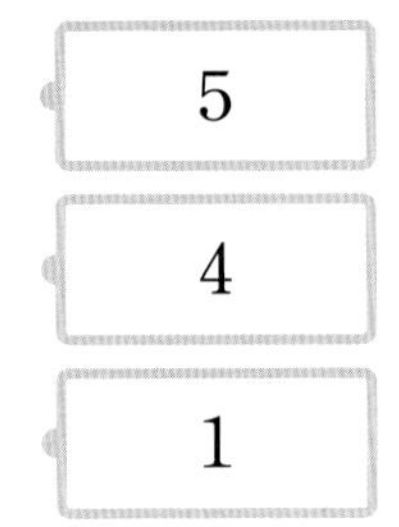

서술형

11 승우는 볼링공을 굴려서 볼링핀 10개 중에서 3개를 쓰러뜨렸습니다. 쓰러지지 않은 볼링핀은 몇 개인지 풀이 과정을 쓰고 답을 구해 보세요.

풀이

답

AI가 뽑은 정답률 낮은 문제

12 □ 안에 알맞은 수를 구해 보세요.

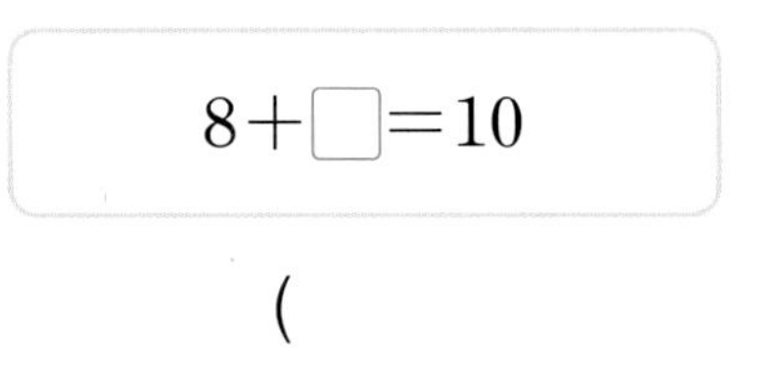

(　　　　　　　)

13 보기와 같이 합이 10이 되는 두 수를 묶고 덧셈을 해 보세요.

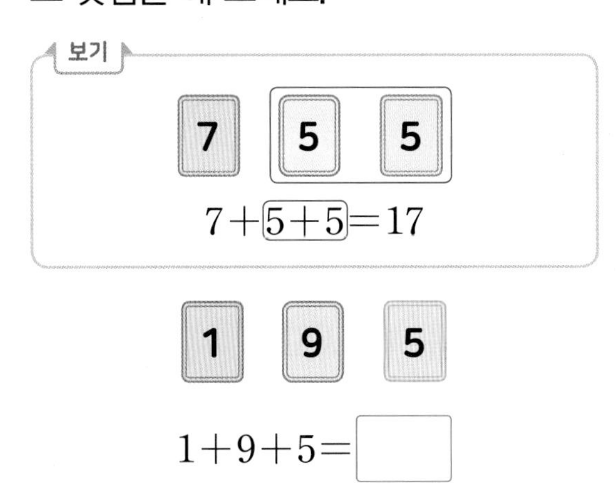

$1+9+5=\square$

14 경호는 6층에서 엘리베이터를 타고 3개 층을 내려간 다음 1개 층을 더 내려갔습니다. 경호가 도착한 곳은 몇 층인지 구해 보세요.

(　　　　　　　)

2 단원

15~16 산가지라는 막대로 수를 나타내는 방법을 보고 물음에 답해 보세요.

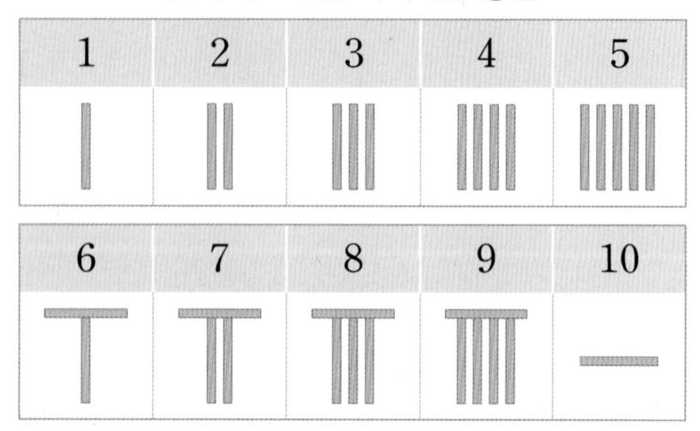

15 빼셈을 해 보세요.

( )

16 덧셈을 해 보세요.

( )

서술형

17 주머니에 빨간색 구슬 2개, 파란색 구슬 7개, 초록색 구슬 8개가 들어 있습니다. 주머니에 들어 있는 구슬은 모두 몇 개인지 풀이 과정을 쓰고 답을 구해 보세요.

풀이

답

AI가 뽑은 정답률 낮은 문제

18 수 카드 2장을 골라 세 수의 덧셈식을 완성해 보세요.

41쪽 유형 7

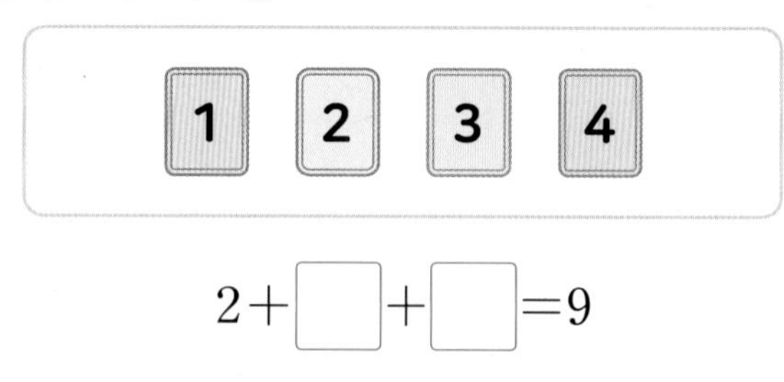

$2+\square+\square=9$

AI가 뽑은 정답률 낮은 문제

19 1부터 9까지의 수 중에서 □ 안에 들어갈 수 있는 가장 작은 수는 얼마인지 구해 보세요.

43쪽 유형 11

$9-1-\square<5$

( )

AI가 뽑은 정답률 낮은 문제

20 10에 어떤 수를 더해야 할 것을 잘못하여 10에서 어떤 수를 뺐더니 5가 되었습니다. 바르게 계산한 값을 구해 보세요.

42쪽 유형 10

( )

점수

38~43쪽에서 같은 유형의 문제를 더 풀 수 있어요.

01 그림을 보고 □ 안에 알맞은 수를 써넣으세요.

$10-3=$ □

02 덧셈을 해 보세요.

$3+2+1=$ □

03 그림을 보고 알맞은 덧셈식을 만들어 보세요.

$5+$ □ $=10$

04 □ 안에 알맞은 수를 써넣으세요.

$7-2-3=$ □

$7-2=$ □

□ $-3=$ □

05 $2+8+4$의 계산 결과는 얼마인지 그림을 보고 □ 안에 알맞은 수를 써넣으세요.

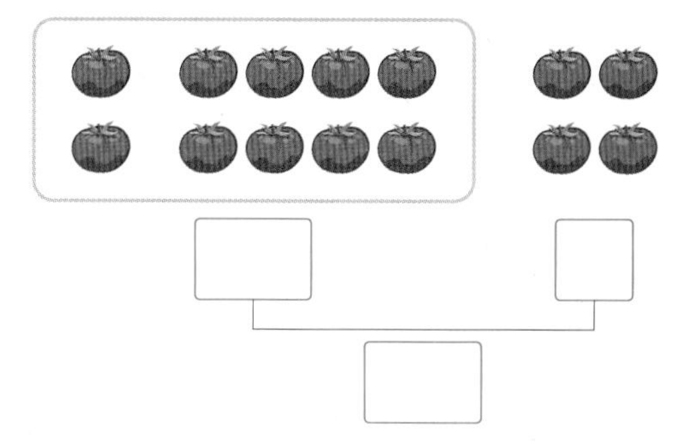

06 /을 그어 $10-2$를 계산해 보세요.

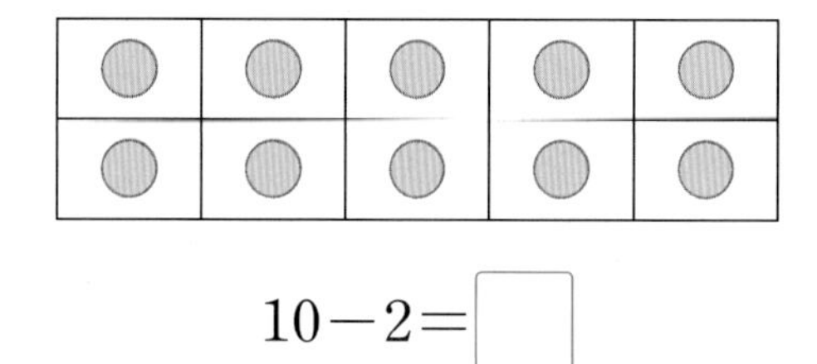

$10-2=$ □

07 세 가지 색으로 팔찌를 색칠하고 덧셈식을 만들어 보세요.

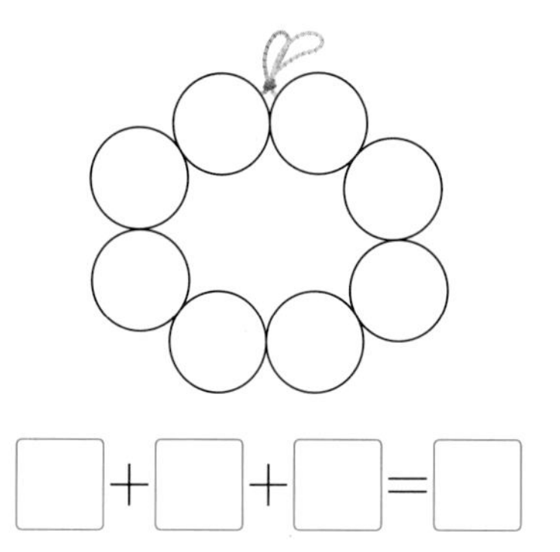

□ $+$ □ $+$ □ $=$ □

08 10을 만들어 더할 수 있는 식에 ○표 해 보세요.

$4+2+5$	$5+1+5$	$3+4+8$
(　　)	(　　)	(　　)

09 그림을 보고 □ 안에 알맞은 수를 써넣으세요.

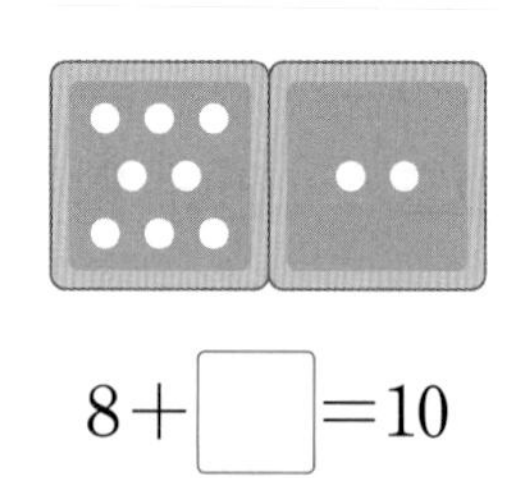

$8+\square=10$

AI가 뽑은 정답률 낮은 문제

10 가장 큰 수에서 나머지 두 수를 뺀 값은 얼마인지 구해 보세요.

38쪽 유형 2

4　　3　　8

(　　　　　　)

11 피아노 건반 중에서 검은색 건반은 모두 몇 개인지 식으로 나타내고 답을 구해 보세요.

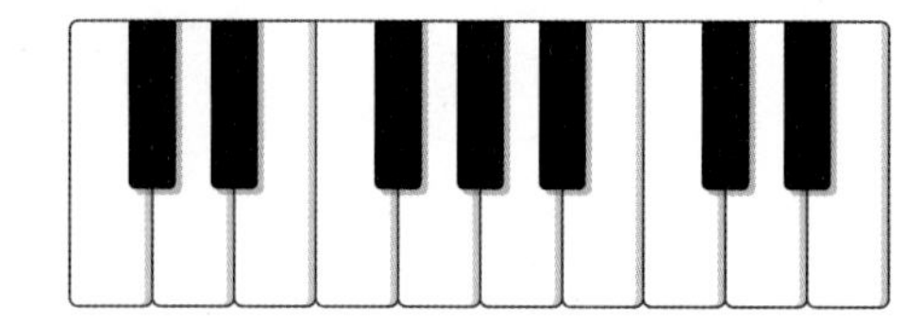

식 ▶ ____________________

답 ▶ ____________________

AI가 뽑은 정답률 낮은 문제

12 □ 안에 알맞은 수를 구해 보세요.

40쪽 유형 6

$10-\square=6$

(　　　　　　)

AI가 뽑은 정답률 낮은 문제

13 계산하여 □ 안에 알맞은 수를 써넣고 계산 결과가 짝수인지 홀수인지 써 보세요.

39쪽 유형 4

$1+4+4=\square$

(　　　　　　)

서술형

14 버스에 승객이 9명 타고 있었습니다. 더 타는 사람 없이 소방서 앞 정류장에서 1명, 학교 앞 정류장에서 6명이 내렸습니다. 버스에 남은 승객은 몇 명인지 풀이 과정을 쓰고 답을 구해 보세요.

풀이 ▶ ____________________

____

____

답 ▶ ____________________

15~16 카드를 보고 물음에 답해 보세요.

4 10 6  =

15 카드를 모두 사용하여 덧셈식을 2개 만들어 보세요.

식 ______________________

____

서술형

16 위의 두 덧셈식을 비교해 보고 알 수 있는 내용을 설명해 보세요.

답 ______________________

____

____

17 콩 주머니 던지기 놀이에서 성규가 9개, 재현이가 10개를 넣었습니다. 누가 콩 주머니를 몇 개 더 많이 넣었는지 구해 보세요.

(,)

AI가 뽑은 정답률 낮은 문제

18 수 카드 2장을 골라 세 수의 뺄셈식을 완성해 보세요.

41쪽 유형 8

1 3 5 7

$8-\square-\square=2$

19 각 줄의 세 수의 합이 모두 같습니다. 빈칸에 알맞은 수를 써넣으세요.

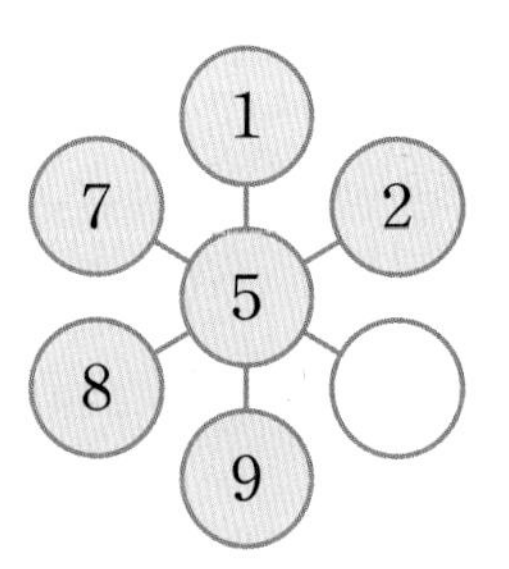

AI가 뽑은 정답률 낮은 문제

20 같은 모양은 같은 수를 나타냅니다. ●와 ▲에 알맞은 수를 각각 구해 보세요.

43쪽 유형 12

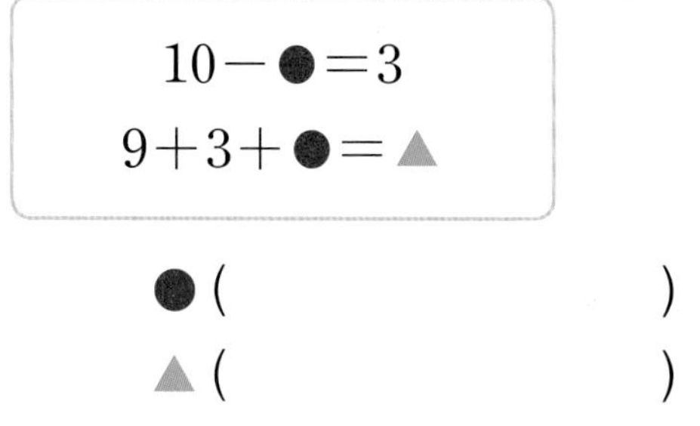

● ( )

▲ ( )

점수

38~43쪽에서 같은 유형의 문제를 더 풀 수 있어요.

01~02 그림을 보고 물음에 답해 보세요.

01 사탕은 몇 개가 남는지 구하기 위한 식을 찾아 기호를 써 보세요.

㉠ $1+2$	㉡ $1+2+6$
㉢ $2-1$	㉣ $6-1-2$

( )

02 사탕은 몇 개가 남는지 구해 보세요.

( )

03 뺄셈을 해 보세요.

$10-7=\square$

04 □ 안에 알맞은 수를 써넣으세요.

$2+3+3=\square$

$2+3=\square$

$\square+3=\square$

05 빈칸에 두 수의 차를 써넣으세요.

4	10

AI가 뽑은 정답률 낮은 문제

06 수직선을 보고 덧셈식을 완성해 보세요.

38쪽 유형 1

0 1 2 3 4 5 6 7 8 9 10

$3+3+\square=\square$

07~08 고리는 모두 몇 개인지 구하려고 합니다. 물음에 답해 보세요.

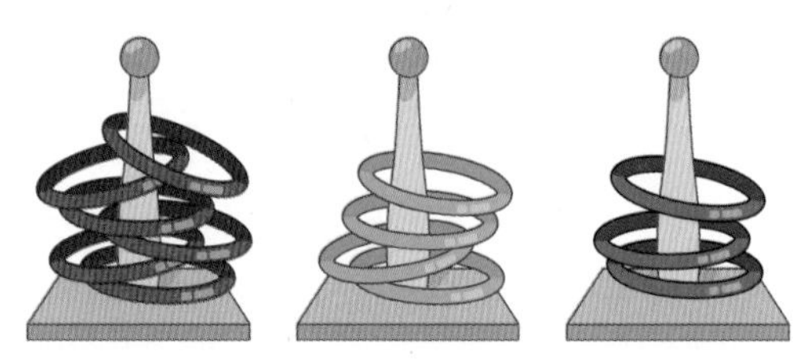

07 고리의 색깔에 따라 빈칸에 ○에 이어서 △, □를 차례대로 그려 보세요.

○	○	○	○	○
○				

08 위 07의 완성된 그림을 보고, □ 안에 알맞은 수를 써넣어 고리는 모두 몇 개인지 구해 보세요.

$6+4+3=\square$

( )

09 합이 10이 되는 두 수를 ⬭로 묶고, 세 수의 합을 구해 보세요.

1

8 9

( )

10 계산 결과의 크기를 비교하여 ○ 안에 $>$, $=$, $<$를 알맞게 써넣으세요.

39쪽 유형 3

$6+1+1$ ○ $2+3+4$

11 계산이 틀린 이유를 쓰고 바르게 계산해 보세요.

$9-4-2=7$

(2, 7)

➜ □

이유 ▶

____

____

____

12~13 다음을 보고 물음에 답해 보세요.

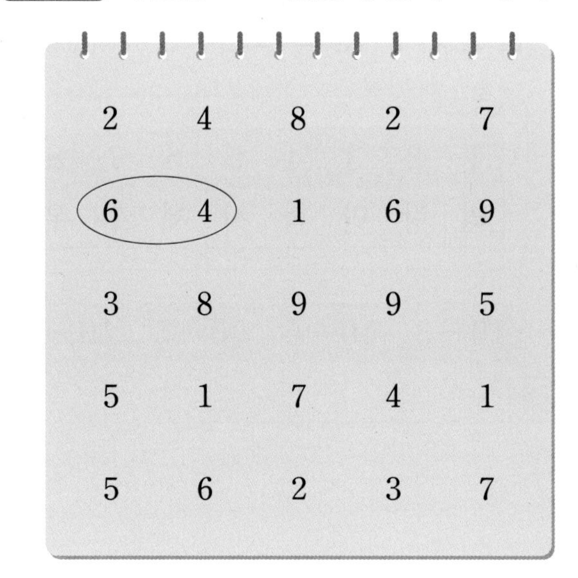

12 → 방향 또는 ↓ 방향으로 연속한 두 수를 더해서 10이 되는 두 수를 2묶음 더 찾아 ⬭로 묶어 보세요.

13 위에서 찾은 수로 10이 되는 덧셈식을 2개 만들어 보세요.

식 ▶

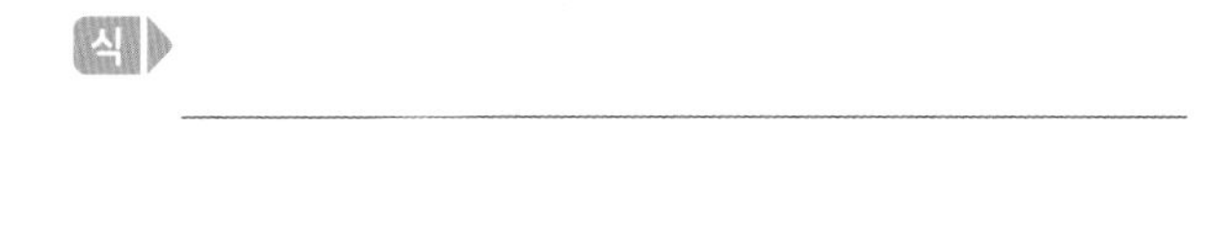

14 기범, 진혁, 태연이가 가위바위보를 했습니다. 세 사람이 펼친 손가락은 모두 몇 개인지 구해 보세요.

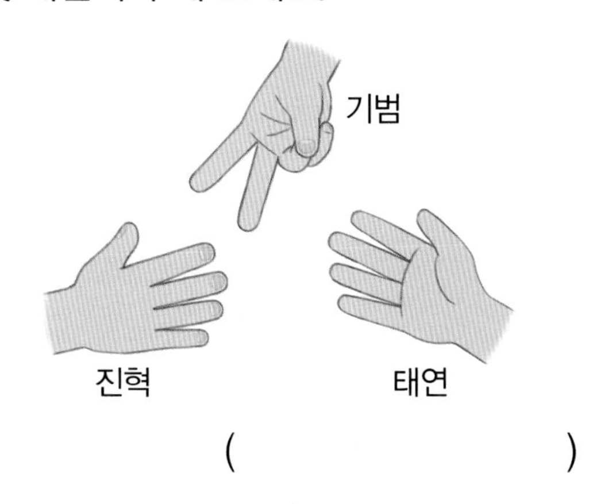

( )

15 **보기**에서 계산 결과를 찾아 빈칸에 글자를 알맞게 써넣으세요.

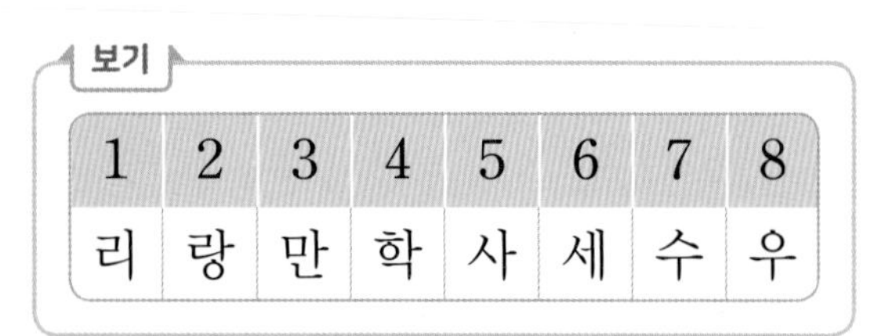

보기

1	2	3	4	5	6	7	8
리	랑	만	학	사	세	수	우

$10-3$	$10-6$	$10-5$	$10-8$

16 식에 맞게 빈 접시에 과자의 수만큼 ○를 그리고, □ 안에 알맞은 수를 써넣으세요.

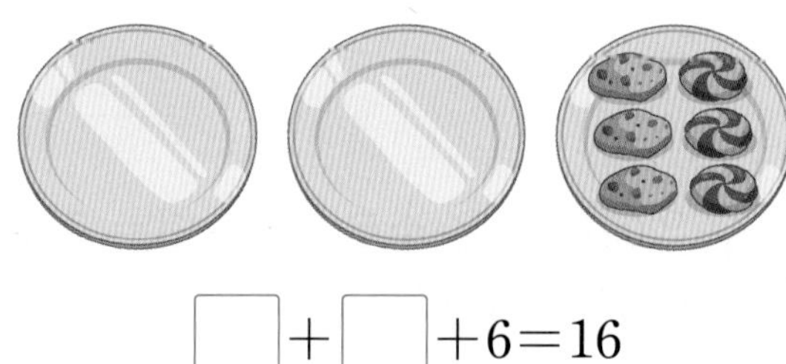

$\square + \square + 6 = 16$

AI가 뽑은 정답률 낮은 문제

서술형

17 검은색 바둑돌 9개와 흰색 바둑돌 몇 개를 더했더니 바둑돌이 모두 10개가 되었습니다. 흰색 바둑돌은 몇 개인지 풀이 과정을 쓰고 답을 구해 보세요.

40쪽 유형 5

풀이

답

AI가 뽑은 정답률 낮은 문제

18 바구니에 귤이 10개 있었는데 3개를 먹었습니다. 바구니에 사과 4개와 배 3개를 더 넣으면 바구니에 담긴 과일은 모두 몇 개인지 구해 보세요.

42쪽 유형 9

(   )

AI가 뽑은 정답률 낮은 문제

19 어떤 수에서 2를 빼야 할 것을 잘못하여 어떤 수에 2를 더했더니 10이 되었습니다. 바르게 계산한 값을 구해 보세요.

42쪽 유형10

(   )

20 초콜릿 10개를 선주와 상민이가 똑같이 나누어 먹었더니 4개가 남았습니다. 선주가 먹은 초콜릿은 몇 개인지 구해 보세요.

(   )

점수

38~43쪽에서 같은 유형의 문제를 더 풀 수 있어요.

01 그림을 보고 세 수의 뺄셈을 해 보세요.

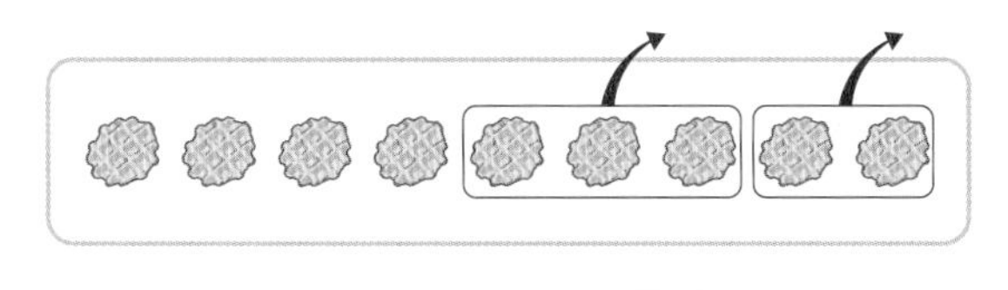

$9-2-3=\square$

02 그림을 보고 알맞은 뺄셈식을 만들어 보세요.

$10-\square=\square$

03 빈칸에 알맞은 수를 써넣으세요.

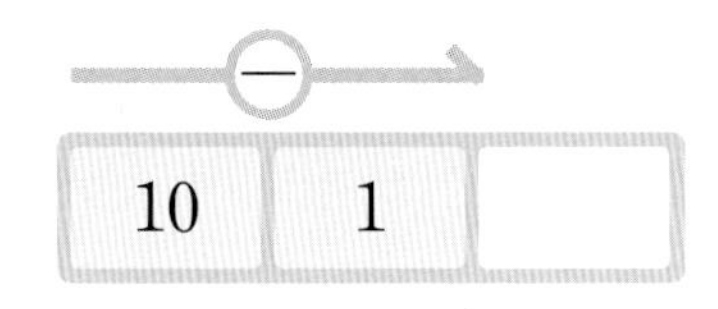

04 보기와 같은 방법으로 계산해 보세요.

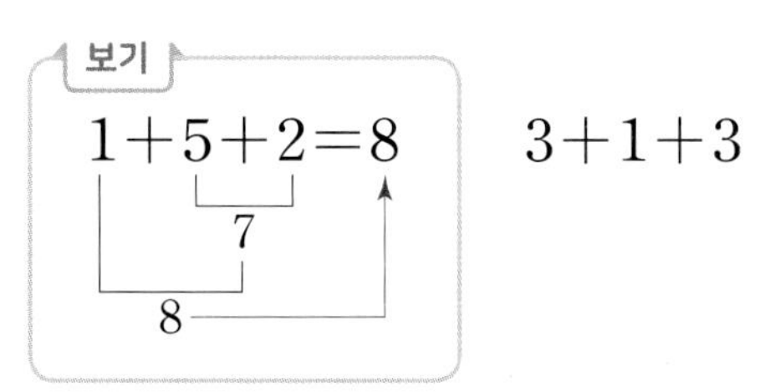

$3+1+3$

05 세 수의 합을 구해 보세요.

4 2 3

(   )

06~07 그림을 보고 물음에 답해 보세요.

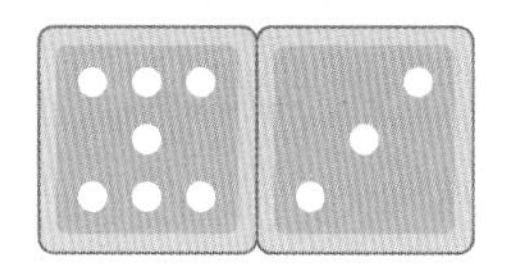

06 덧셈식 2개로 나타내려고 합니다. □ 안에 알맞은 수를 써넣으세요.

$7+3=\square$

$3+\square=10$

07 뺄셈식 2개로 나타내려고 합니다. □ 안에 알맞은 수를 써넣으세요.

$10-7=\square$

$10-3=\square$

08 계산 결과가 같은 것끼리 선으로 이어 보세요.

$9+1+3$	$10+2$
$4+2+8$	$10+3$
$5+2+5$	$4+10$

09 두 가지 색으로 빈칸을 모두 색칠하고 덧셈식을 만들어 보세요.

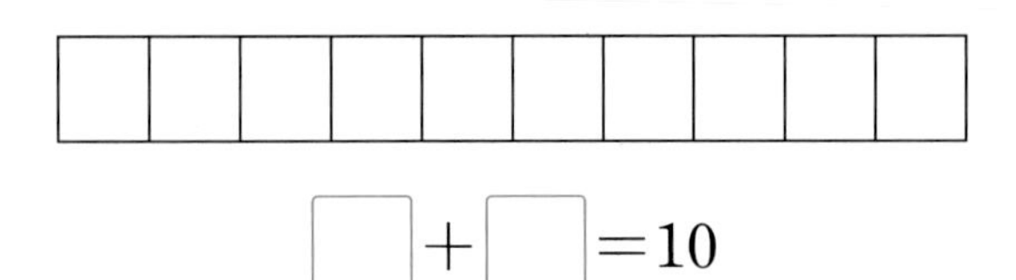

□+□=10

AI가 뽑은 정답률 낮은 문제

10 가장 큰 수에서 나머지 두 수를 뺀 값은 얼마인지 구해 보세요.

38쪽 유형 2

7　9　1

(　　　　　　)

서술형

11 주용이는 과녁판에 화살을 3개 쏘아서 다음과 같이 맞혔습니다. 주용이가 화살을 쏘아 맞힌 점수는 모두 몇 점인지 풀이 과정을 쓰고 답을 구해 보세요.

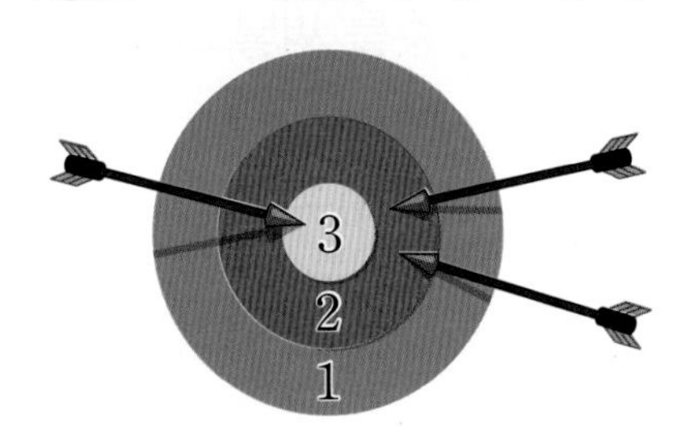

풀이

답

12 식이 맞도록 ○ 안에 + 또는 −를 알맞게 써넣으세요.

8 ○ 2 ○ 4=2

13 10이 되는 덧셈식을 만들려고 합니다. 빈칸에 알맞은 그림을 그리고, □ 안에 알맞은 수를 써넣으세요.

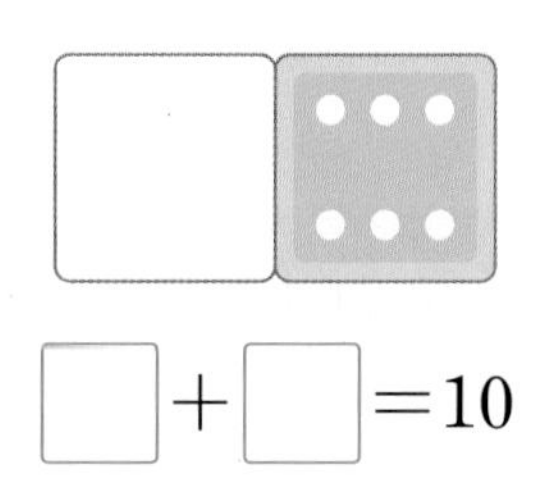

□+□=10

14 명현이가 제기차기를 3회 해서 성공한 수를 나타낸 표입니다. 명현이가 성공한 제기차기는 모두 몇 번인지 구해 보세요.

회	1회	2회	3회
수(번)	6	7	3

(　　　　　　)

AI가 뽑은 정답률 낮은 문제

15 두 수를 더해서 10이 되도록 빈칸에 알맞은 수를 써넣으세요.

40쪽 유형 5

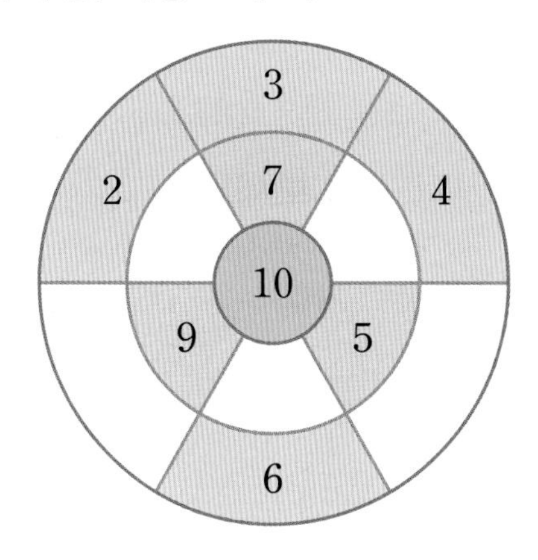

AI가 뽑은 정답률 낮은 문제

16 민석이는 연필을 10자루 가지고 있었습니다. 친구에게 몇 자루를 주었더니 8자루가 남았습니다. 친구에게 준 연필은 몇 자루인지 구해 보세요.

40쪽 유형 6

(　　　　　　　　)

17 희주, 세나, 기철이가 각각 주사위를 굴렸더니 다음과 같았습니다. 한 번 더 주사위를 굴릴 때 주사위를 굴린 눈의 수의 합이 10이 될 수 없는 사람은 누구인지 이름을 써 보세요. (단, 주사위의 눈의 수는 1부터 6까지입니다.)

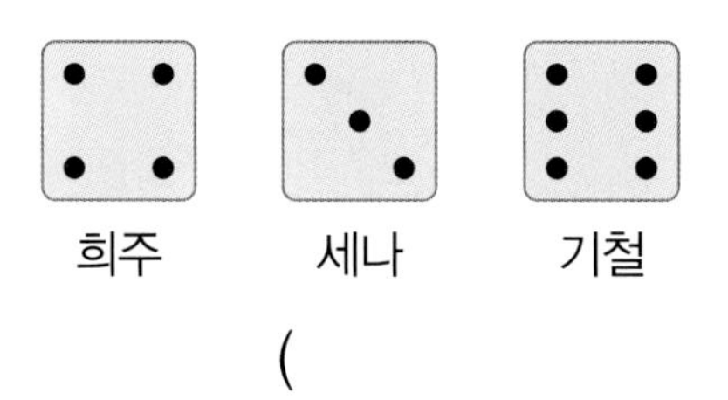

(　　　　　　　　)

AI가 뽑은 정답률 낮은 문제

18 수 카드 2장을 골라 세 수의 덧셈식을 완성해 보세요.

41쪽 유형 7

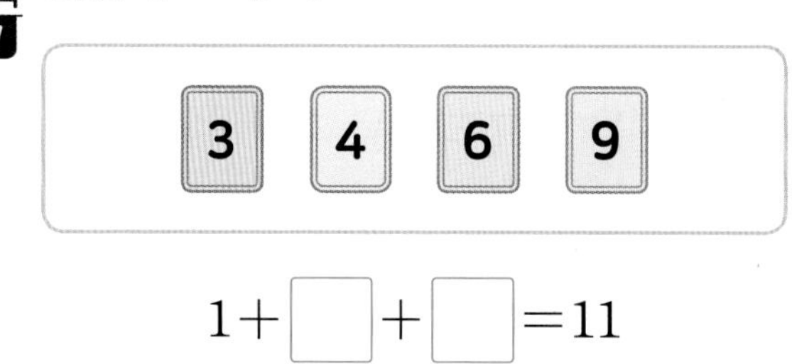

$1+\square+\square=11$

AI가 뽑은 정답률 낮은 문제　　서술형

19 1부터 9까지의 수 중에서 □ 안에 들어갈 수 있는 가장 큰 수는 얼마인지 풀이 과정을 쓰고 답을 구해 보세요.

43쪽 유형 11

$10-\square>4$

풀이

답

AI가 뽑은 정답률 낮은 문제

20 같은 모양은 같은 수를 나타냅니다. ●+●+▲는 얼마인지 구해 보세요.

43쪽 유형 12

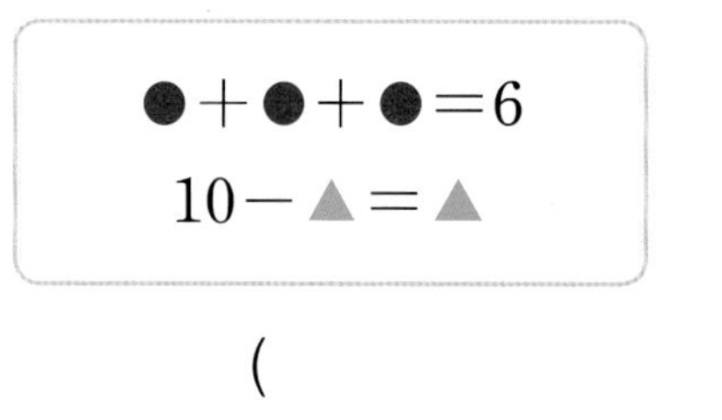
●+●+●=6
10−▲=▲

(　　　　　　　　)

2 단원

1회 6번 3회 6번

유형 1 수직선을 보고 계산하기

수직선을 보고 다음을 계산해 보세요.

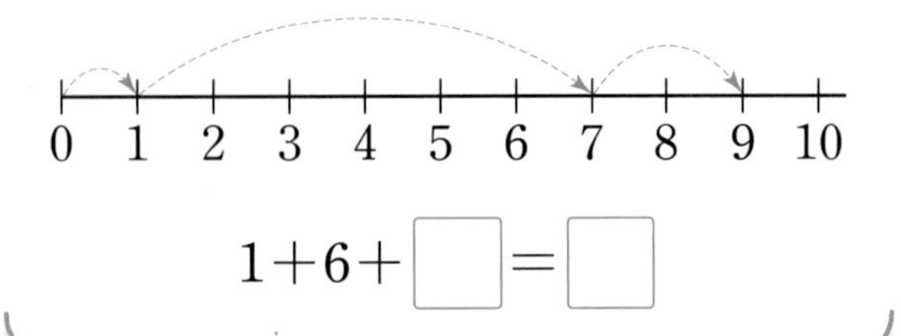

$1+6+\square=\square$

Tip 수직선에서 오른쪽으로 뛰어 세면 덧셈이에요.

1-1 수직선을 보고 다음을 계산해 보세요.

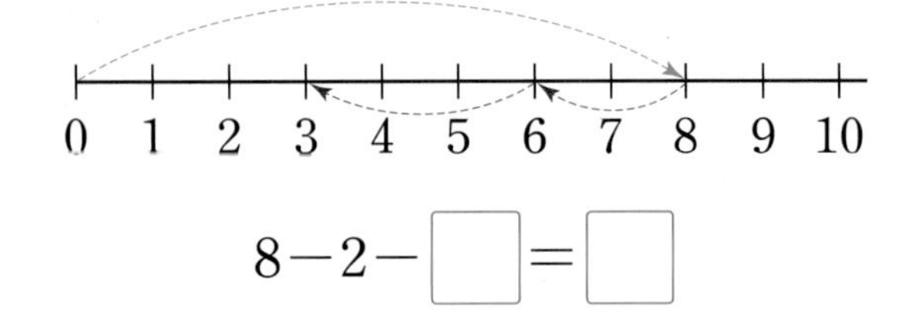

$8-2-\square=\square$

1-2 수직선을 보고 다음을 계산해 보세요.

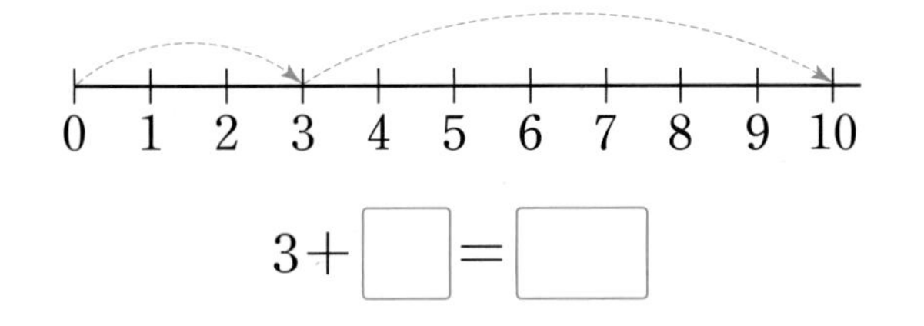

$3+\square=\square$

1-3 수직선을 보고 다음을 계산해 보세요.

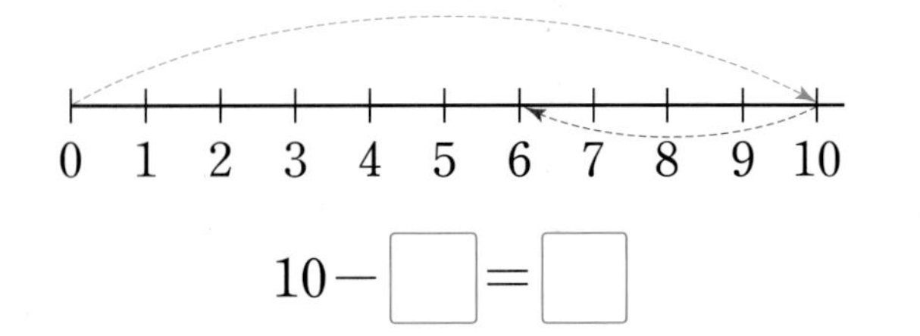

$10-\square=\square$

2회 10번 4회 10번

유형 2 가장 큰 수에서 나머지 두 수 빼기

가장 큰 수에서 나머지 두 수를 뺀 값은 얼마인지 구해 보세요.

3 5 1

( )

Tip 먼저 세 수의 크기를 비교하여 가장 큰 수를 찾아요.

2-1 가장 큰 수에서 나머지 두 수를 뺀 값은 얼마인지 구해 보세요.

7 2 3

( )

2-2 가장 큰 수에서 나머지 두 수를 뺀 값은 얼마인지 구해 보세요.

5 8 2

( )

2-3 가장 큰 수에서 나머지 두 수를 뺀 값은 얼마인지 구해 보세요.

4 1 9

( )

3회 10번

유형 3 계산 결과의 크기 비교하기

계산 결과의 크기를 비교하여 ○ 안에 >, =, <를 알맞게 써넣으세요.

$2+4+3$ ○ $5+2+2$

Tip 먼저 계산한 다음 크기를 비교해요.

3-1 계산 결과의 크기를 비교하여 ○ 안에 >, =, <를 알맞게 써넣으세요.

$9-4-2$ ○ $8-1-3$

3-2 계산 결과의 크기를 비교하여 ○ 안에 >, =, <를 알맞게 써넣으세요.

$9+1+5$ ○ $3+6+7$

3-3 계산 결과가 작은 것부터 차례대로 기호를 써 보세요.

㉠ $10-1$	㉡ $10-3$
㉢ $10-7$	㉣ $10-9$

( )

2회 13번

유형 4 계산 결과가 짝수인지 홀수인지 알아보기

계산하여 □ 안에 알맞은 수를 써넣고 계산 결과가 짝수인지 홀수인지 써 보세요.

$9-3-5=$ □

( )

Tip
- 짝수: 낱개의 수가 0, 2, 4, 6, 8인 수
- 홀수: 낱개의 수가 1, 3, 5, 7, 9인 수

4-1 계산 결과가 짝수인 것을 모두 찾아 기호를 써 보세요.

㉠ $1+1+3$	㉡ $5-1-2$
㉢ $2+5+5$	㉣ $7-1-3$

( )

4-2 계산 결과가 홀수인 것은 어느 것인가요? ( )

① $10-2$ ② $10-4$ ③ $10-5$
④ $10-6$ ⑤ $10-8$

4-3 계산 결과가 짝수이면 '짝', 홀수이면 '홀'이라고 써 보세요.

$4+6+7$	$9+2+1$
( )	( )

1회 12번 3회 17번 4회 15번

유형 5 10이 되는 덧셈

□ 안에 알맞은 수를 구해 보세요.

5+□=10

(　　　　　　)

Tip 더해서 10이 되는 두 수는 순서에 관계없이 1과 9, 2와 8, 3과 7, 4와 6, 5와 5예요.

5-1 □ 안에 알맞은 수가 가장 큰 것을 찾아 기호를 써 보세요.

㉠ 1+□=10　　㉡ □+2=10
㉢ 4+□=10　　㉣ □+7=10

(　　　　　　)

5-2 세미는 8살입니다. 세미가 10살이 되려면 몇 살을 더 먹어야 하는지 구해 보세요.

(　　　　　　)

5-3 인영이는 어제 수학 문제집을 몇 쪽 풀고, 오늘 6쪽을 풀었더니 어제와 오늘 모두 10쪽을 풀었습니다. 인영이가 어제 푼 수학 문제집은 몇 쪽인지 구해 보세요.

(　　　　　　)

2회 12번 4회 16번

유형 6 10에서 빼는 뺄셈

□ 안에 알맞은 수를 구해 보세요.

10−□=4

(　　　　　　)

Tip 10에서 몇을 빼야 4가 되는지 생각해요.

6-1 □ 안에 알맞은 수가 큰 것부터 차례대로 기호를 써 보세요.

㉠ 10−□=5　　㉡ 10−□=2
㉢ 10−□=7　　㉣ 10−□=8

(　　　　　　)

6-2 진호가 딱지 10장을 가지고 있었습니다. 그중에서 몇 장을 동생에게 주었더니 3장이 남았습니다. 진호가 동생에게 준 딱지는 몇 장인지 구해 보세요.

(　　　　　　)

6-3 연수가 손가락 10개를 모두 편 다음 몇 개를 접었더니 편 손가락이 9개였습니다. 연수가 접은 손가락은 몇 개인지 구해 보세요.

(　　　　　　)

2회 18번

1회 18번 4회 18번

유형 7 수 카드로 세 수의 덧셈식 만들기

수 카드 2장을 골라 세 수의 덧셈식을 완성해 보세요.

1 2 4 6

1+☐+☐=7

Tip 먼저 1과 더해서 7이 되는 수를 구해요.

7-1 수 카드 2장을 골라 세 수의 덧셈식을 완성해 보세요.

2 3 4 5

3+☐+☐=8

7-2 수 카드 2장을 골라 세 수의 덧셈식을 완성해 보세요.

1 3 5 7

2+☐+☐=12

7-3 수 카드 2장을 골라 세 수의 덧셈식을 완성해 보세요.

2 4 6 8

6+☐+☐=16

유형 8 수 카드로 세 수의 뺄셈식 만들기

수 카드 2장을 골라 세 수의 뺄셈식을 완성해 보세요.

1 2 3 4

6−☐−☐=1

Tip 먼저 6에서 빼서 1이 되는 수를 구해요.

8-1 수 카드 2장을 골라 세 수의 뺄셈식을 완성해 보세요.

1 2 3 4

7−☐−☐=1

8-2 수 카드 2장을 골라 세 수의 뺄셈식을 완성해 보세요.

2 3 4 5

8−☐−☐=3

8-3 수 카드 2장을 골라 세 수의 뺄셈식을 완성해 보세요.

1 3 5 6

9−☐−☐=2

3회 18번

유형 9 덧셈과 뺄셈의 활용

빨간색 풍선 6개와 파란색 풍선 4개가 있었습니다. 이 중에서 풍선이 7개 터졌다면 남은 풍선은 몇 개인지 구해 보세요.

( )

Tip 먼저 풍선이 모두 몇 개 있었는지 구해요.

9-1 지현이네 반에는 남학생 5명과 여학생 5명이 있습니다. 이 중에서 안경을 쓴 학생이 1명이라면 안경을 쓰지 않은 학생은 몇 명인지 구해 보세요.

( )

9-2 책꽂이에 동화책 2권과 위인전 8권이 꽂혀 있었습니다. 이 중에서 학생들이 5권을 빌려갔다면 책꽂이에 남은 책은 몇 권인지 구해 보세요.

( )

9-3 빨간색 색종이 10장이 있었는데 7장을 사용했습니다. 파란색 색종이 3장과 노란색 색종이 2장을 더 가져왔다면 색종이는 모두 몇 장이 있는지 구해 보세요.

( )

1회 20번 3회 19번

유형 10 바르게 계산한 값 구하기

10에 어떤 수를 더해야 할 것을 잘못하여 10에서 어떤 수를 뺐더니 8이 되었습니다. 바르게 계산한 값을 구해 보세요.

( )

Tip 10에서 어떤 수를 빼야 8이 되는지를 생각하여 어떤 수를 먼저 구해요.

10-1 10에 어떤 수를 더해야 할 것을 잘못하여 10에서 어떤 수를 뺐더니 4가 되었습니다. 바르게 계산한 값을 구해 보세요.

( )

10-2 어떤 수에서 3을 빼야 할 것을 잘못하여 어떤 수에 3을 더했더니 10이 되었습니다. 바르게 계산한 값을 구해 보세요.

( )

10-3 어떤 수에서 1을 빼야 할 것을 잘못하여 어떤 수에 1을 더했더니 10이 되었습니다. 바르게 계산한 값을 구해 보세요.

( )

1회 19번 4회 19번

유형 11 □ 안에 들어갈 수 있는 수 구하기

□ 안에 들어갈 수 있는 수 중에서 가장 작은 수를 구해 보세요.

$8-2-\square<4$

(　　　　　　)

Tip 먼저 <를 =로 바꾸어 □ 안에 알맞은 수를 구한 다음 □ 안에는 구한 값보다 더 큰 수가 들어가야 하는지, 더 작은 수가 들어가야 하는지 확인해요.

11-1 □ 안에 들어갈 수 있는 수 중에서 가장 작은 수를 구해 보세요.

$10-\square<6$

(　　　　　　)

11-2 □ 안에 들어갈 수 있는 수 중에서 가장 큰 수를 구해 보세요.

$9-2-\square>2$

(　　　　　　)

11-3 □ 안에 들어갈 수 있는 수 중에서 가장 큰 수를 구해 보세요.

$2+3+\square<9$

(　　　　　　)

2회 20번 4회 20번

유형 12 모양이 나타내는 수 구하기

같은 모양은 같은 수를 나타냅니다. ●와 ▲에 알맞은 수를 각각 구해 보세요.

9+●=10
▲+▲=10

● (　　　　　　)
▲ (　　　　　　)

Tip 같은 수를 2번 더해서 10이 되는 수는 무엇인지 생각해요.

12-1 같은 모양은 같은 수를 나타냅니다. ●와 ▲에 알맞은 수를 각각 구해 보세요.

10−●=5
●+2+1=▲

● (　　　　　　)
▲ (　　　　　　)

12-2 같은 모양은 같은 수를 나타냅니다. ●+▲는 얼마인지 구해 보세요.

9+●+●=19
▲+▲+▲=9

(　　　　　　)

3 모양과 시각

개념 정리 3단원

모양과 시각

개념 1 여러 가지 모양 찾기

◆ □ 모양 찾기

 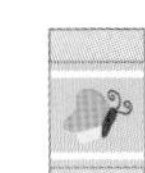 

◆ △ 모양 찾기

◆ ○ 모양 찾기

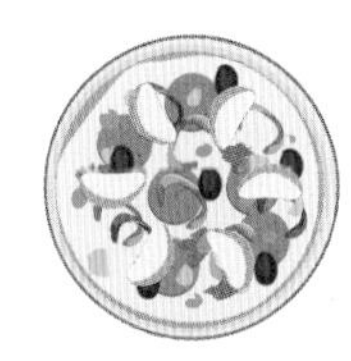  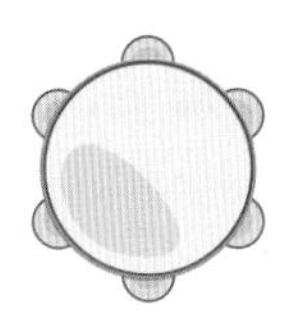

참고

같은 모양의 물건을 찾을 때에는 크기나 위치, 색깔 등은 생각하지 않아요.

개념 2 여러 가지 모양 알아보기

◆ □, △, ○ 모양의 특징

□ 모양	뾰족한 곳이 4군데입니다. 반듯한 선이 4개입니다.
△ 모양	뾰족한 곳이 (　) 군데입니다. 반듯한 선이 3개입니다.
○ 모양	뾰족한 곳이 없습니다. 둥근 부분이 있습니다.

개념 3 여러 가지 모양 꾸미기

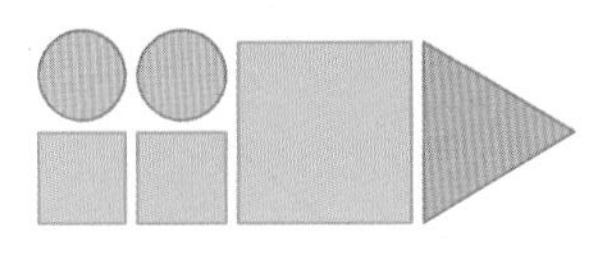

□ 모양 3개, △ 모양 1개, ○ 모양 (　)개로 꾸민 모양입니다.

개념 4 몇 시 알아보기

◆8시 알아보기

짧은바늘이 8, 긴바늘이 (　) 을/를 가리킬 때 시계는 8시를 나타냅니다. 여덟 시라고 읽습니다.

개념 5 몇 시 30분 알아보기

◆2시 30분 알아보기

짧은바늘이 2와 3 사이, 긴바늘이 (　) 을/를 가리킬 때 시계는 2시 30분을 나타냅니다. 두 시 삼십 분이라고 읽습니다.

참고

8시, 2시 30분 등을 시각이라고 해요.

정답 ❷3 ❸2 ❹12 ❺6

3 단원

점수

58~63쪽에서 같은 유형의 문제를 더 풀 수 있어요.

01~03 왼쪽과 같은 모양을 찾아 색칠해 보세요.

01

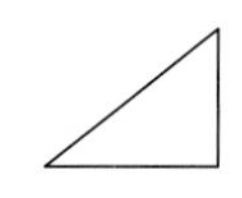
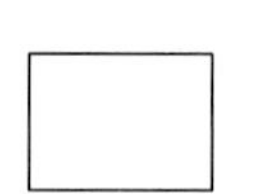

02
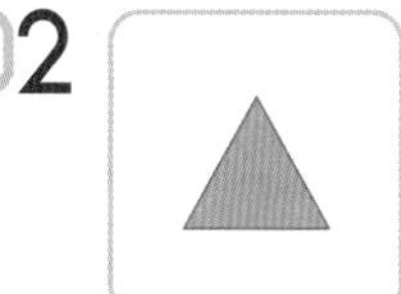
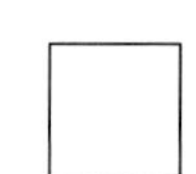
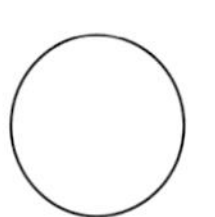

03
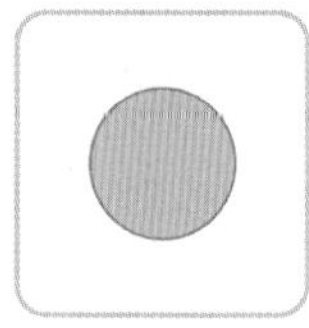

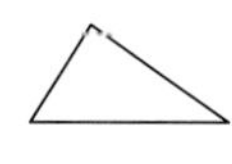

04 시계를 보고 몇 시인지 □ 안에 알맞은 수를 써넣으세요.

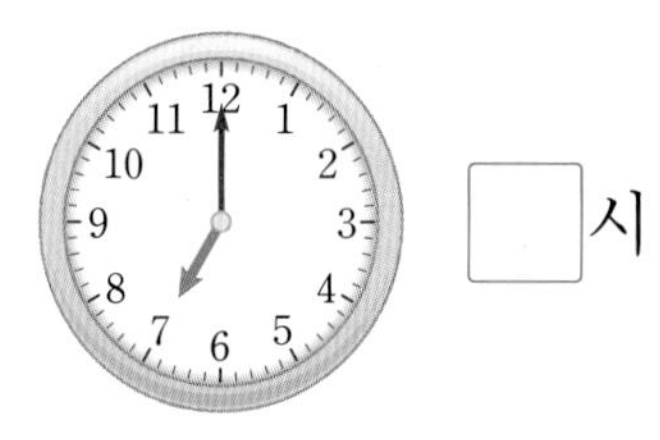

□시

05 시계를 보고 몇 시 30분인지 □ 안에 알맞은 수를 써넣으세요.

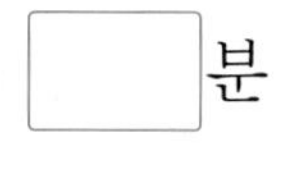

□시 □분

06 손으로 나타낸 모양을 찾아 ○표 해 보세요.

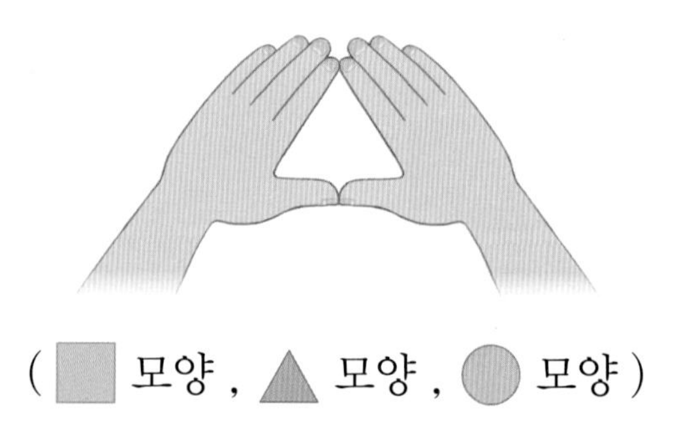

(■ 모양 , ▲ 모양 , ● 모양)

AI가 뽑은 정답률 낮은 문제

07 시계에 짧은바늘을 알맞게 그려서 시각을 나타내어 보세요.

58쪽 유형 1

08 여러 가지 물건을 찰흙 위에 찍었습니다. 찍힌 모양으로 알맞은 것을 선으로 이어 보세요.

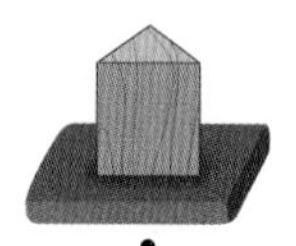

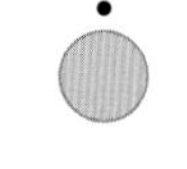

09 뾰족한 부분이 없는 쿠키는 모두 몇 개인지 구해 보세요.

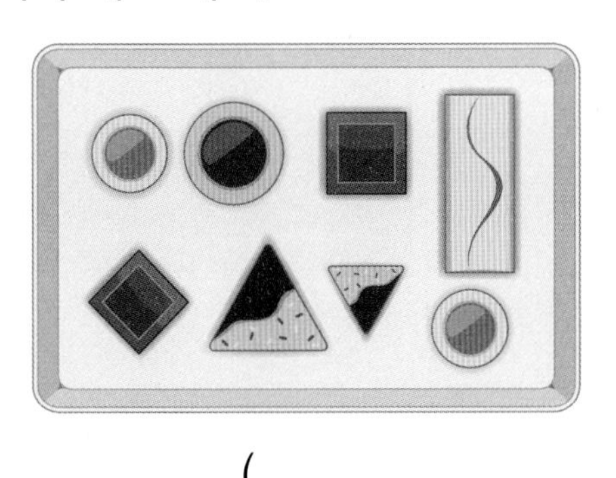

(　　　　　　　　　　)

AI가 뽑은 정답률 낮은 문제

10 9시에 시계의 짧은바늘과 긴바늘이 가리키는 숫자를 각각 써 보세요.

59쪽 유형 3

짧은바늘 (　　　　　　　　)

긴바늘 (　　　　　　　　)

서술형

11 오른쪽 시계를 보고 시각을 바르게 읽은 사람은 누구인지 풀이 과정을 쓰고 답을 구해 보세요.

풀이

답

12~13 ■, ▲, ● 모양으로 꾸민 모양입니다. 물음에 답해 보세요.

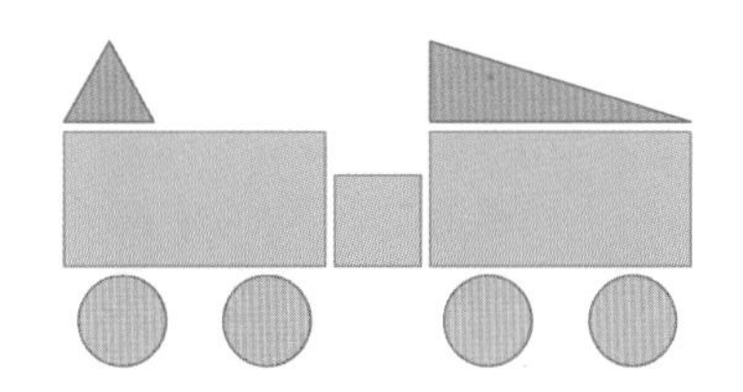

12 ■, ▲, ● 모양은 각각 몇 개를 사용했는지 구해 보세요.

■ 모양	▲ 모양	● 모양

13 가장 많이 사용한 모양에 ○표 해 보세요.

(■ 모양 , ▲ 모양 , ● 모양)

서술형

14 둥근 부분이 있는 물건을 모두 찾아 쓰려고 합니다. 풀이 과정을 쓰고 답을 구해 보세요.

풀이

답

AI가 뽑은 정답률 낮은 문제

15 4시 30분을 시계에 나타내어 보세요.

58쪽 유형 1

AI가 뽑은 정답률 낮은 문제

16 설명하는 시각을 구해 보세요.

60쪽 유형 6

- 짧은바늘이 12를 가리킵니다.
- 긴바늘이 12를 가리킵니다.

(　　　　　　　　)

17 여러 가지 모양을 사용하여 펭귄을 꾸민 모양입니다. 펭귄을 꾸미는 데 사용하지 않은 모양에 ×표 해 보세요.

(■ 모양 , ▲ 모양 , ● 모양)

AI가 뽑은 정답률 낮은 문제

18 종이를 선을 따라 자르면 어떤 모양이 몇 개 생기는지 구해 보세요.

61쪽 유형 8

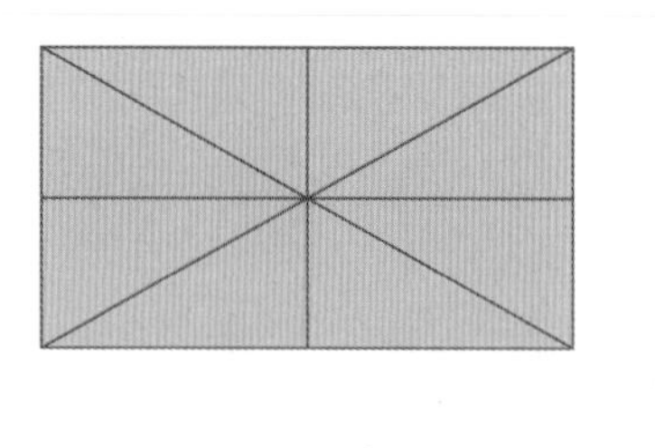

(　　　　　　,　　　　　　)

AI가 뽑은 정답률 낮은 문제

19 다음 물건에 물감을 묻혀 찍을 때 나올 수 있는 모양에 모두 ○표 해 보세요.

62쪽 유형 10

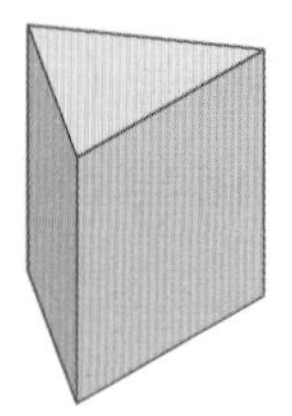

(■ 모양 , ▲ 모양 , ● 모양)

20 오른쪽 모양과 같은 참치캔을 여러 방향에서 바라보았을 때 바라본 모양이 될 수 없는 모양을 찾아 기호를 써 보세요.

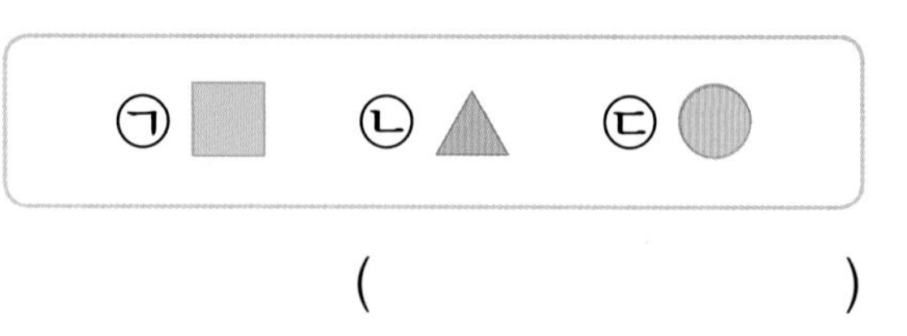

㉠ ■　㉡ ▲　㉢ ●

(　　　　　　　　)

점수

58~63쪽에서 같은 유형의 문제를 더 풀 수 있어요.

01~03 여러 가지 모양을 보고 물음에 답해 보세요.

01 ■ 모양을 찾아 초록색 색연필로 따라 그리고, 몇 개인지 써 보세요.

( )

02 ▲ 모양을 찾아 파란색 색연필로 따라 그리고, 몇 개인지 써 보세요.

( )

03 ● 모양을 찾아 빨간색 색연필로 따라 그리고, 몇 개인지 써 보세요.

( )

04 시계를 보고 몇 시인지 □ 안에 알맞은 수를 써넣으세요.

□시

05~06 시각을 읽어 보세요.

05

( )

06

( )

AI가 뽑은 정답률 낮은 문제

07 시계에 긴바늘을 알맞게 그려서 시각을 나타내어 보세요.

58쪽 유형 1

08 모둠 친구들이 모여서 어떤 모양을 만든 것인지 알맞게 선으로 이어 보세요.

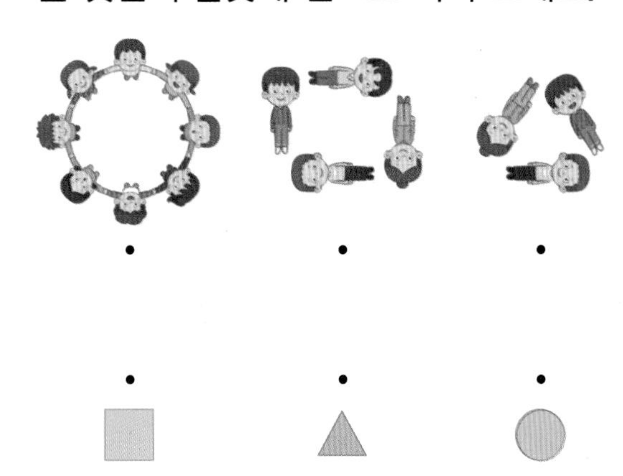

09 모양을 바르게 설명한 것을 찾아 기호를 써 보세요.

㉠ ■ 모양은 뾰족한 부분이 3군데입니다.
㉡ ▲ 모양은 뾰족한 부분이 없습니다.
㉢ ● 모양은 둥근 부분이 있습니다.

(　　　　　　　)

10 성냥개비로 만든 모양입니다. 찾을 수 있는 모양에 ○표 해 보세요.

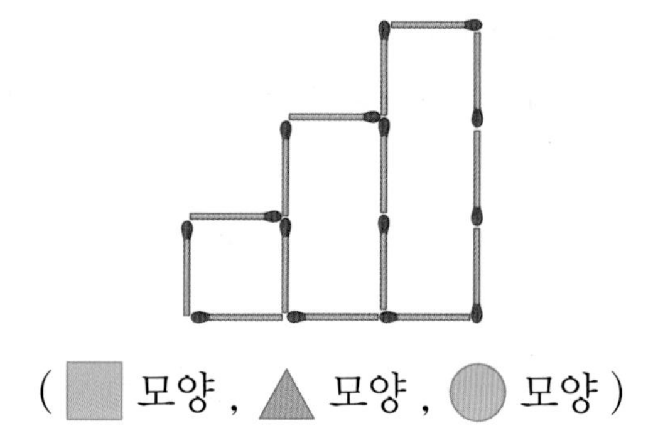

(■ 모양 , ▲ 모양 , ● 모양)

서술형

11 ■ 모양과 ▲ 모양의 같은 점과 다른 점을 한 가지씩 설명해 보세요.

답

12~13 지훈이의 주말 계획표를 보고 물음에 답해 보세요.

계획	시각
청소하기	12시 30분
운동하기	2시 30분
공부하기	4시

12 시각에 맞게 선으로 이어 보세요.

AI가 뽑은 정답률 낮은 문제

서술형

13 오른쪽 시계가 나타내는 시각을 쓰고, 이 시각에 지훈이가 하면 좋을 일을 계획해 보세요.

61쪽 유형 7

답

14 엽서에서 찾을 수 있는 모양에 모두 ○표 해 보세요.

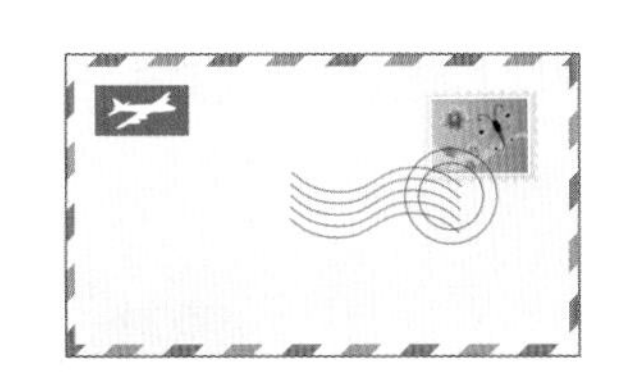

(■ 모양 , ▲ 모양 , ● 모양)

AI가 뽑은 정답률 낮은 문제

15 설명하는 모양을 찾아 ○표 해 보세요.

60쪽 유형 5

- 반듯한 선이 있습니다.
- 뾰족한 부분이 네 군데 있습니다.

(■ 모양 , ▲ 모양 , ● 모양)

16~17 ■, ▲, ● 모양으로 만든 모양입니다. 물음에 답해 보세요.

16 어떤 모양을 만든 것인지 써 보세요.

( )

17 가장 많이 사용한 모양은 가장 적게 사용한 모양보다 몇 개 더 많이 사용했는지 구해 보세요.

( )

AI가 뽑은 정답률 낮은 문제

18 물건을 종이 위에 대고 본떴을 때 나올 수 없는 모양에 ×표 해 보세요.

62쪽 유형 10

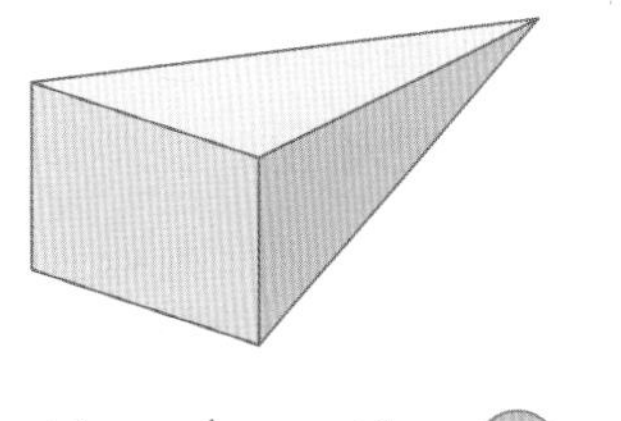

(■ 모양 , ▲ 모양 , ● 모양)

19 시계의 짧은바늘과 긴바늘이 서로 정확히 반대 방향을 가리키는 시각을 찾아 기호를 써 보세요.

㉠ 3시 30분	㉡ 6시
㉢ 6시 30분	㉣ 12시

( )

AI가 뽑은 정답률 낮은 문제

20 그림에서 찾을 수 있는 크고 작은 ▲ 모양은 모두 몇 개인지 구해 보세요.

63쪽 유형 11

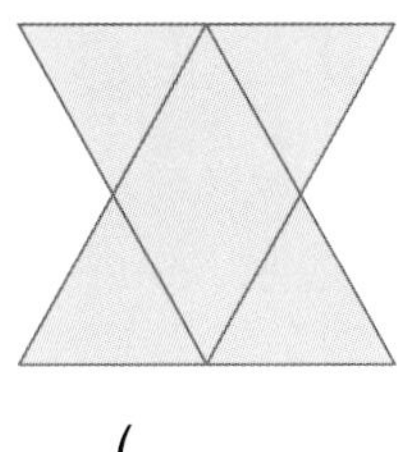

( )

3 단원

01~03 왼쪽 물건에서 찾을 수 있는 모양을 찾아 ○표 해 보세요.

01 

 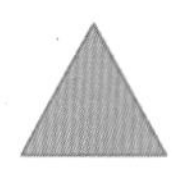 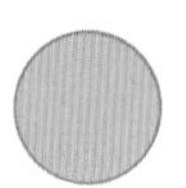

02  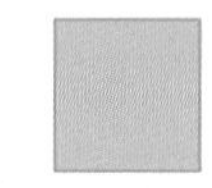 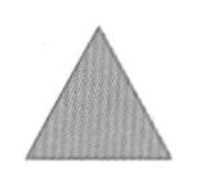 

03 

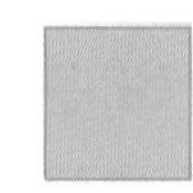 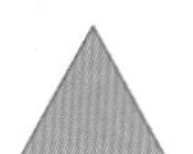 

04 1시를 바르게 나타낸 시계를 찾아 ○표 해 보세요.

( ) ( ) ( )

05 시계를 보고 몇 시 30분인지 □ 안에 알맞은 수를 써넣으세요.

시 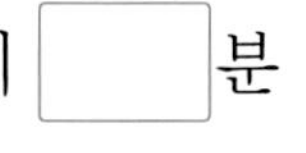분

06 혜원이가 본뜬 모양을 찾아 ○표 해 보세요.

(□ 모양 , △ 모양 , ○ 모양)

07 시각에 맞게 선으로 이어 보세요.

5:00 6:00 6:30

AI가 뽑은 정답률 낮은 문제

08 점 종이에 서로 다른 □ 모양 2개를 그려 보세요.

58쪽 유형 2

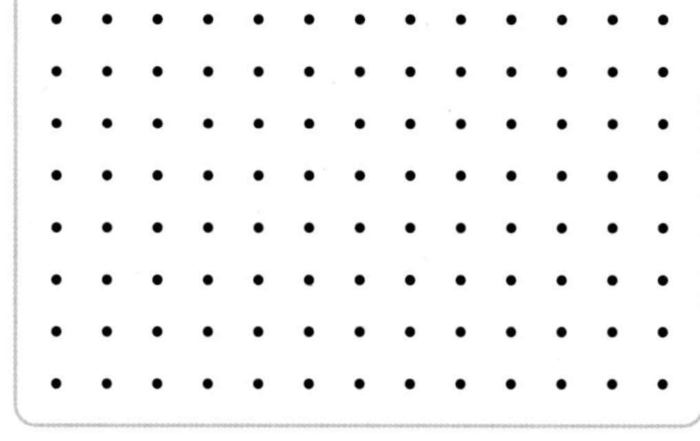

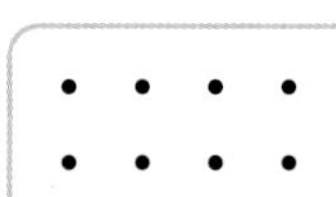

09~10 그림을 보고 물음에 답해 보세요.

09 ■, ▲, ● 모양을 1개씩 찾아 아래와 같이 색연필로 따라 그려 보세요.

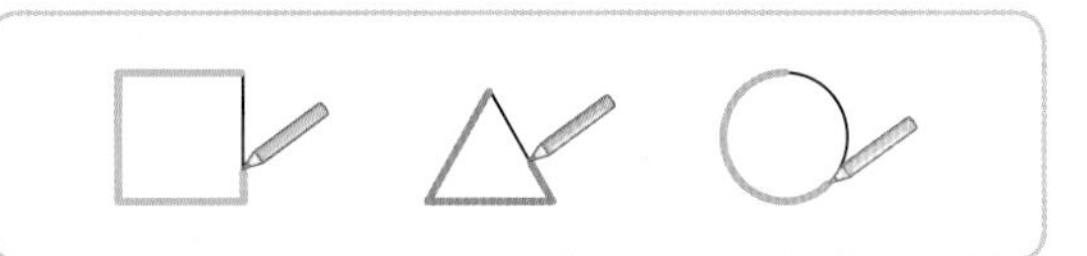

10 바르게 설명한 것에 ○표 해 보세요.

- ■ 모양이 1개입니다. (　　)
- ▲ 모양이 있습니다. (　　)
- ● 모양이 없습니다. (　　)

AI가 뽑은 정답률 낮은 문제　　서술형

11 ㉠, ㉡, ㉢에 알맞은 수가 큰 것부터 차례대로 기호를 쓰려고 합니다. 풀이 과정을 쓰고 답을 구해 보세요.

59쪽 유형 3

12시 30분에 시계의 짧은바늘은 ㉠과 ㉡ 사이를 가리키고, 긴바늘은 ㉢을 가리킵니다.

풀이

답

AI가 뽑은 정답률 낮은 문제

12 보기의 모양 중에서 오른쪽 모양을 만드는 데 사용하지 않은 것에 ×표 해 보세요.

59쪽 유형 4

보기

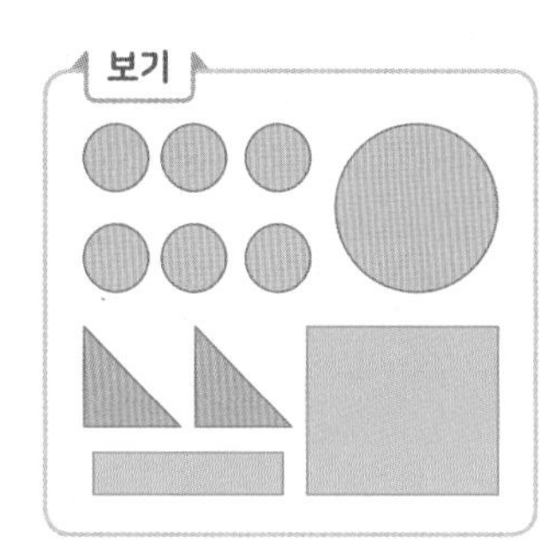

13 시계의 짧은바늘과 긴바늘이 모두 12를 가리키는 시각은 몇 시인가요?

(　　)

① 1시　② 2시　③ 3시　④ 6시　⑤ 12시

서술형

14 ■, ▲, ● 모양으로 꽃게를 꾸민 모양입니다. 어떻게 꾸민 모양인지 설명해 보세요.

답

3 단원

AI가 뽑은 정답률 낮은 문제

15 점심시간의 시작 시각과 마친 시각을 시계에 나타내어 보세요.

62쪽 유형 9

점심시간	12:30~1:30

시작 시각

마친 시각

16 성냥개비로 만든 모양입니다. ▲ 모양은 ■ 모양보다 몇 개 더 많은지 구해 보세요.

(　　　　　　　　)

AI가 뽑은 정답률 낮은 문제

17 오른쪽 종이를 선을 따라 자르면 어떤 모양이 몇 개 생기는지 구해 보세요.

61쪽 유형 8

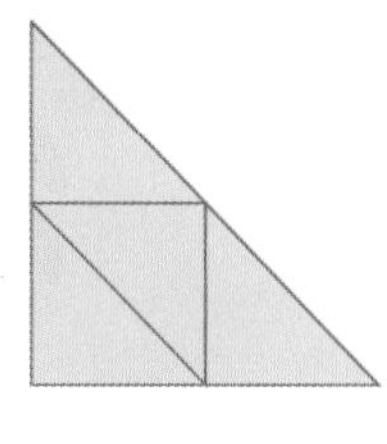

(　　　　　,　　　　　)

18 ■, ▲, ● 모양을 모두 사용하여 돼지의 얼굴을 꾸며 보세요.

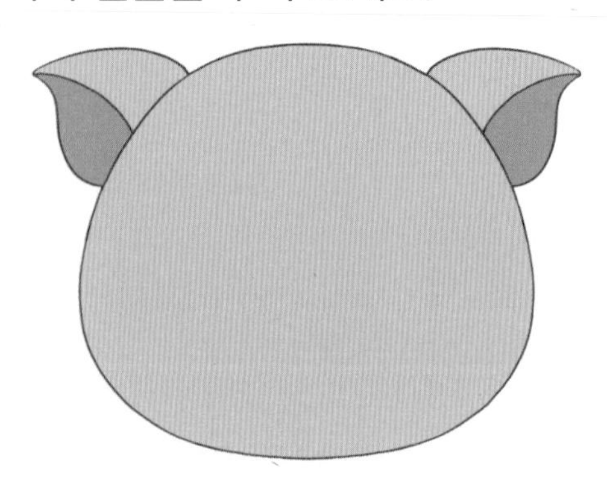

19 시계를 잘못하여 거꾸로 걸었습니다. 시계가 나타내는 시각을 구해 보세요.

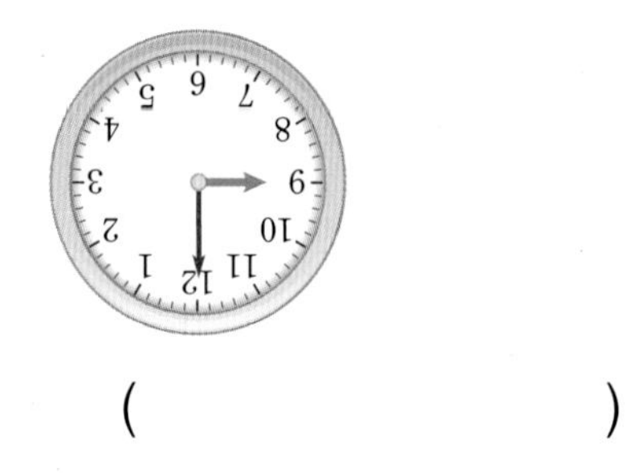

(　　　　　　　　)

20 김밥을 다음 그림처럼 잘랐을 때 자른 면 전체에 알맞은 모양을 찾아 ○표 해 보세요.

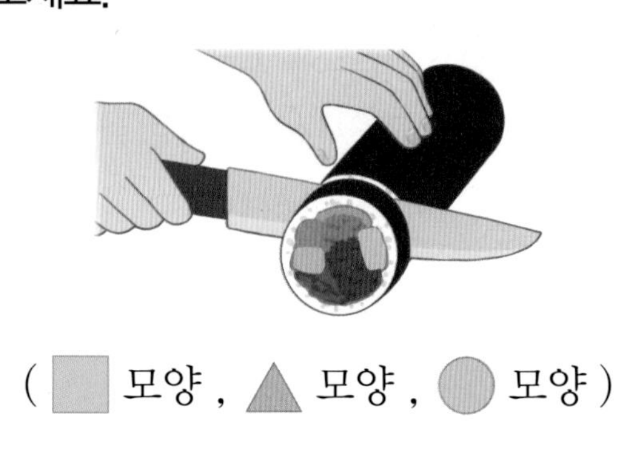

(■ 모양 , ▲ 모양 , ● 모양)

점수

58~63쪽에서 같은 유형의 문제를 더 풀 수 있어요.

01~03 모양자를 보고 물음에 답해 보세요.

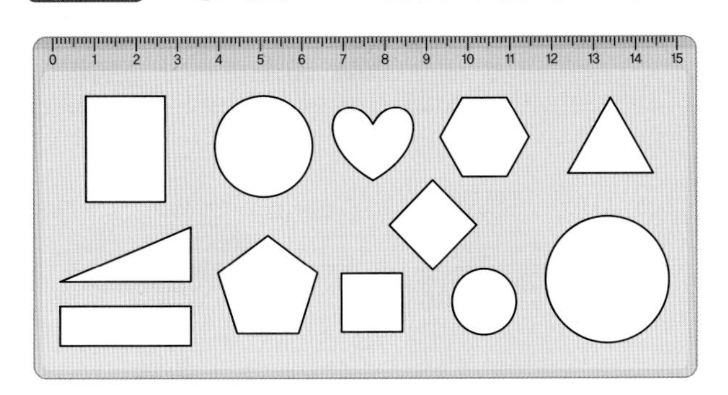

01 ■ 모양을 모두 찾아 (색칠)으로 칠해 보세요.

02 ▲ 모양을 모두 찾아 (색칠)으로 칠해 보세요.

03 ● 모양을 모두 찾아 (색칠)으로 칠해 보세요.

04 시계를 보고 몇 시인지 □ 안에 알맞은 수를 써넣으세요.

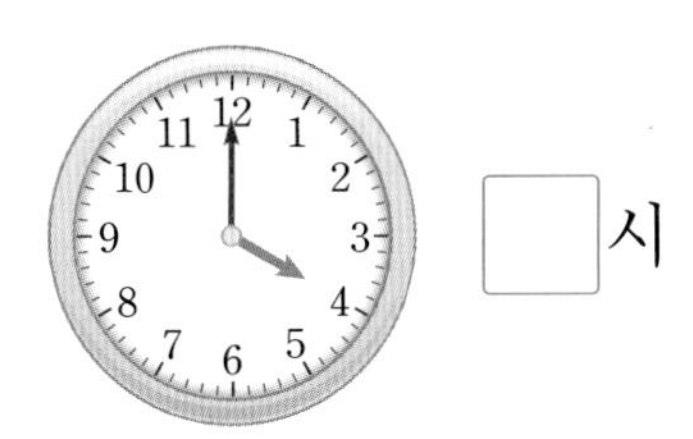

□시

05 시계를 보고 몇 시 30분인지 □ 안에 알맞은 수를 써넣으세요.

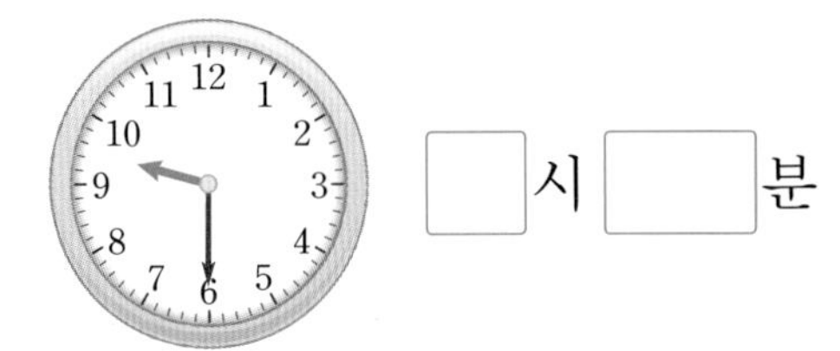

□시 □분

06 네 명의 친구가 팔을 사용하여 만든 모양을 찾아 ○표 해 보세요.

(■ 모양 , ▲ 모양 , ● 모양)

07 같은 모양끼리 선으로 이어 보세요.

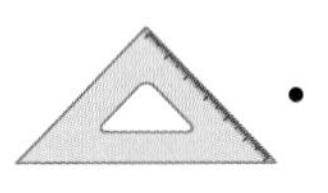

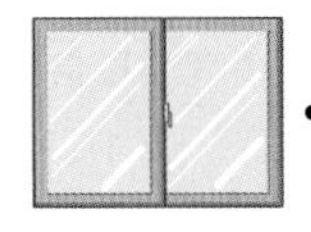
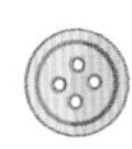

AI가 뽑은 정답률 낮은 문제

08 점 종이에 서로 다른 ▲ 모양 2개를 그려 보세요.

58쪽 유형 2

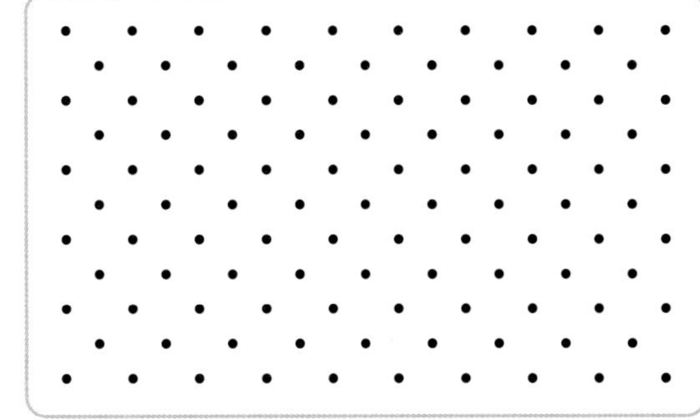

3 단원

09 오른쪽 시계의 시각을 바르게 읽은 것은 어느 것인가요? (　　　)

① 열두 시　② 한 시
③ 두 시　④ 열두 시 삼십 분
⑤ 한 시 삼십 분

10~11 우주를 ■, ▲, ● 모양으로 꾸미고 있습니다. 물음에 답해 보세요.

10 우주인을 꾸미는 데 사용한 ■, ▲, ● 모양은 각각 몇 개인지 구해 보세요.

■ (　　　)
▲ (　　　)
● (　　　)

11 ■, ▲, ● 모양을 이용하여 우주선을 꾸며 보세요.

AI가 뽑은 정답률 낮은 문제

12 보기의 모양만을 사용하여 꾸민 모양에 ○표 해 보세요.

59쪽 유형 4

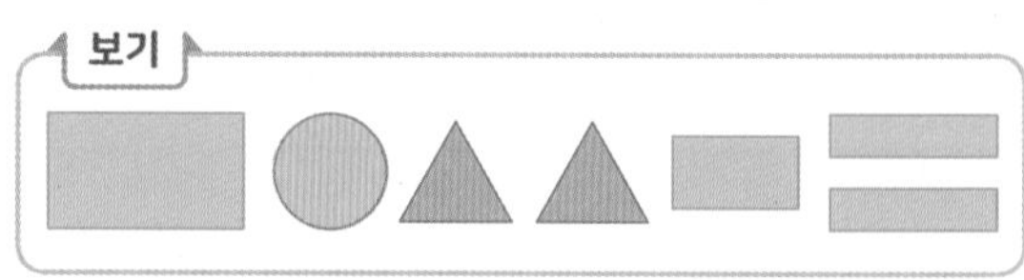

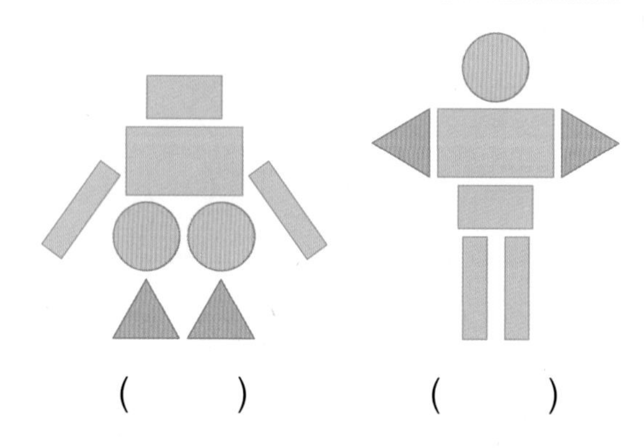

(　　)　(　　)

13 시계의 긴바늘이 12를 가리키는 시각을 모두 찾아 기호를 써 보세요.

㉠ 1시	㉡ 10시
㉢ 10시 30분	㉣ 12시 30분

(　　　　　　)

서술형

14 2시를 시계에 나타내는 방법을 설명한 것입니다. 틀린 이유를 설명해 보세요.

짧은바늘이 12를 가리키고, 긴바늘이 2를 가리키도록 그립니다.

이유

AI가 뽑은 정답률 낮은 문제

15 설명하는 시각을 구해 보세요.

60쪽 유형 6

- 짧은바늘이 5와 6 사이를 가리킵니다.
- 긴바늘이 6을 가리킵니다.

(　　　　　　　　)

16 다음 모양을 꾸미는 데 가장 많이 사용한 모양은 가장 적게 사용한 모양보다 몇 개 더 많이 사용했는지 구해 보세요.

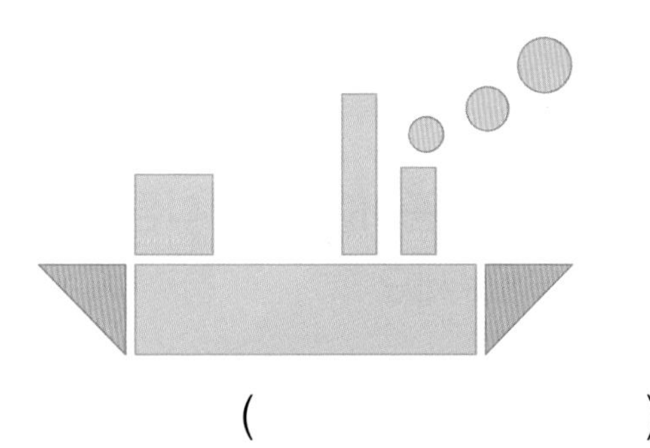

(　　　　　　　　)

AI가 뽑은 정답률 낮은 문제

17 오른쪽은 어떤 모양의 일부분을 본뜬 그림입니다. 어떤 모양을 본뜬 것인지 풀이 과정을 쓰고 답을 구해 보세요.

62쪽 유형 10

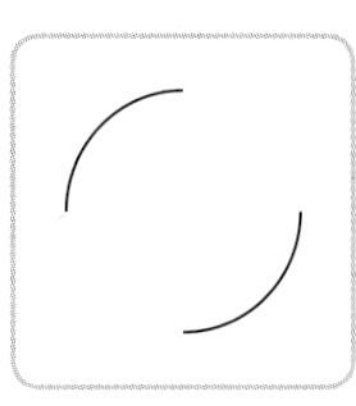

풀이

답

AI가 뽑은 정답률 낮은 문제

18 종이를 선을 따라 자르면 어떤 모양이 몇 개 생기는지 구해 보세요.

61쪽 유형 8

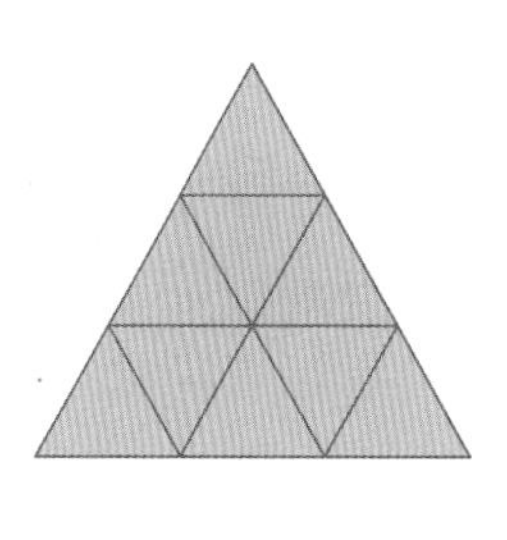

(　　　　　,　　　　　)

19 거울에 비친 시계를 보고 시계가 나타내는 시각을 구해 보세요.

(　　　　　　　　)

AI가 뽑은 정답률 낮은 문제

20 그림에서 찾을 수 있는 크고 작은 □ 모양은 모두 몇 개인지 구해 보세요.

63쪽 유형 11

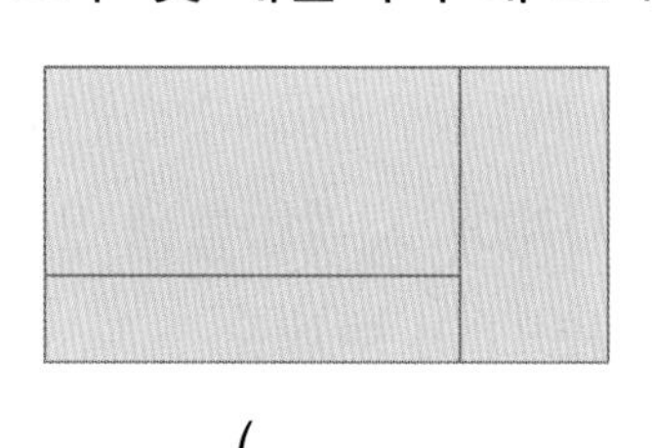

(　　　　　　　　)

3 단원

3 단원 틀린 유형 다시 보기

모양과 시각

🔗 1회 7, 15번 🔗 2회 7번

유형 1 시각에 맞게 시곗바늘 그리기

시계에 짧은바늘을 알맞게 그려서 시각을 나타내어 보세요.

Tip 짧은바늘이 숫자 몇을 가리켜야 하는지 생략하여 시곗바늘을 그려요.

1-1 시계에 긴바늘을 알맞게 그려서 시각을 나타내어 보세요.

1-2 시계에 시곗바늘을 알맞게 그려서 시각을 나타내어 보세요.

🔗 3회 8번 🔗 4회 8번

유형 2 점 종이에 모양 그리기

점 종이에 서로 다른 □ 모양 2개를 그려 보세요.

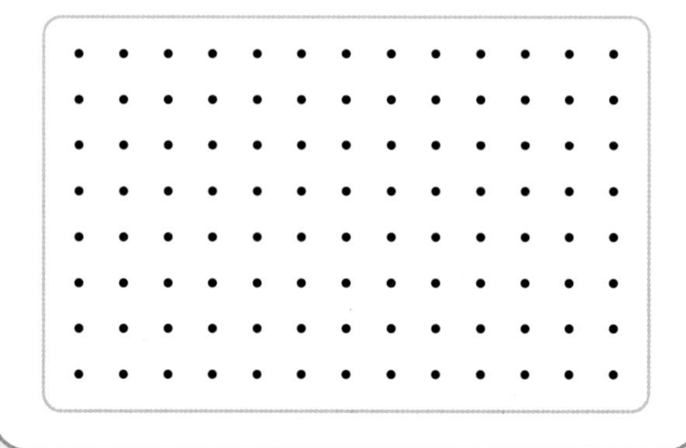

Tip □ 모양은 네 점을 이어서 만들면 돼요.

2-1 점 종이에 서로 다른 △ 모양 2개를 그려 보세요.

2-2 점 종이에 □ 모양과 △ 모양을 각각 1개씩 그려 보세요.

🔗 1회 10번 🔗 3회 11번

유형 3 시곗바늘이 가리키는 숫자 구하기

7시에 시계의 짧은바늘과 긴바늘이 가리키는 숫자를 각각 써 보세요.

짧은바늘 (　　　　　　　)
긴바늘 (　　　　　　　)

Tip ●시일 때 짧은바늘은 ●를 가리키고, 긴바늘은 12를 가리켜요.

3-1 11시에 시계의 짧은바늘과 긴바늘이 가리키는 숫자를 각각 써 보세요.

짧은바늘 (　　　　　　　)
긴바늘 (　　　　　　　)

3-2 1시 30분에 시계의 긴바늘이 가리키는 숫자를 써 보세요.

(　　　　　　　)

3-3 □ 안에 알맞은 수를 써넣으세요.

6시 30분에 시계의 짧은바늘은 □와/과 □ 사이를 가리키고, 긴바늘은 □을/를 가리킵니다.

🔗 3회 12번 🔗 4회 12번

유형 4 주어진 모양으로 꾸미기

보기의 모양만을 사용하여 꾸민 모양에 ○표 해 보세요.

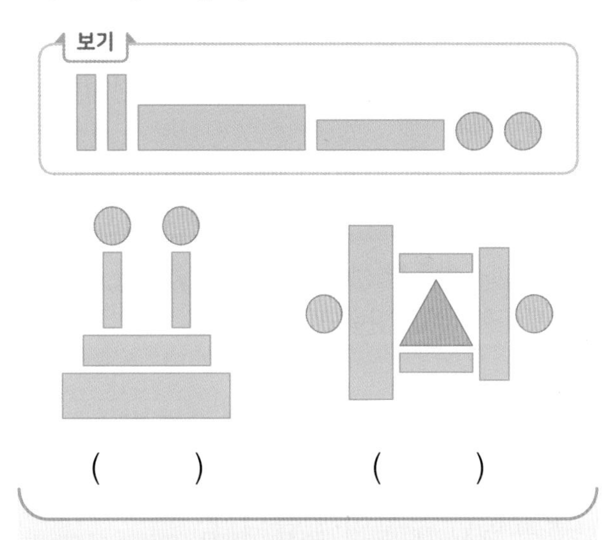

(　　)　　(　　)

Tip 빠뜨리거나 남는 모양 없이 주어진 모양을 모두 사용하여 꾸민 모양을 찾아요.

4-1 보기의 모양 중에서 오른쪽 모양을 만드는 데 사용하지 않은 것에 ×표 해 보세요.

4-2 보기의 모양을 모두 사용하여 나만의 모양을 꾸며 보세요.

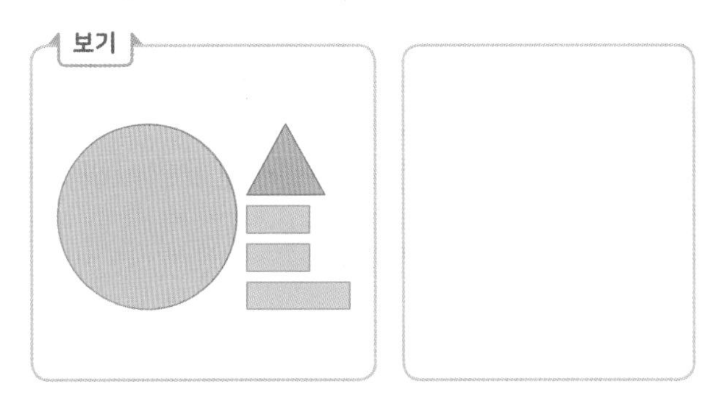

3 단원

2회 15번

유형 5 설명하는 모양 구하기

설명하는 모양을 찾아 ○표 해 보세요.

- 반듯한 선이 있습니다.
- 뾰족한 부분이 세 군데 있습니다.

(■ 모양 , ▲ 모양 , ● 모양)

Tip • 반듯한 선이 있는 모양: ■, ▲ 모양
• 반듯한 선이 없는 모양: ● 모양

5-1 설명하는 모양을 찾아 ○표 해 보세요.

- 뾰족한 부분이 없습니다.
- 어느 방향에서 보아도 같은 모양입니다.

(■ 모양 , ▲ 모양 , ● 모양)

5-2 설명하는 모양을 찾아 ○표 해 보세요.

- 뾰족한 부분이 있습니다.
- 반듯한 선이 네 개 있습니다.

(■ 모양 , ▲ 모양 , ● 모양)

5-3 설명하는 모양을 찾아 ○표 해 보세요.

- 태극기에서 찾을 수 있는 모양입니다.
- 둥근 부분이 있습니다.

(■ 모양 , ▲ 모양 , ● 모양)

1회 16번 4회 15번

유형 6 설명하는 시각 구하기

설명하는 시각을 구해 보세요.

- 짧은바늘이 9를 가리킵니다.
- 긴바늘이 12를 가리킵니다.

( )

Tip • 짧은바늘이 ●를 가리키고, 긴바늘이 12를 가리키면 ●시예요.
• 짧은바늘이 ●와 (●+1) 사이를 가리키고, 긴바늘이 6을 가리키면 ●시 30분이에요.

6-1 설명하는 시각을 구해 보세요.

- 짧은바늘이 3을 가리킵니다.
- 긴바늘이 12를 가리킵니다.

( )

6-2 설명하는 시각을 구해 보세요.

- 짧은바늘이 2와 3 사이를 가리킵니다.
- 긴바늘이 6을 가리킵니다.

( )

6-3 설명하는 시각을 구해 보세요.

- 짧은바늘이 10과 11 사이를 가리킵니다.
- 긴바늘이 6을 가리킵니다.

( )

2회 13번

유형 7 시각에 맞는 이야기 만들기

시계가 나타내는 시각을 넣어 알맞은 이야기를 만들어 보세요.

답

Tip 어제 내가 한 일을 생각해 보며 시각에 맞는 이야기를 만들어요.

7-1 시계가 나타내는 시각을 넣어 알맞은 이야기를 만들어 보세요.

답

7-2 어제 7시 30분에 한 일을 써 보세요.

답

1회 18번 3회 17번 4회 18번

유형 8 잘랐을 때 나오는 모양의 수 구하기

종이를 선을 따라 자르면 어떤 모양이 몇 개 생기는지 구해 보세요.

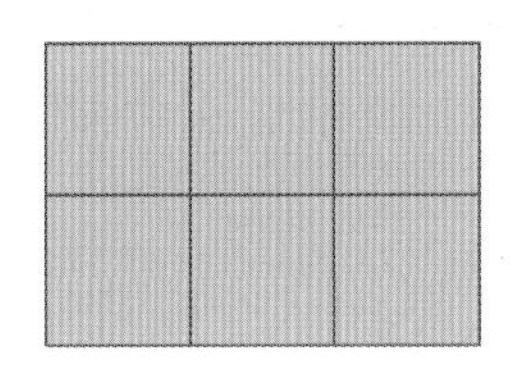

(,)

Tip 잘린 조각을 하나하나 세어야 하는 것에 주의해요.

8-1 종이를 선을 따라 자르면 어떤 모양이 몇 개 생기는지 구해 보세요.

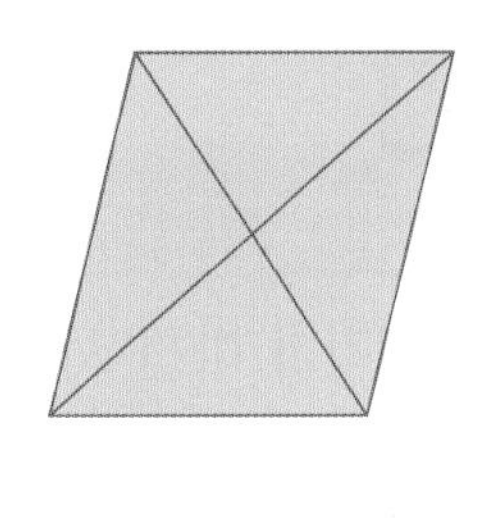

(,)

8-2 종이를 선을 따라 자르면 ■ 모양과 ▲ 모양은 각각 몇 개가 생기는지 구해 보세요.

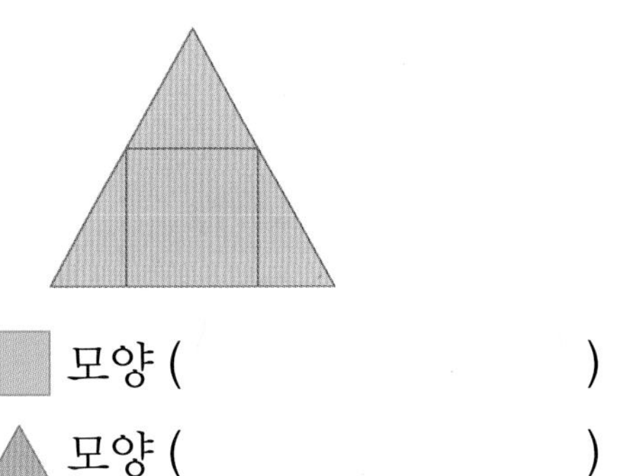

■ 모양 ( )

▲ 모양 ( )

3 단원

3회 15번

유형 9 생활 속에서 시각 알기

현서가 그림을 그리기 시작한 시각과 마친 시각을 시계에 나타내어 보세요.

그림을 그린 시간	11:00~12:00

시작 시각 → 마친 시각

Tip 시작한 시각과 마친 시각을 확인하여 시계에 나타내요.

9-1 준우가 강아지와 산책을 시작한 시각과 마친 시각을 시계에 나타내어 보세요.

산책 시간	4:30~5:30

시작 시각 → 마친 시각

9-2 민호의 이야기를 듣고, 시계에 시곗바늘을 알맞게 그려서 시각을 나타내어 보세요.

1회 19번 2회 18번 4회 17번

유형 10 본뜬 모양 알아보기

물건을 종이 위에 대고 본떴을 때 나올 수 있는 모양에 ○표 해 보세요.

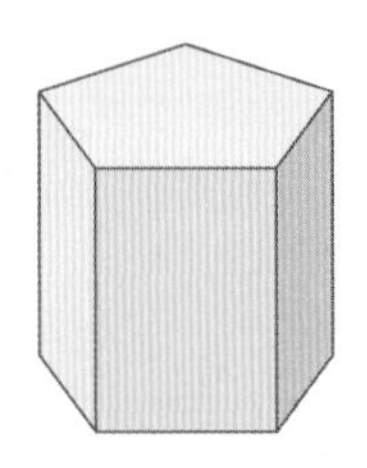

(■ 모양 , ▲ 모양 , ● 모양)

Tip 물건을 여러 방향으로 돌려 보며 본떴을 때 가능한 모양을 생각해요.

10-1 물건을 종이 위에 대고 본떴을 때 나올 수 없는 모양에 ×표 해 보세요.

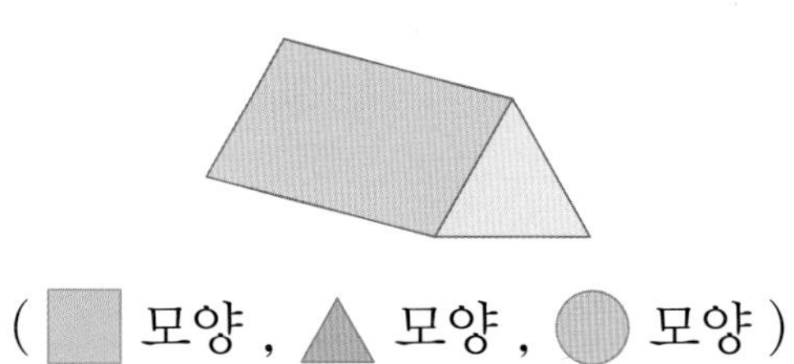

(□ 모양 , △ 모양 , ○ 모양)

10-2 어떤 물건을 본뜬 오른쪽 그림을 보고, 본뜬 물건을 찾아 기호를 써 보세요.

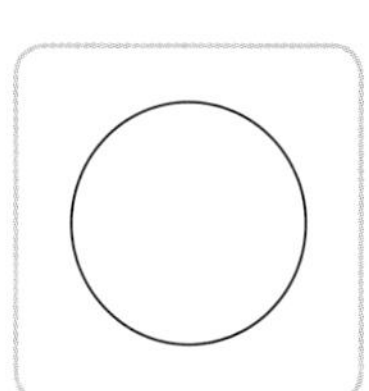

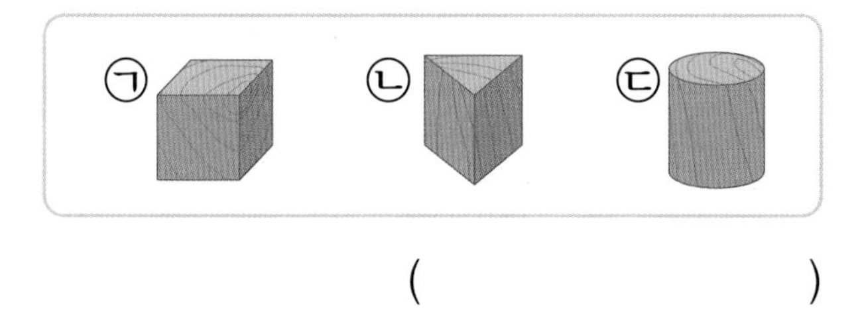

( )

10-3 연필꽂이의 옆면에 페인트를 모두 칠한 다음 그림과 같이 눕혀서 똑바로 굴리면 어떤 모양이 나타나는지를 찾아서 ○표 해 보세요.

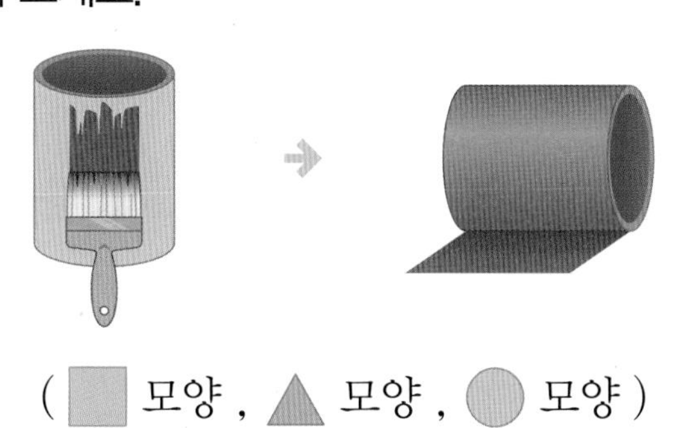

(□ 모양 , △ 모양 , ○ 모양)

2회 20번 4회 20번

유형 11 찾을 수 있는 크고 작은 모양의 수 구하기

오른쪽 그림에서 찾을 수 있는 크고 작은 △ 모양은 모두 몇 개인지 구해 보세요.

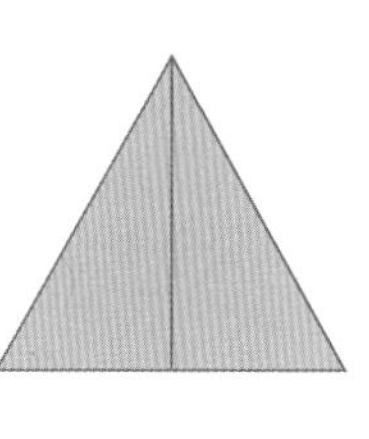

( )

Tip 작은 조각 1개로 이루어진 △ 모양의 개수와 작은 조각 2개로 이루어진 △ 모양의 개수를 더해서 구해요.

11-1 오른쪽 그림에서 찾을 수 있는 크고 작은 □ 모양은 모두 몇 개인지 구해 보세요.

( )

11-2 오른쪽 그림에서 찾을 수 있는 크고 작은 △ 모양은 모두 몇 개인지 구해 보세요.

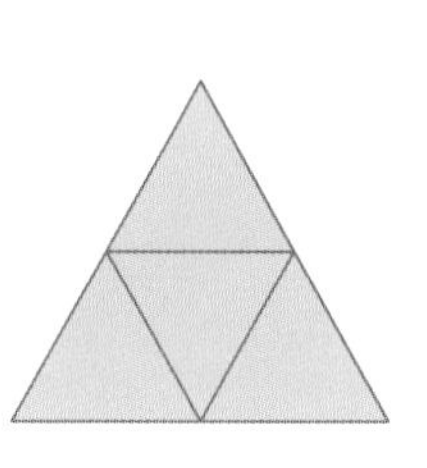

( )

11-3 그림에서 찾을 수 있는 크고 작은 □ 모양은 모두 몇 개인지 구해 보세요.

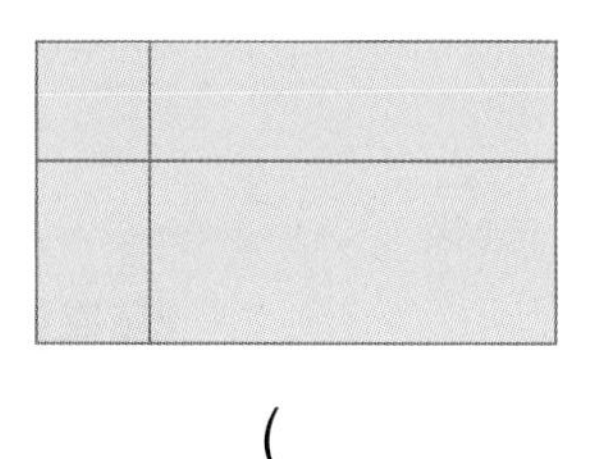

( )

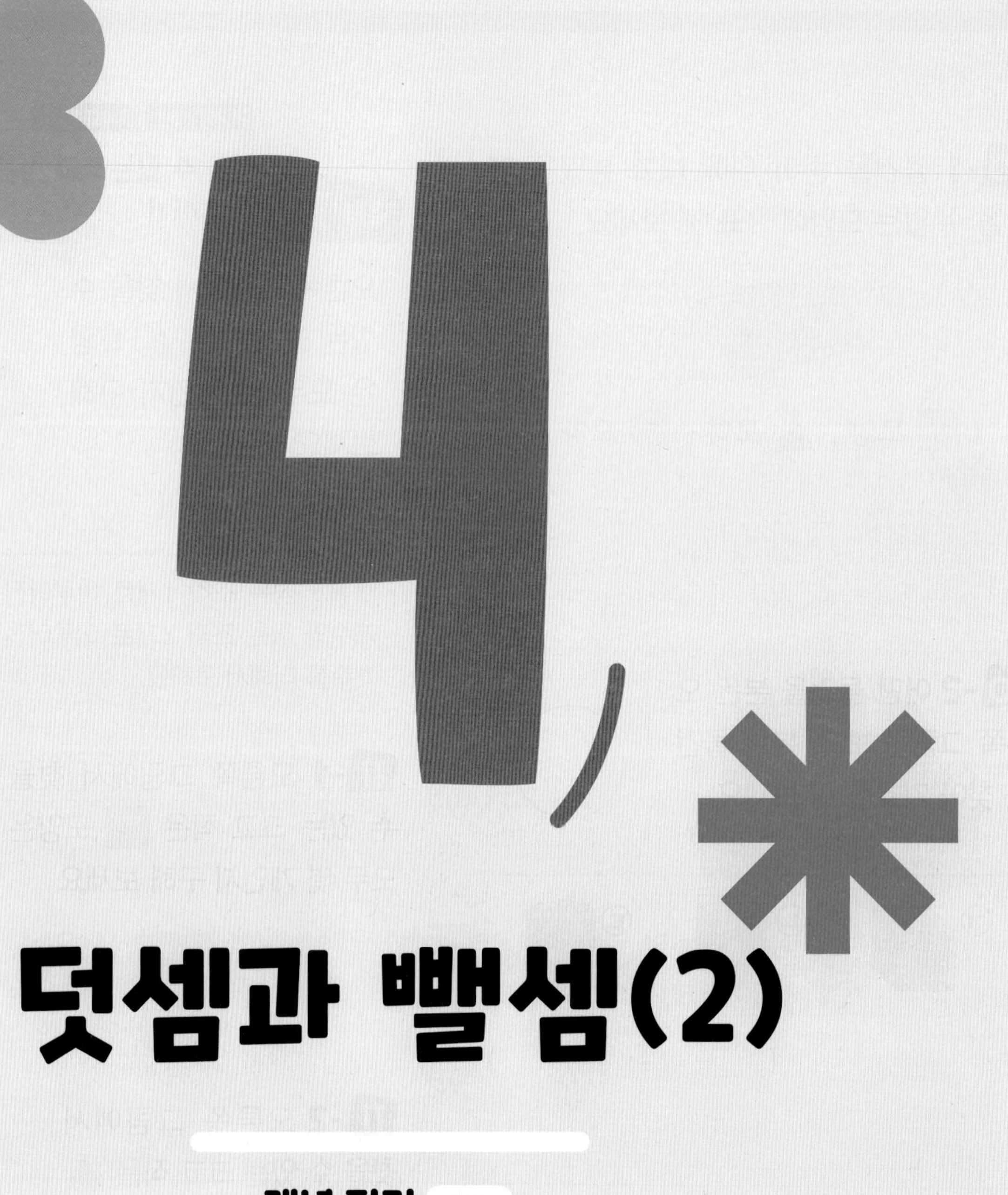

덧셈과 뺄셈(2)

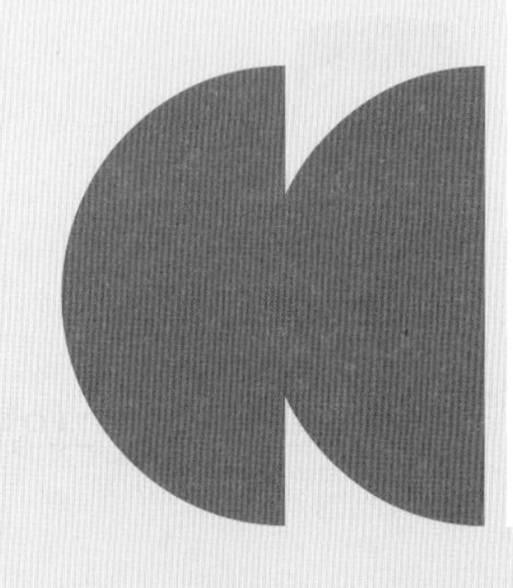

개념 정리 4단원

덧셈과 뺄셈(2)

개념 1 (몇)+(몇)=(십몇)

◆ 6+5의 계산

방법 ① 이어 세기로 구하기

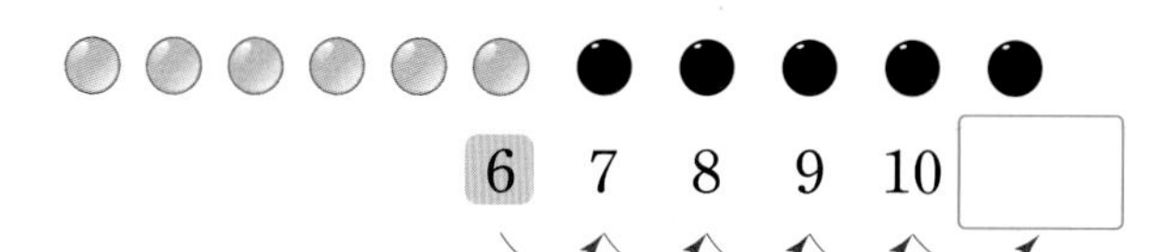

방법 ② 그림을 이용하여 구하기

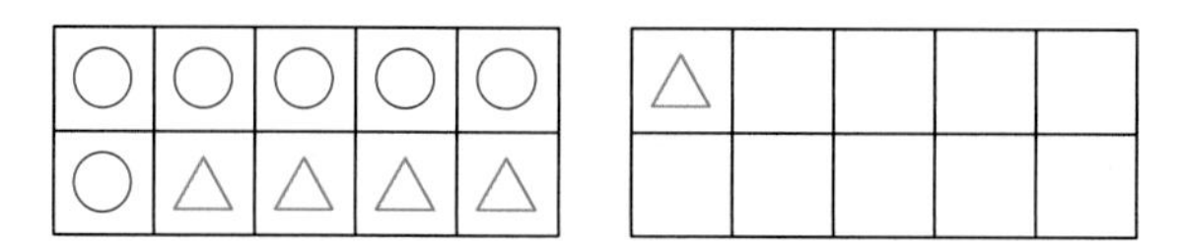

방법 ③ 10을 만들어 더하기

$6+5=11$ (1 5) | $6+5=11$ (4 1)

개념 2 여러 가지 덧셈

◆ 더하는 수가 1씩 커지는 계산

$5+6=11$
$5+7=12$
$5+8=13$
$5+9=14$

더해지는 수가 같을 때 더하는 수가 1씩 커지면 합도 1씩 커집니다.

◆ 더해지는 수가 1씩 작아지는 계산

$6+8=14$
$5+8=13$
$4+8=12$
$3+8=$ □

더하는 수가 같을 때 더해지는 수가 1씩 작아지면 합도 1씩 작아집니다.

참고
두 수의 순서를 바꾸어 더해도 합은 같아요.

개념 3 (십몇)−(몇)=(몇)

◆ 12−4의 계산

방법 ① 거꾸로 세기로 구하기

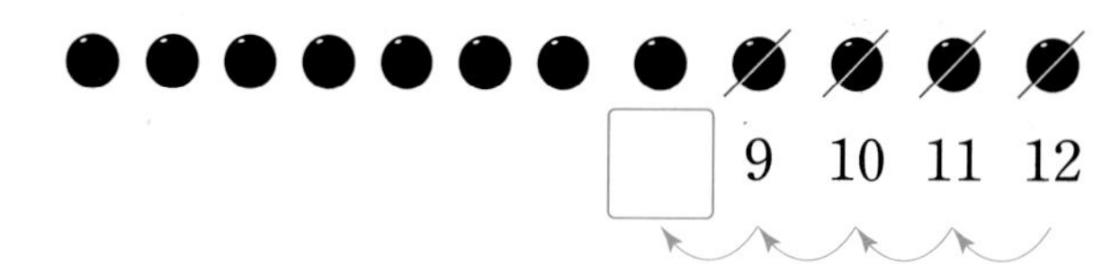

방법 ② 하나씩 짝 지어 구하기

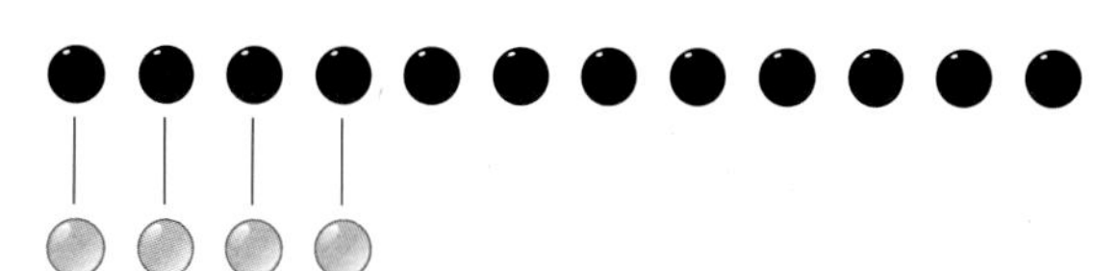

방법 ③ 가르기하여 빼기

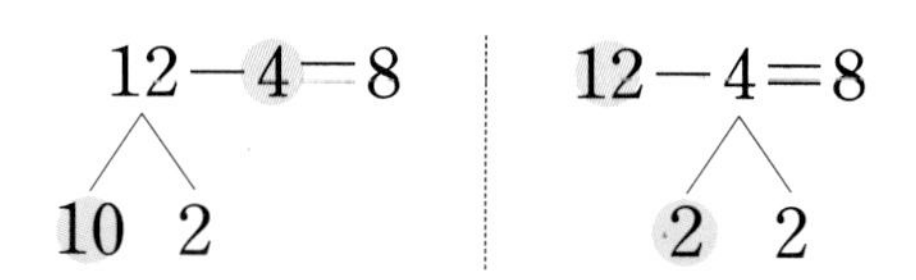

개념 4 여러 가지 뺄셈

◆ 빼는 수가 1씩 커지는 계산

$11-2=9$
$11-3=8$
$11-4=7$
$11-5=6$

빼지는 수가 같을 때 빼는 수가 1씩 커지면 차는 1씩 작아집니다.

◆ 빼지는 수가 1씩 작아지는 계산

$16-7=9$
$15-7=8$
$14-7=7$
$13-7=$ □

빼는 수가 같을 때 빼지는 수가 1씩 작아지면 차도 1씩 작아집니다.

정답 ❶ 11 ❷ 11 ❸ 8 ❹ 6

4 단원

점수

78~83쪽에서 같은 유형의 문제를 더 풀 수 있어요.

01~02 바둑돌을 이어 그려서 8+3을 계산하려고 합니다. 물음에 답해 보세요.

●	●	●	●	●	●	●	●		

01 위의 검은색 바둑돌에 이어 흰색 바둑돌 3개를 더 그려 보세요.

02 덧셈식을 계산해 보세요.

$8+3=\square$

03 그림을 보고 □ 안에 알맞은 수를 써넣으세요.

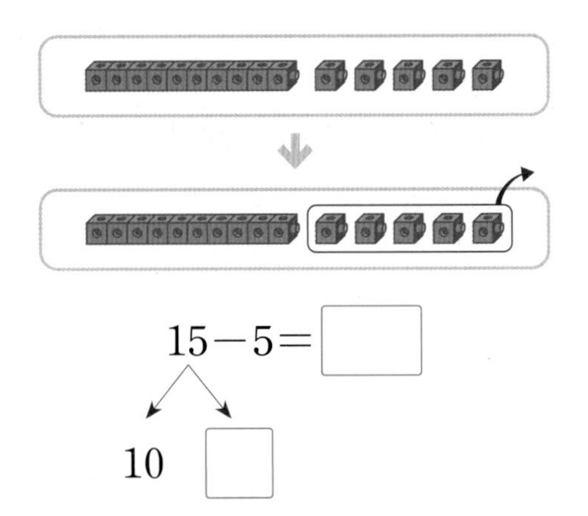

$15-5=\square$

10 □

04 덧셈을 해 보세요.

$7+7=\square$

05 뺄셈을 해 보세요.

$12-8=\square$

06 빈칸에 두 수의 합을 써넣으세요.

5	9

AI가 뽑은 정답률 낮은 문제

07 수직선을 보고 다음을 계산해 보세요.

78쪽 유형 1

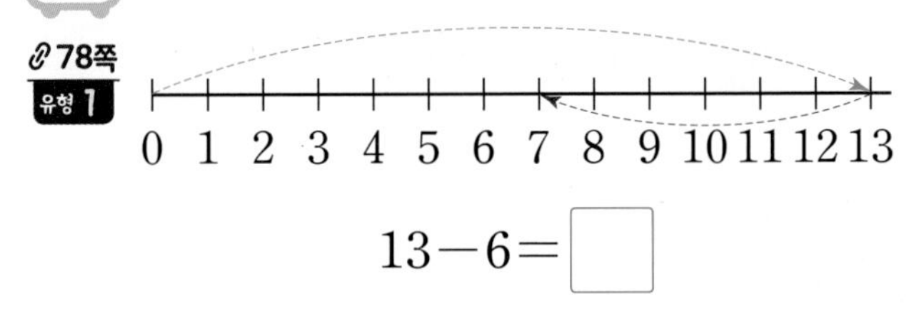

$13-6=\square$

08 가장 큰 수와 가장 작은 수의 차를 구해 보세요.

3 7 11 6 2

( )

AI가 뽑은 정답률 낮은 문제

09 6+6과 합이 같은 식을 찾아 ○표 해 보세요.

79쪽 유형 3

5+5	5+6	5+7
(　　)	(　　)	(　　)

10~11 뺄셈식을 보고 물음에 답해 보세요.

$11-5=6$
$12-5=7$
$13-5=\square$
$14-5=\square$

10 위의 뺄셈식에서 □ 안에 알맞은 수를 써넣으세요.

AI가 뽑은 정답률 낮은 문제

11 위의 뺄셈식에서 알 수 있는 규칙을 설명해 보세요.

80쪽 유형 6

답 ▶

12 여러 가지 덧셈을 해 보세요.

$9+2=\square$
$9+3=\square$
$9+4=\square$
$9+5=\square$

13 현우는 3층에서 엘리베이터를 타서 8개 층 위로 올라갔습니다. 현우가 도착한 곳은 몇 층인지 구해 보세요.

식 ▶ $\square+\square=\square$

답 ▶

서술형

14 한용이는 가지고 있던 책 15권 중에서 8권을 친구에게 빌려 주었습니다. 남은 책은 몇 권인지 풀이 과정을 쓰고 답을 구해 보세요.

풀이 ▶

답 ▶

4 단원

15 □ 안에 알맞은 수를 써넣으세요.

$8+6=6+\square=\square$

16 차가 8이 되도록 □ 안에 알맞은 수를 써넣으세요.

11−3	12−4	13−5
10−2	=8	14−□
17−□	16−□	15−□

AI가 뽑은 정답률 낮은 문제

17 지원이는 노란색 색종이 6장과 초록색 색종이 7장을 가지고 있었습니다. 이 중에서 8장을 사용하여 종이접기를 했다면 지원이에게 남은 색종이는 몇 장인지 구해 보세요.

81쪽 유형 8

(　　　　　　　　)

18 12에서 어떤 수를 뺐더니 7이 되었습니다. 어떤 수는 얼마인지 구해 보세요.

(　　　　　　　　)

AI가 뽑은 정답률 낮은 문제

19 수 카드 4장 중에서 2장을 골라 합이 가장 큰 덧셈식을 만들려고 합니다. □ 안에 알맞은 수를 써넣으세요.

82쪽 유형 9

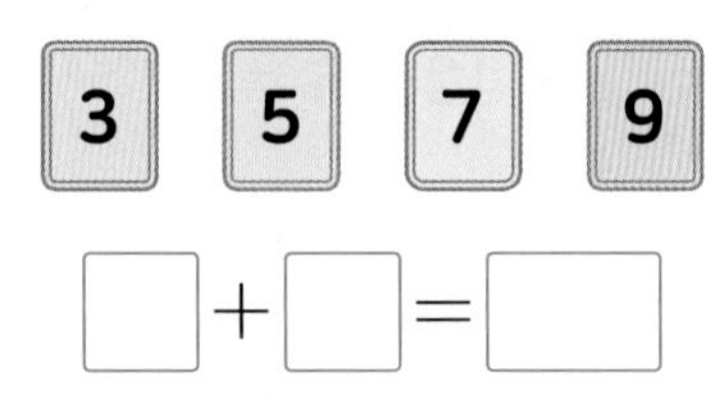

$\square+\square=\square$

20 합이 같도록 점을 그리고, □ 안에 알맞은 수를 써넣으세요.

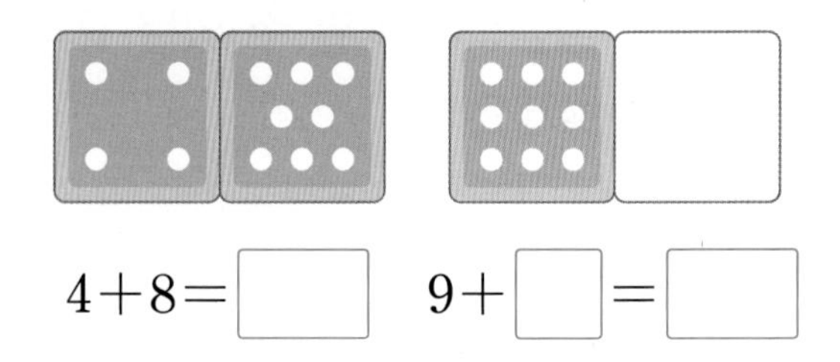

$4+8=\square$　　$9+\square=\square$

01~02 구슬을 옮겨 11－4를 계산하려고 합니다. 물음에 답해 보세요.

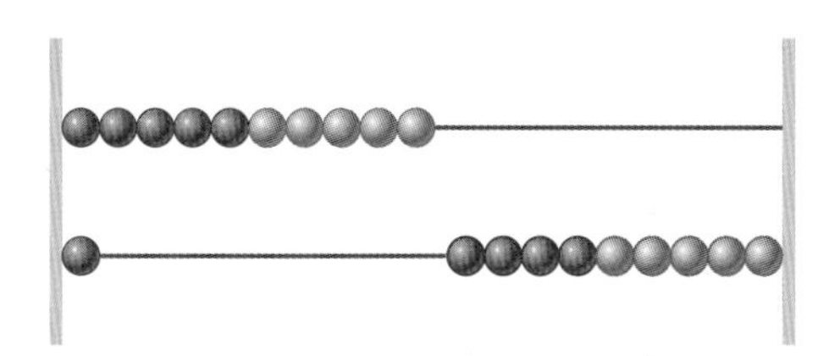

01 구슬 11개를 왼쪽으로 옮겼습니다. 구슬 4개를 원래 자리인 오른쪽으로 다시 옮길 때 옮겨야 하는 구슬에 /표 해 보세요.

02 뺄셈식을 계산해 보세요.

$11-4=\square$

03 그림을 보고 □ 안에 알맞은 수를 써넣으세요.

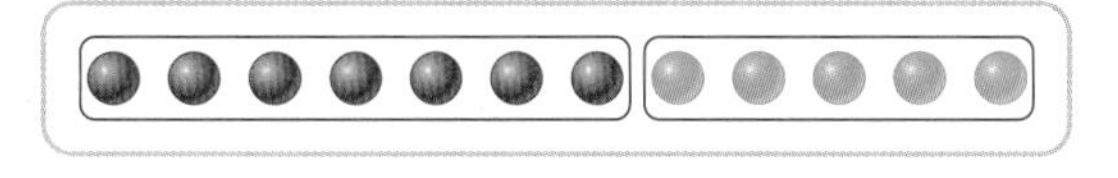

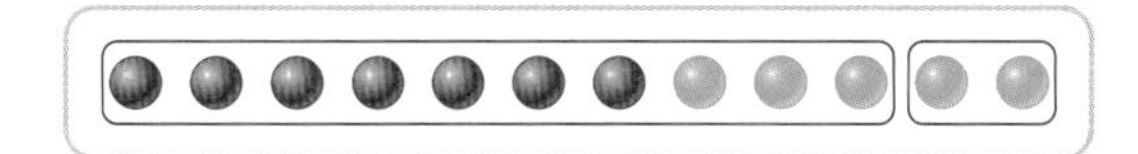

$7+5=7+\square+2$

$=\square+2=\square$

04 덧셈을 해 보세요.

$4+9=\square$

05 빈칸에 두 수의 차를 써넣으세요.

7	13

06~07 그림을 보고 물음에 답해 보세요.

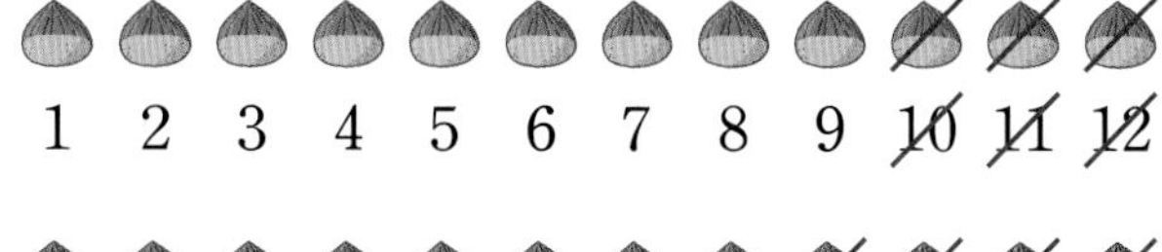

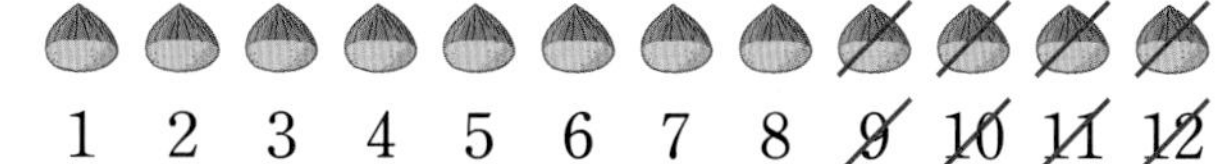

06 뺄셈을 해 보세요.

$12-3=9$, $12-4=8$, $12-5=\square$

AI가 뽑은 정답률 낮은 문제

07 뺄셈식에서 규칙을 찾아 설명하려고 합니다. □ 안에 알맞은 수를 써넣으세요.

80쪽 유형 6

> 빼지는 수가 같을 때 빼는 수가 1씩 커지면 차는 □씩 작아집니다.

08 합을 구하여 선으로 이어 보세요.

$6+8$	14
$7+9$	15
$8+7$	16

AI가 뽑은 정답률 낮은 문제

09 계산 결과의 크기를 비교하여 ○ 안에 >, =, <를 알맞게 써넣으세요.

78쪽 유형 2

10 합이 11인 칸에 모두 색칠해 보세요.

4+7		
4+8	3+8	
4+9	3+9	2+9

서술형

11 **보기**와 같은 방법으로 16−9를 계산하고, 계산한 방법을 설명해 보세요.

보기

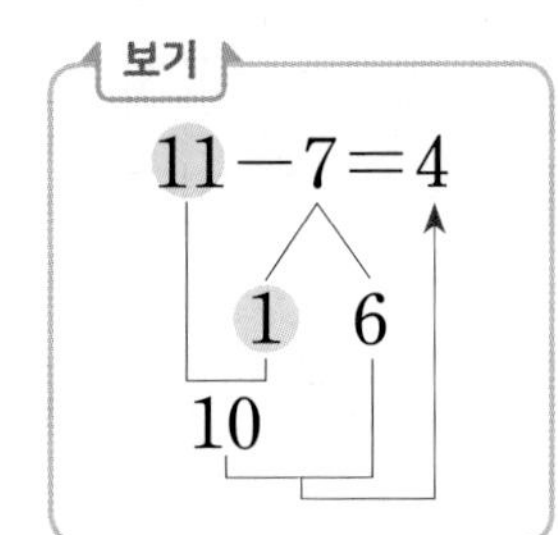

16−9

답

AI가 뽑은 정답률 낮은 문제

12 덧셈의 규칙을 생각하여 □ 안에 알맞은 수를 써넣으세요.

81쪽 유형 7

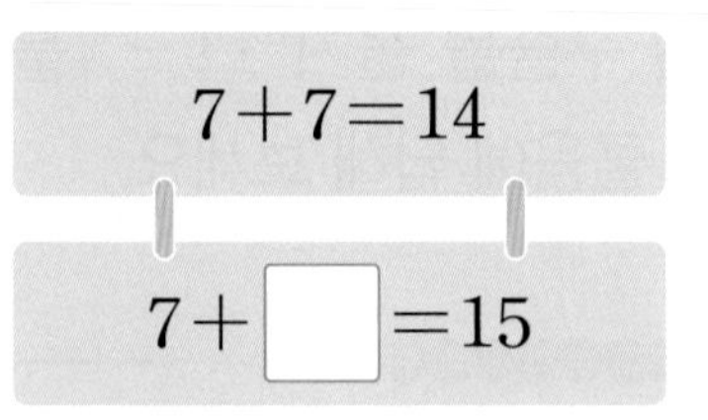

13 여러 가지 뺄셈을 해 보세요.

14−5=□

15−6=□

16−7=□

17−8=□

서술형

14 재연이네 반에 남학생은 8명, 여학생도 8명 있습니다. 재연이네 반 학생은 모두 몇 명인지 풀이 과정을 쓰고 답을 구해 보세요.

풀이

답

15 **보기**와 같은 방법으로 옆으로 덧셈식이 되는 세 수를 찾아 ⬭표 하고, ＋와 ＝를 알맞게 표시해 보세요.

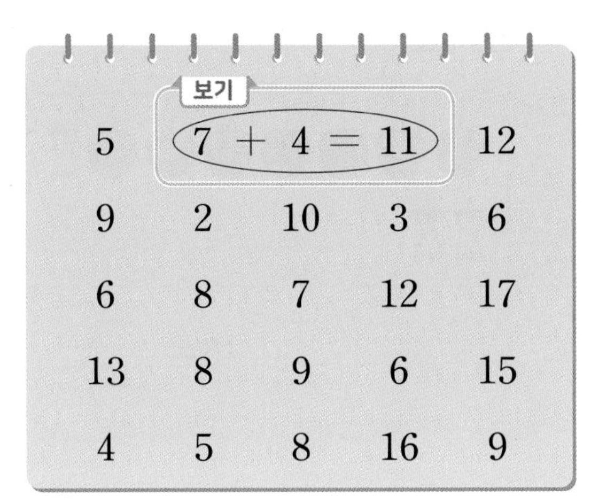

AI가 뽑은 정답률 낮은 문제

16 선호는 가지고 있던 딱지 12장 중에서 9장을 친구에게 주었습니다. 선호가 딱지를 8장 더 접었다면 선호가 지금 가지고 있는 딱지는 모두 몇 장인지 구해 보세요.

81쪽 유형 8

(　　　　　　　　)

AI가 뽑은 정답률 낮은 문제

17 색이 다른 수 카드를 한 장씩 골라 차가 가장 큰 뺄셈식을 만들려고 합니다. □ 안에 알맞은 수를 써넣으세요.

82쪽 유형10

12　15　8　9

□ − □ = □

18 만들 수 있는 것을 골라 알맞은 말에 ○표 하고, 덧셈식을 완성해 보세요.

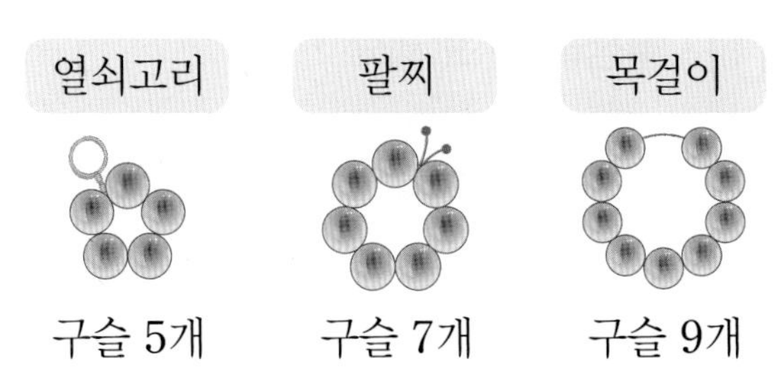

구슬 14개를 남김없이 사용하여
(열쇠고리 , 팔찌 , 목걸이)와
(열쇠고리 , 팔찌 , 목걸이)를
만들 수 있어.

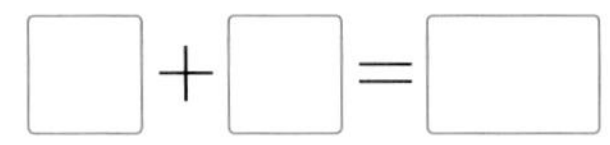

19 1부터 9까지의 수 중에서 가장 큰 홀수와 가장 큰 짝수의 합을 구해 보세요.

(　　　　　　　　)

20 다음과 같이 6을 넣으면 11이 나오는 상자가 있습니다. 이 상자에 8을 넣으면 얼마가 나오는지 구해 보세요.

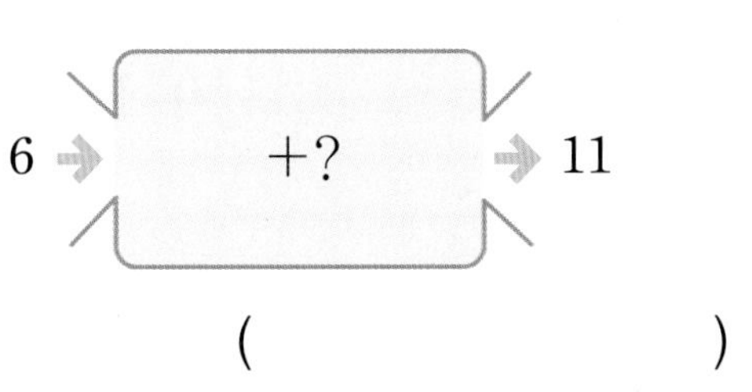

(　　　　　　　　)

4 단원

점수

78~83쪽에서 같은 유형의 문제를 더 풀 수 있어요.

01 뺄셈을 해 보세요.

$17-7=\square$

02 그림을 보고 □ 안에 알맞은 수를 써넣으세요.

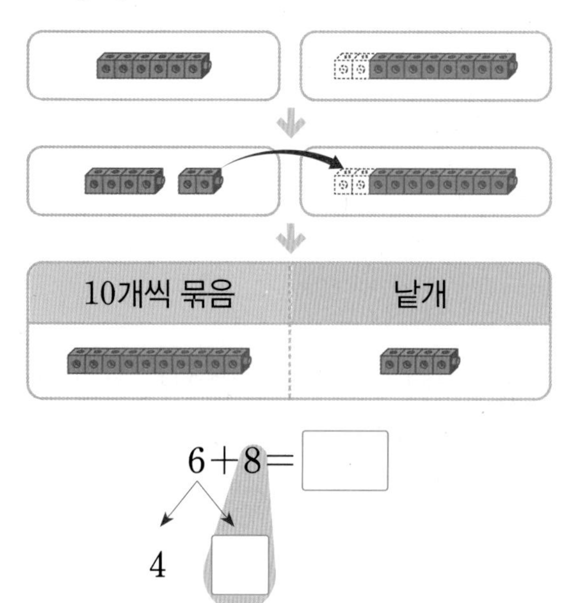

$6+8=\square$

4 □

03~04 □ 안에 알맞은 수를 써넣으세요.

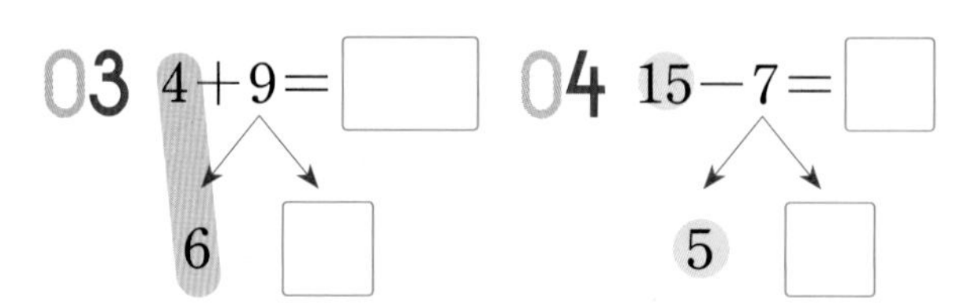

03 $4+9=\square$

6 □

04 $15-7=\square$

5 □

05 그림을 보고 알맞은 뺄셈식을 만들어 보세요.

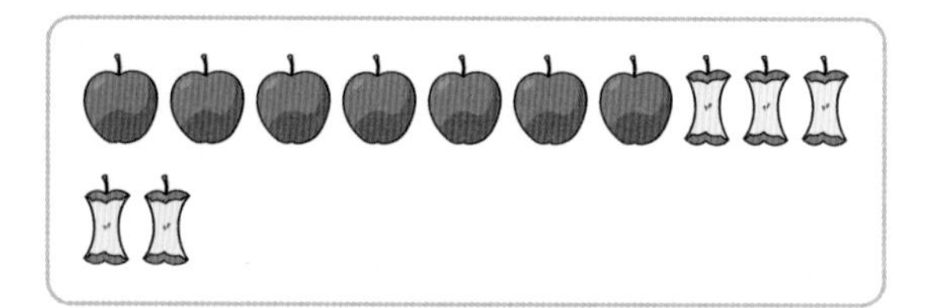

$\square-5=\square$

06 □ 안에 알맞은 수를 써넣으세요.

9와 9의 합은 □입니다.

07 주사위의 두 눈의 수의 합을 구해 보세요.

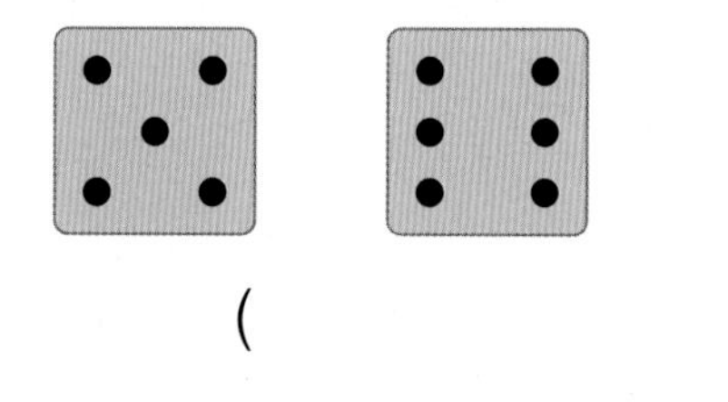

(　　　　)

08 그림을 보고 새는 모두 몇 마리인지 식을 만들어 구해 보세요.

식 $7+\square=\square$

답

AI가 뽑은 정답률 낮은 문제

09 13－7과 차가 같은 식을 찾아 ○표 해 보세요.

79쪽 유형 4

12－8	12－9	14－8
(　　)	(　　)	(　　)

AI가 뽑은 정답률 낮은 문제

12 뺄셈의 규칙을 생각하여 □ 안에 알맞은 수를 써넣으세요.

81쪽 유형 7

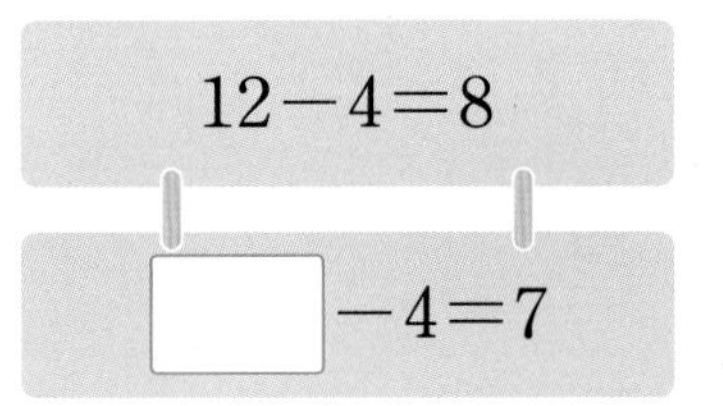

10~11 덧셈식을 보고 물음에 답해 보세요.

$8+6=14$

$8+5=13$

$8+4=\square$

$8+3=\square$

10 위의 덧셈식에서 □ 안에 알맞은 수를 써넣으세요.

AI가 뽑은 정답률 낮은 문제

11 위의 덧셈식에서 알 수 있는 규칙을 설명해 보세요.

80쪽 유형 5

답

13 수정이는 17층에서 엘리베이터를 타서 8개 층 아래로 내려갔습니다. 수정이가 도착한 곳은 몇 층인지 구해 보세요.

식 □－□＝□

답

14 가장 큰 수와 가장 작은 수의 합은 얼마인지 풀이 과정을 쓰고 답을 구해 보세요.

6　2　7　9　8

풀이

답

4 단원

15 빈칸에 알맞은 수를 써넣으세요.

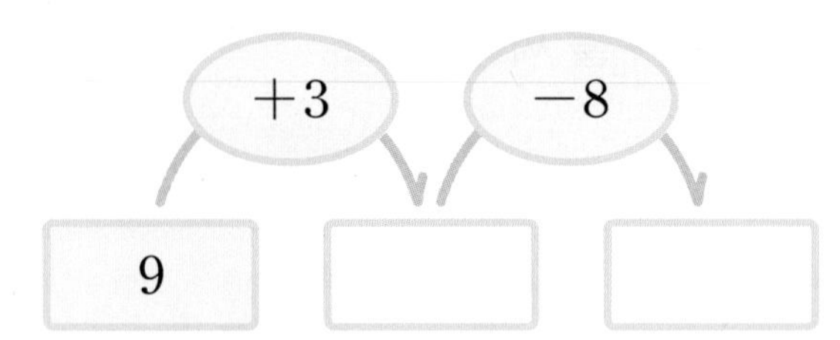

16 합이 2씩 커지도록 덧셈식을 만들려고 합니다. □ 안에 알맞은 수를 써넣으세요.

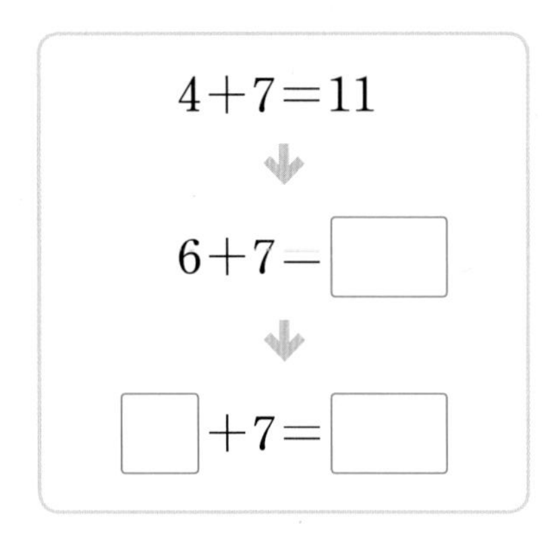

AI가 뽑은 정답률 낮은 문제

17 수 카드 3장을 모두 사용하여 서로 다른 뺄셈식을 2개 만들어 보세요.

82쪽 유형10

5	8	13

식

18 빈칸에 계산 결과가 짝수이면 '짝', 홀수이면 '홀'을 써넣으세요.

$9+6$	$7+7$	$11-3$

AI가 뽑은 정답률 낮은 문제

19 □ 안에 들어갈 수 있는 가장 큰 수를 구해 보세요.

83쪽 유형11

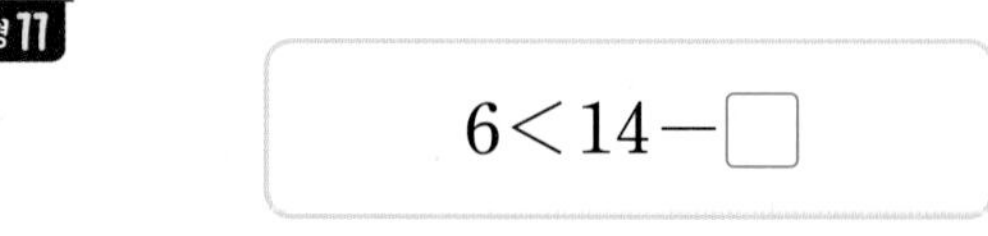

(　　　　　　　)

20 어떤 수에서 6을 빼야 할 것을 잘못하여 어떤 수에 6을 더했더니 15가 되었습니다. 바르게 계산하면 얼마인지 구해 보세요.

(　　　　　　　)

점수

78~83쪽에서 같은 유형의 문제를 더 풀 수 있어요.

01~02 다음 상황을 보고 물음에 답해 보세요.

01 남는 병이 몇 개인지 구하기 위한 식을 만들려고 합니다. □ 안에 알맞은 수를 써넣으세요.

02 남는 병은 몇 개인지 구해 보세요.

(　　　　　　)

03 □ 안에 알맞은 수를 써넣으세요.

$7+6=5+2+5+1$
$=5+5+2+1$
$=\square+3=\square$

04 덧셈을 해 보세요.

$5+9=\square$

05 뺄셈을 해 보세요.

$15-8=\square$

AI가 뽑은 정답률 낮은 문제

06 수직선을 보고 다음을 계산해 보세요.

78쪽 유형 1

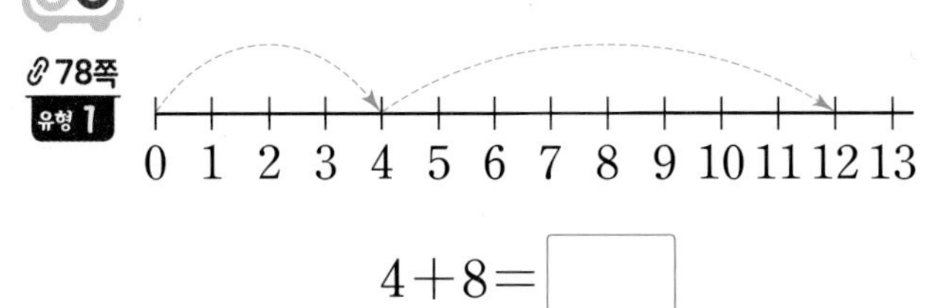

$4+8=\square$

07 어느 것이 몇 개 더 많은지 알맞은 말에 ○표 하고, □ 안에 알맞은 수를 써넣으세요.

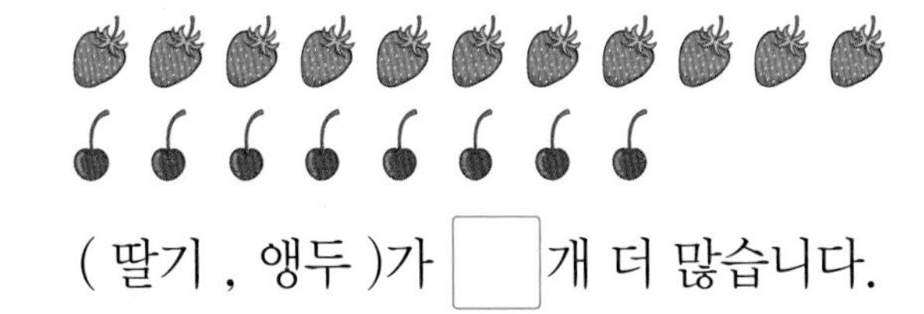

(딸기 , 앵두)가 □개 더 많습니다.

08 차를 구하여 선으로 이어 보세요.

11−5	4
13−9	5
14−9	6

AI가 뽑은 정답률 낮은 문제

09 계산 결과의 크기를 비교하여 ○ 안에 >, =, <를 알맞게 써넣으세요.

78쪽 유형 2

$8+6$ ○ $5+9$

10 차가 8인 칸에 모두 색칠해 보세요.

14−5	14−6	14−7
	15−6	15−7
		16−7

11 여러 가지 덧셈을 해 보세요.

$6+6=$ □

$7+7=$ □

$8+8=$ □

$9+9=$ □

12~13 풍선을 보고 물음에 답해 보세요.

12 보기와 같은 방법으로 같은 색 풍선에서 수를 골라 덧셈식을 완성해 보세요.

보기

$5+8=13$

□ + □ = □

13 보기와 같은 방법으로 같은 색 풍선에서 수를 골라 뺄셈식을 완성해 보세요.

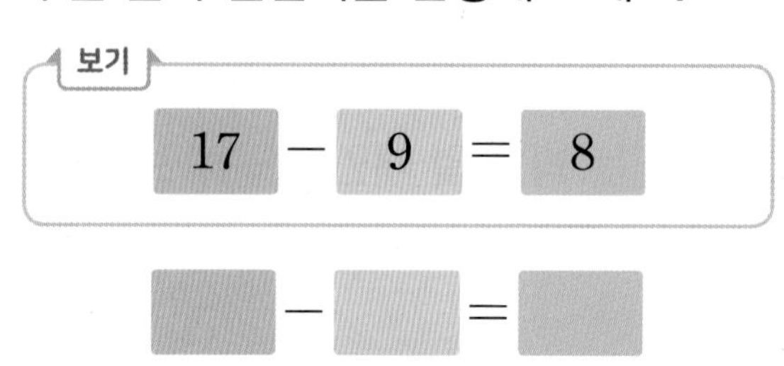

□ − □ = □

AI가 뽑은 정답률 낮은 문제

14 □ 안에 알맞은 수를 써넣고, 알 수 있는 내용을 설명해 보세요.

80쪽 유형 5

$3+9=$ □

$9+$ □ $=12$

답

15 **보기**와 같은 방법으로 옆으로 뺄셈식이 되는 세 수를 찾아 ◯표 하고, $-$와 $=$를 알맞게 표시해 보세요.

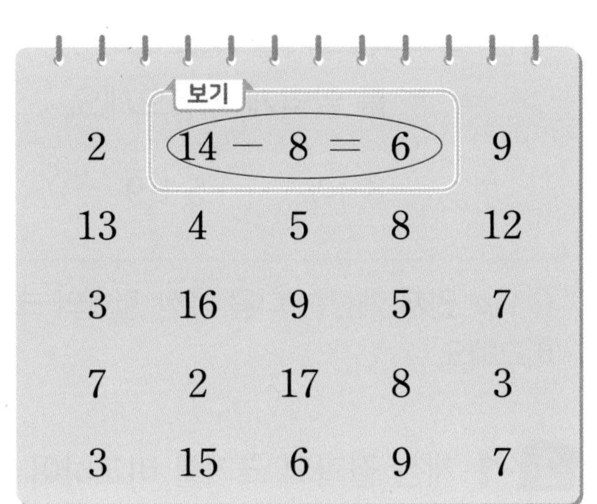

서술형

16 창고에 축구공 4개, 농구공 4개, 배구공 4개가 있습니다. 창고에 있는 축구공, 농구공, 배구공은 모두 몇 개인지 풀이 과정을 쓰고 답을 구해 보세요.

풀이

답

17 다음 식을 보고 차가 5인 (십몇)$-$(몇)의 뺄셈식을 2개 더 만들어 보세요.

$12-7=5$

식

AI가 뽑은 정답률 낮은 문제

18 □ 안에 들어갈 수 있는 가장 작은 수를 구해 보세요.

83쪽 유형 11

$12<7+\square$

(　　　　　　　)

19 ㉠과 ㉡ 사이에 있는 수는 모두 몇 개인지 구해 보세요.

㉠ 13보다 6만큼 더 작은 수
㉡ 6보다 5만큼 더 큰 수

(　　　　　　　)

AI가 뽑은 정답률 낮은 문제

20 같은 모양은 같은 수를 나타냅니다. ●와 ▲에 알맞은 수를 각각 구해 보세요.

83쪽 유형 12

●$+8=17$
$15-$●$=$▲

● (　　　　　　　)
▲ (　　　　　　　)

4 단원

1회 7번 4회 6번

유형 1 수직선을 보고 계산하기

수직선을 보고 다음을 계산해 보세요.

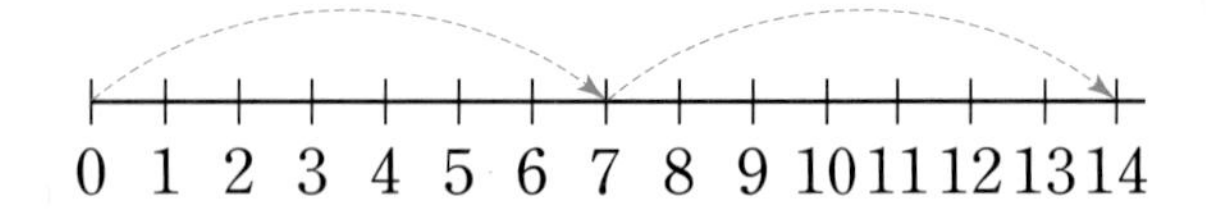

$7+7=\square$

Tip 수직선에서 오른쪽으로 뛰어 세면 덧셈이에요.

1-1 수직선을 보고 다음을 계산해 보세요.

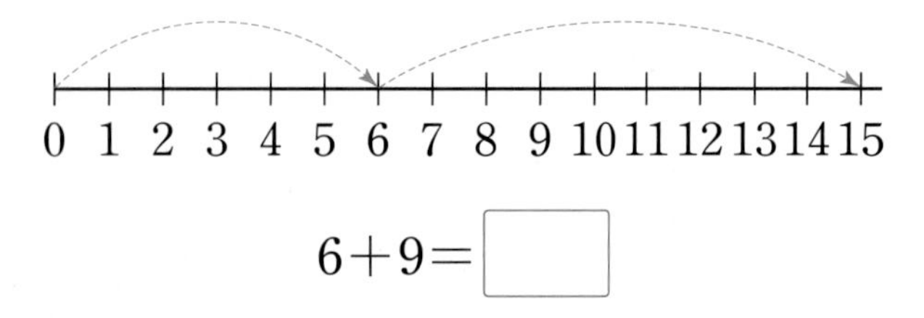

$6+9=\square$

1-2 수직선을 보고 다음을 계산해 보세요.

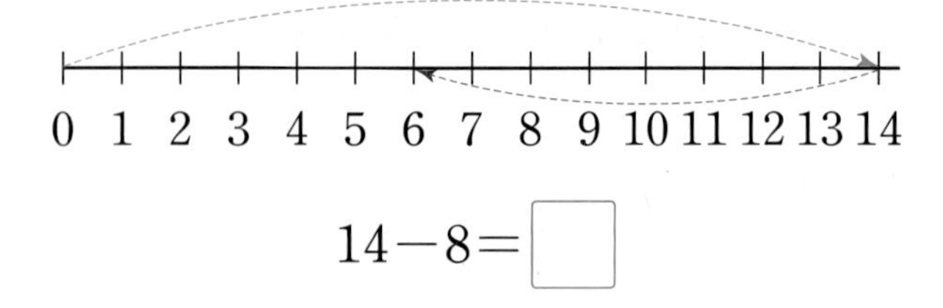

$14-8=\square$

1-3 수직선을 보고 다음을 계산해 보세요.

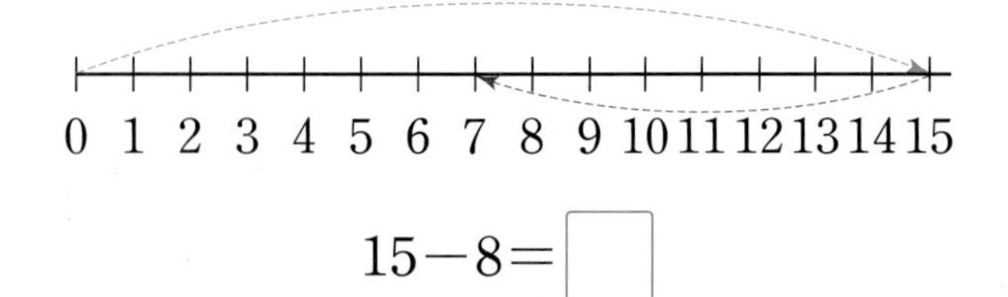

$15-8=\square$

2회 9번 4회 9번

유형 2 계산 결과의 크기 비교하기

계산 결과의 크기를 비교하여 ○ 안에 $>$, $=$, $<$를 알맞게 써넣으세요.

$8+7 \bigcirc 5+9$

Tip 먼저 계산한 다음 계산 결과의 크기를 비교해요.

2-1 계산 결과의 크기를 비교하여 ○ 안에 $>$, $=$, $<$를 알맞게 써넣으세요.

$11-3 \bigcirc 17-9$

2-2 계산 결과가 큰 것부터 차례대로 기호를 써 보세요.

㉠ $9+5$	㉡ $7+6$
㉢ $5+7$	㉣ $3+8$

( )

2-3 계산 결과가 큰 것부터 차례대로 기호를 써 보세요.

㉠ $12-6$	㉡ $14-7$
㉢ $16-8$	㉣ $18-9$

( )

유형 3 합이 같은 식 찾기

8+4와 합이 같은 식을 찾아 ○표 해 보세요.

9+2	7+6	7+5
(　　)	(　　)	(　　)

Tip 더해지는 수가 ●만큼 커지고(작아지고), 더하는 수가 ●만큼 작아지면(커지면) 합이 같아요.

3-1 7+9와 합이 같은 식을 모두 찾아 색칠해 보세요.

7+8	9+6	8+8
8+6	9+7	9+8
6+8	8+9	9+9

3-2 합이 같은 식을 모두 찾아 **보기**와 같이 ◯, △, □표 해 보세요.

보기: (8+5)　6+5(△)　[4+8]

3+9	7+4	5+8
6+6	6+7	2+9
9+4	8+3	9+3

3회 9번

유형 4 차가 같은 식 찾기

12−8과 차가 같은 식을 찾아 ○표 해 보세요.

11−6	11−7	13−7
(　　)	(　　)	(　　)

Tip 빼지는 수와 빼는 수가 ●만큼 똑같이 커지면(작아지면) 차가 같아요.

4-1 13−8과 차가 같은 식을 모두 찾아 색칠해 보세요.

11−9	11−8	12−3
11−5	12−9	14−9
12−7	14−5	13−9

4-2 차가 같은 식을 모두 찾아 **보기**와 같이 ◯, △, □표 해 보세요.

보기: (12−4)　15−6(△)　[16−9]

11−2	13−6	14−6
12−5	13−5	17−8
11−3	13−4	15−8

3회 11번 4회 14번

유형 5 덧셈식에서 규칙 찾아 설명하기

오른쪽 덧셈식을 보고 규칙을 설명하려고 합니다. □ 안에 알맞은 수를 써넣으세요.

$4+7=11$
$4+8=12$
$4+9=13$

더해지는 수가 같을 때 더하는 수가 1씩 커지면 합은 □씩 커집니다.

Tip

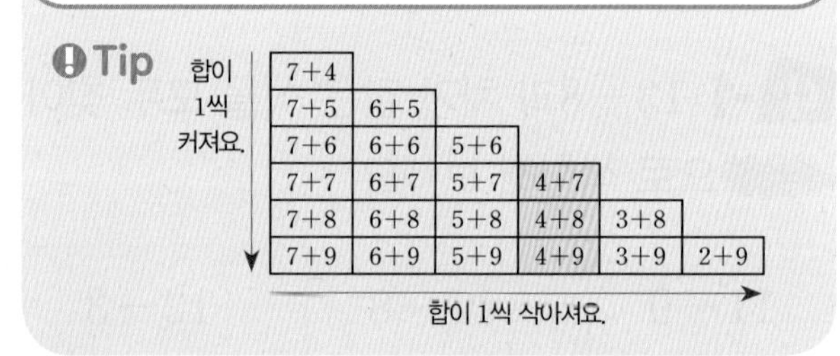

5-1 오른쪽 덧셈식을 보고 알 수 있는 규칙을 설명해 보세요.

$8+5=13$
$7+5=12$
$6+5=11$

답

5-2 □ 안에 알맞은 수를 써넣고, 알 수 있는 규칙을 설명해 보세요.

$7+7=14$

$8+6=$ □

$9+5=$ □

답

1회 11번 2회 7번

유형 6 뺄셈식에서 규칙 찾아 설명하기

오른쪽 뺄셈식을 보고 규칙을 설명하려고 합니다. □ 안에 알맞은 수를 써넣으세요.

$11-6=5$
$12-6=6$
$13-6=7$

빼는 수가 같을 때 빼지는 수가 1씩 커지면 차는 □씩 커집니다.

Tip

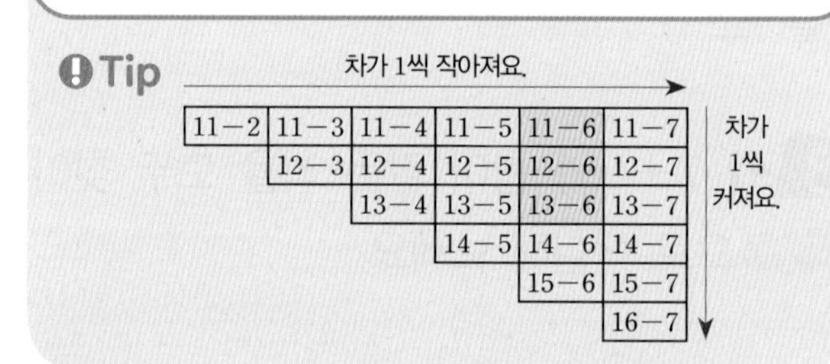

6-1 오른쪽 뺄셈식을 보고 알 수 있는 규칙을 설명해 보세요.

$11-2=9$
$11-3=8$
$11-4=7$

답

6-2 □ 안에 알맞은 수를 써넣고, 알 수 있는 규칙을 설명해 보세요.

$15-7=8$

$16-8=$ □

$17-9=$ □

답

2회 12번 3회 12번

유형 7 □ 안에 알맞은 수 써넣기

덧셈의 규칙을 생각하여 □ 안에 알맞은 수를 써넣으세요.

$9+8=17$

$9+\square=18$

Tip 더해지는 수가 같고, 합이 1 커졌음을 이용하여 □ 안에 알맞은 수를 구해요.

7-1 덧셈의 규칙을 생각하여 □ 안에 알맞은 수를 써넣으세요.

$4+7=11$

$\square+4=11$

7-2 뺄셈의 규칙을 생각하여 □ 안에 알맞은 수를 써넣으세요.

$13-5=8$

$\square-5=9$

7-3 뺄셈의 규칙을 생각하여 □ 안에 알맞은 수를 써넣으세요.

$11-7=4$

$11-\square=3$

1회 17번 2회 16번

유형 8 덧셈과 뺄셈의 활용

통에 딸기 맛 사탕 5개와 오렌지 맛 사탕 6개가 들어 있었습니다. 이 중에서 4개를 먹었다면 통에 남은 사탕은 몇 개인지 구해 보세요.

(　　　　　　)

Tip 먼저 통에 들어 있던 사탕이 모두 몇 개인지 구해요.

8-1 노란색 풍선 7개와 초록색 풍선 8개가 있었습니다. 이 중에서 9개가 터졌다면 터지지 않은 풍선은 몇 개인지 구해 보세요.

(　　　　　　)

8-2 연못에 오리가 12마리 있었습니다. 이 중에서 4마리가 나가고 다시 8마리가 들어왔다면 지금 연못에 있는 오리는 몇 마리인지 구해 보세요.

(　　　　　　)

8-3 성현이는 16층에서 엘리베이터를 타서 7개 층을 내려갔다가 다시 4개 층을 올라왔습니다. 성현이가 도착한 곳은 몇 층인지 구해 보세요.

(　　　　　　)

1회 19번

유형 9 수 카드로 덧셈식 만들기

수 카드 4장 중에서 2장을 골라 합이 가장 큰 덧셈식을 만들려고 합니다. □ 안에 알맞은 수를 써넣으세요.

6 7 8 9

□ + □ = □

Tip 합이 가장 크게 되려면 가장 큰 수와 두 번째로 큰 수를 더해야 해요.

9-1 수 카드 4장 중에서 2장을 골라 합이 가장 작은 덧셈식을 만들려고 합니다. □ 안에 알맞은 수를 써넣으세요.

5 6 7 8

□ + □ = □

9-2 수 카드 4장 중에서 2장을 골라 합이 두 번째로 큰 덧셈식과 두 번째로 작은 덧셈식을 각각 만들려고 합니다. □ 안에 알맞은 수를 써넣으세요.

3 5 8 9

• 합이 두 번째로 큰 덧셈식:

□ + □ = □

• 합이 두 번째로 작은 덧셈식:

□ + □ = □

2회 17번 3회 17번

유형 10 수 카드로 뺄셈식 만들기

색이 다른 수 카드를 한 장씩 골라 차가 가장 큰 뺄셈식을 만들려고 합니다. □ 안에 알맞은 수를 써넣으세요.

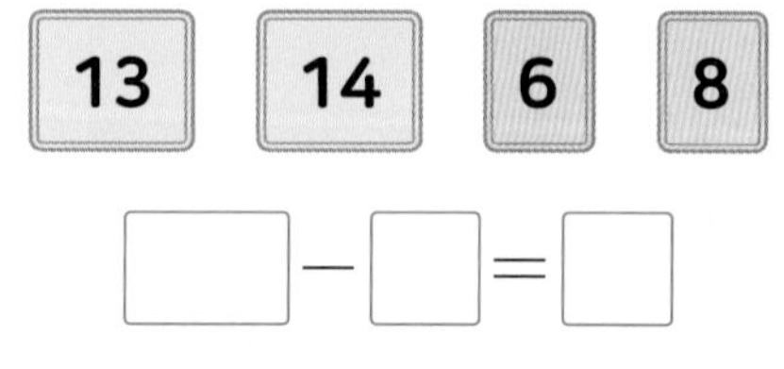

□ − □ = □

Tip 십몇이 적힌 초록색 수 카드에서 한 장을 골라 빼지는 수에 놓고, 몇이 적힌 보라색 수 카드에서 한 장을 골라 빼는 수에 놓아요.

10-1 색이 다른 수 카드를 한 장씩 골라 차가 가장 작은 뺄셈식을 만들려고 합니다. □ 안에 알맞은 수를 써넣으세요.

□ − □ = □

10-2 수 카드 3장을 모두 사용하여 서로 다른 뺄셈식을 2개 만들어 보세요.

9 16 7

식

3회 19번 4회 18번

유형 11 □ 안에 들어갈 수 있는 수 구하기

□ 안에 들어갈 수 있는 수 중에서 가장 큰 수를 구해 보세요.

$8+\square<15$

(　　　　　　　　)

Tip 먼저 <를 =로 바꾸어 □ 안에 알맞은 수를 구한 다음 □ 안에는 구한 값보다 더 작은 수가 들어가야 함을 이용해요.

11-1 □ 안에 들어갈 수 있는 수 중에서 가장 작은 수를 구해 보세요.

$12-\square<6$

(　　　　　　　　)

11-2 □ 안에 들어갈 수 있는 수를 모두 구해 보세요.

$13<9+\square<17$

(　　　　　　　　)

11-3 □ 안에 들어갈 수 있는 수를 모두 구해 보세요.

$4<13-\square<9$

(　　　　　　　　)

4회 20번

유형 12 모양이 나타내는 수 구하기

같은 모양은 같은 수를 나타냅니다. ●와 ▲에 알맞은 수를 각각 구해 보세요.

●$+9=16$
$12-$●$=$▲

● (　　　　　　　　)
▲ (　　　　　　　　)

Tip 먼저 ●에 알맞은 수를 구한 다음 ▲에 알맞은 수를 구해요.

12-1 같은 모양은 같은 수를 나타냅니다. ●와 ▲에 알맞은 수를 각각 구해 보세요.

●$+8=14$
$15-$●$=$▲

● (　　　　　　　　)
▲ (　　　　　　　　)

12-2 같은 모양은 같은 수를 나타냅니다. ●와 ▲에 알맞은 수를 각각 구해 보세요.

●$+$▲$+$▲$=13$
●$+$▲$=9$

● (　　　　　　　　)
▲ (　　　　　　　　)

4 단원

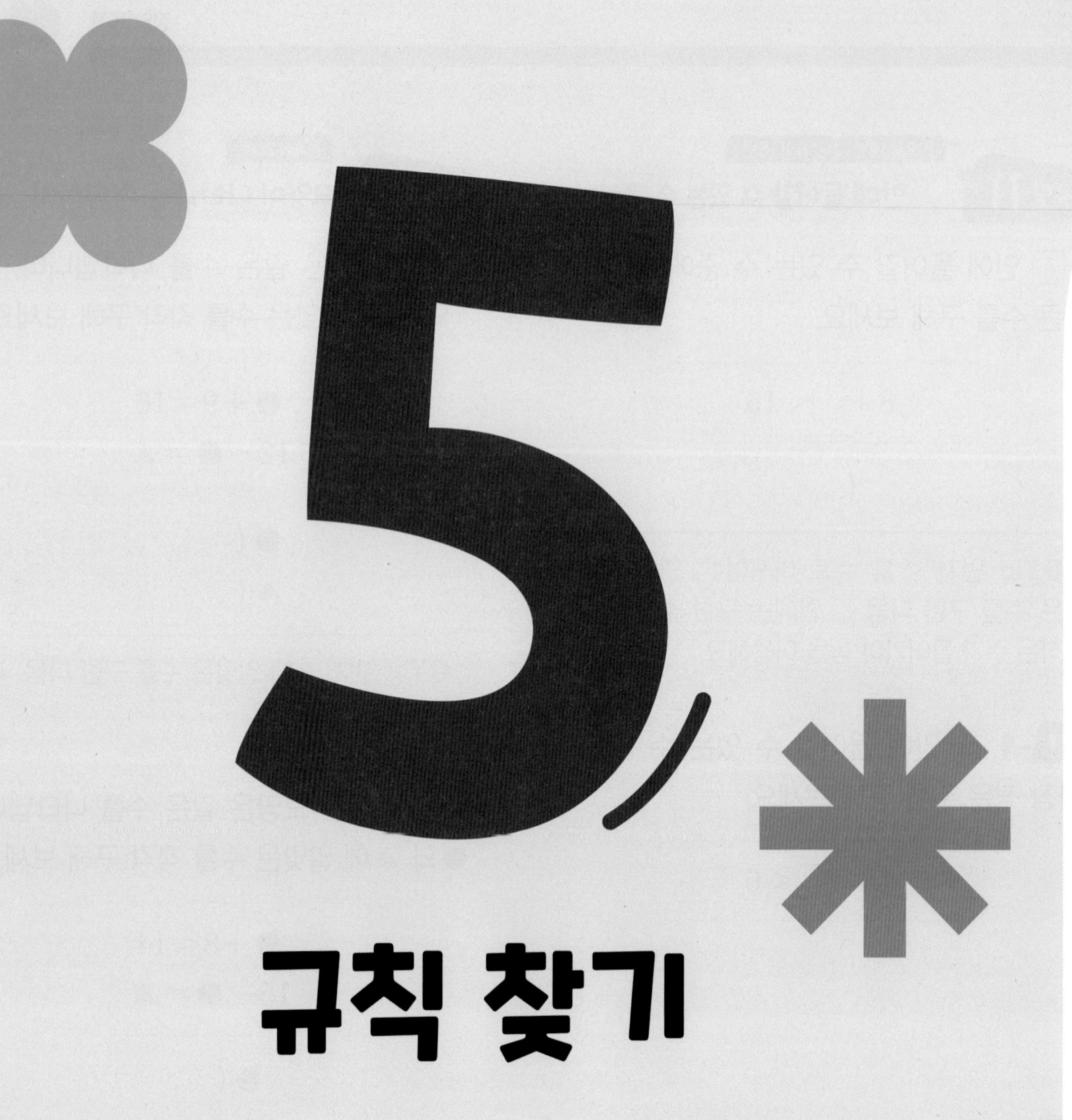

5 규칙 찾기

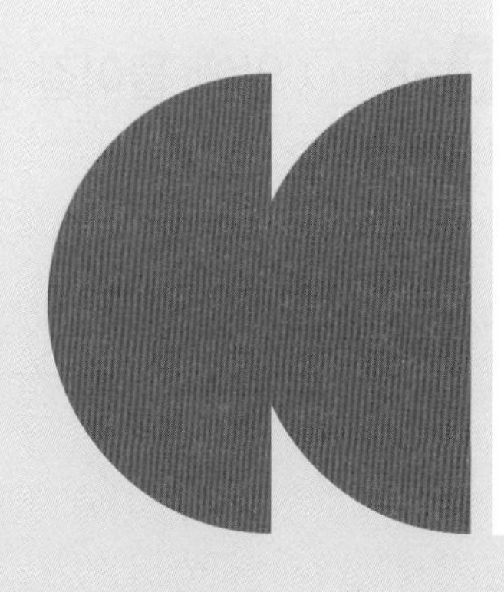

개념 정리 5단원 규칙 찾기

개념 1 규칙 찾기

◆반복되는 규칙 찾기

➜ 사과의 색이 초록색, 빨간색으로 반복되는 규칙입니다.

➜ 일곱째에는 빨간색 사과 다음이므로 [ ] 사과가 올 차례입니다.

개념 2 규칙 만들기

◆연필과 지우개로 규칙 만들기

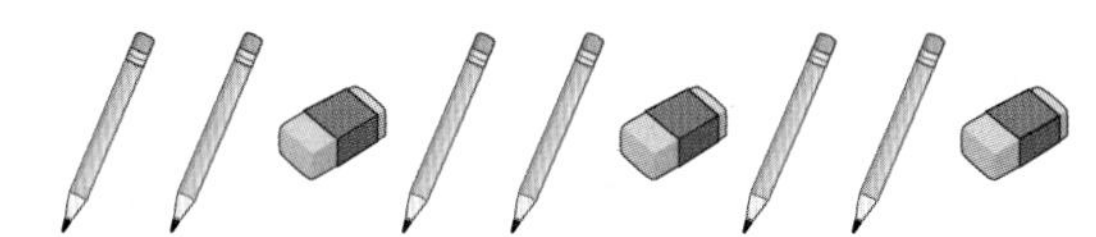

➜ 연필, [ ], 지우개가 반복되는 규칙을 만들었습니다.

참고
물건, 모양, 색 등이 반복되거나 개수가 늘어나는 규칙을 만들 수 있어요.

개념 3 수 배열에서 규칙 찾기

0 – 1 – 2 – 3 – 4 – 5

➜ [ ]씩 커지는 규칙입니다.

참고
뛰어 세기 방법을 사용하여 일정한 수만큼씩 커지거나 작아지는 규칙을 만들 수 있어요.

개념 4 수 배열표에서 규칙 찾기

1	2	3	4	5	6	7	8	9	10
11	12	13	14	15	16	17	18	19	20
21	22	23	24	25	26	27	28	29	30
31	32	33	34	35	36	37	38	39	40
41	42	43	44	45	46	47	48	49	50
51	52	53	54	55	56	57	58	59	60
61	62	63	64	65	66	67	68	69	70
71	72	73	74	75	76	77	78	79	80
81	82	83	84	85	86	87	88	89	90
91	92	93	94	95	96	97	98	99	100

① → 방향으로 1씩 커지는 규칙입니다.

② ↓ 방향으로 [ ]씩 커지는 규칙입니다.

개념 5 규칙을 다양한 방법으로 나타내기

◆규칙을 모양으로 나타내기

○	□	○	□	○	□

◆규칙을 수로 나타내기

3	3	6	3	3	[ ]

정답 ❶ 초록색 ❷ 연필 ❸ 1 ❹ 10 ❺ 6

5 단원

점수

98~103쪽에서 같은 유형의 문제를 더 풀 수 있어요.

01~04 아이스크림과 초콜릿을 놓은 규칙을 보고 물음에 답해 보세요.

01 반복되는 부분을 찾아 ⬭로 모두 묶어 보세요.

02 규칙을 설명한 것입니다. □ 안에 알맞은 말을 써넣으세요.

아이스크림과 [　　　] 이/가 반복되는 규칙입니다.

03 간식을 놓은 규칙을 ○, ×로 나타내어 보세요.

○	×	○	×				

04 초콜릿 다음에 놓을 간식은 아이스크림과 초콜릿 중에서 무엇인지 구해 보세요.

(　　　　　　　　)

05~07 바둑돌을 놓은 규칙을 보고 물음에 답해 보세요.

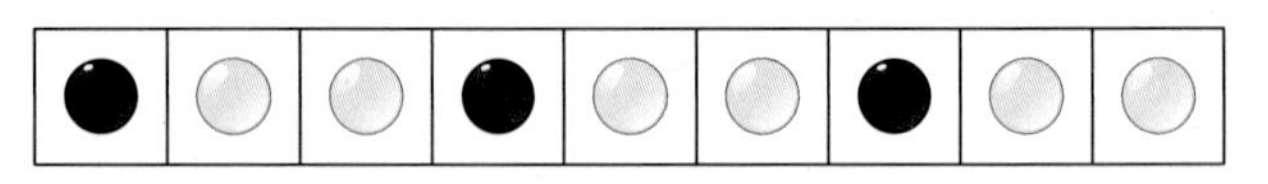

05 규칙을 설명한 것입니다. □ 안에 알맞은 말을 써넣으세요.

검은색, 흰색, [　　　] 바둑돌이 반복되는 규칙입니다.

06 바둑돌을 놓은 규칙을 수로 나타내어 보세요.

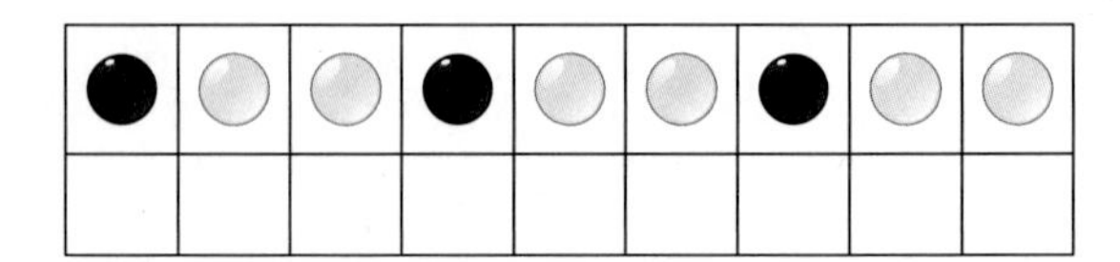

07 바둑돌(● ○)로 나만의 규칙을 만들어 보세요.

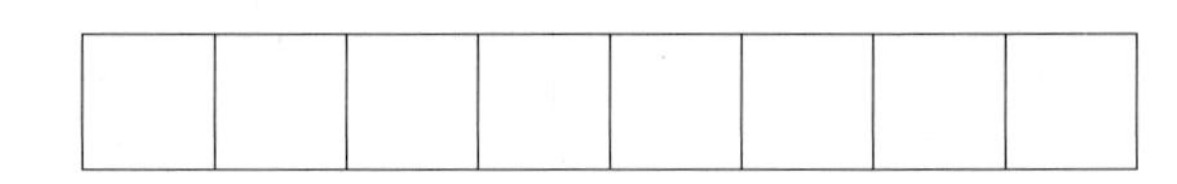

08 규칙에 따라 빈칸을 알맞게 채워 보세요.

09~10 수 배열표를 보고 물음에 답해 보세요.

1	2	3	4	5	6	7	8	9	10
11	12	13	14	15	16	17	18	19	20
21	22	23	24	25	26	27	28	29	30
31	32	33	34	35	36	37	38	39	40
41	42	43	44	45	46	47	48	49	50
51	52	53	54	55	56	57	58	59	60
61	62					67	68	69	70
71	72	73	74	75	76	77	78	79	80
81	82	83	84	85	86	87	88	89	90
91	92	93	94	95	96	97	98	99	100

09 ▬에 있는 규칙을 설명한 것입니다. □ 안에 알맞은 수를 써넣으세요.

↓ 방향으로 □씩 커지는 규칙입니다.

10 규칙에 따라 ▬에 알맞은 수를 써넣으세요.

서술형

11 수 배열에서 규칙을 찾아 설명해 보세요.

답 ____________________

AI가 뽑은 정답률 낮은 문제

12 규칙에 따라 빈칸에 알맞은 수를 써넣으세요.

99쪽 유형 3

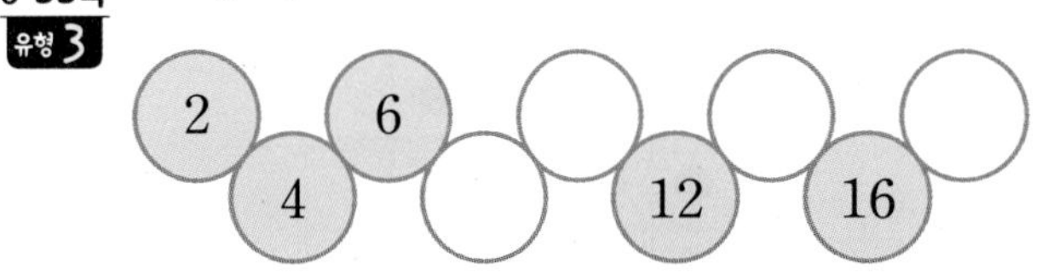

13~14 규칙에 따라 몸동작을 표현한 것입니다. 물음에 답해 보세요.

서술형

13 어떤 규칙으로 몸동작을 표현한 것인지 설명해 보세요.

답 ____________________

14 빈칸에 알맞은 몸동작을 찾아 ○표 해 보세요.

(　　) (　　) (　　)

5 단원

15~16 규칙에 따라 무늬를 꾸민 것입니다. 물음에 답해 보세요.

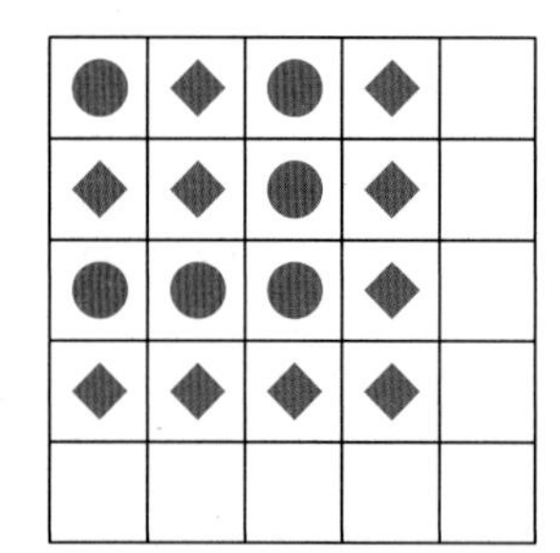

15 규칙에 맞게 무늬를 완성해 보세요.

16 완성된 무늬에서 ● 모양과 ◆ 모양은 각각 몇 개인지 구해 보세요.

● (　　　　　　　)

◆ (　　　　　　　)

AI가 뽑은 정답률 낮은 문제

17 영화관의 좌석은 규칙에 따라 번호가 붙어 있습니다. 색칠한 좌석 번호가 A1이고, 경민이의 좌석 번호가 D4일 때 경민이의 좌석을 색칠해 보세요.

101쪽 유형 6

화면

A	1	2	3	4	5	6	7	8	9	10
B	1	2	3	4	5	6	7	8	9	10
C	1	2	3	4	5	6	7	8	9	10
D	1	2	3	4	5	6	7	8	9	10
E	1	2	3	4	5	6	7	8	9	10

AI가 뽑은 정답률 낮은 문제

18 수 배열표에서 규칙을 찾아 ★과 ♣에 알맞은 수를 각각 구해 보세요.

102쪽 유형 8

51	52	53	54	55
56				
			64	
★				♣

★ (　　　　　　　)

♣ (　　　　　　　)

19 **보기**와 같은 규칙으로 빈칸에 알맞은 수를 써넣으세요.

보기

10 − 15 − 20 − 25 − 30 − 35 − 40

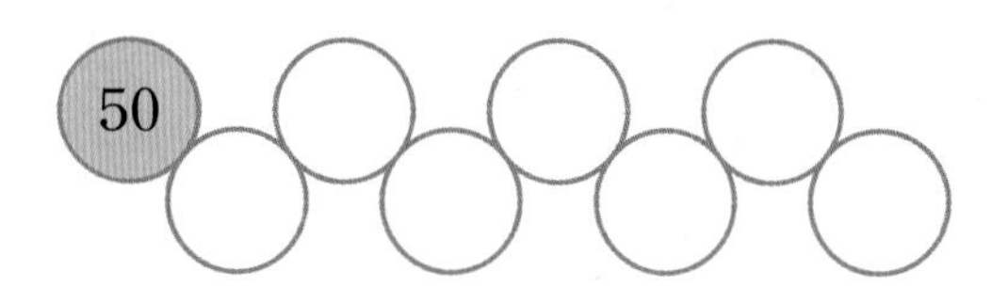

AI가 뽑은 정답률 낮은 문제

20 규칙에 따라 네 번째 시계에 시곗바늘을 알맞게 그려 보세요.

102쪽 유형 9

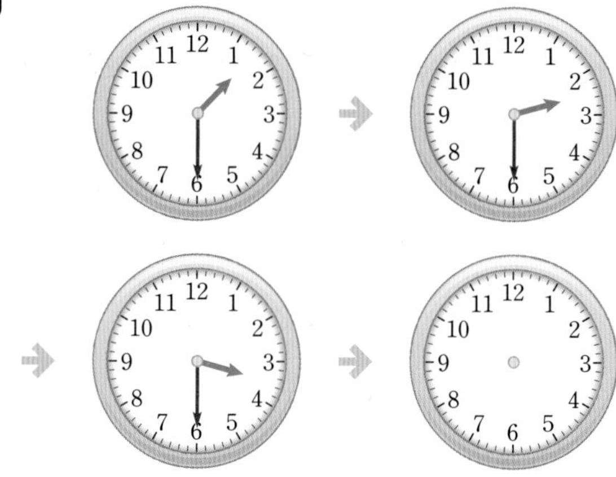

점수

98~103쪽에서 같은 유형의 문제를 더 풀 수 있어요.

01~04 규칙적으로 꾸민 무늬를 보고 물음에 답해 보세요.

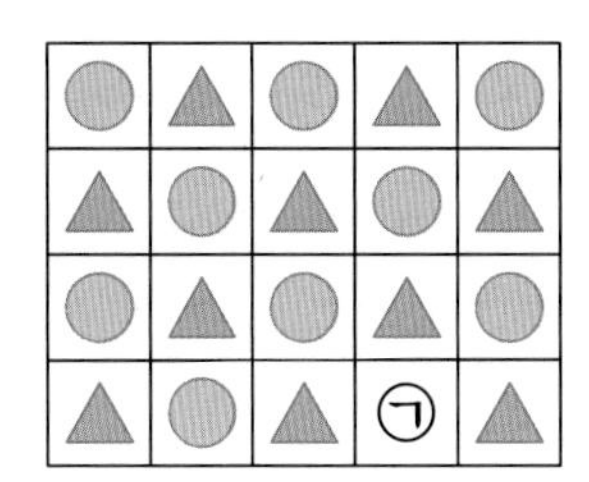

01 ■, ▲, ● 모양 중에서 사용하지 않은 모양을 골라 ○표 해 보세요.

(■ 모양 , ▲ 모양 , ● 모양)

02 무늬를 꾸민 규칙을 설명한 것입니다. □ 안에 알맞은 모양을 그려 넣으세요.

●, □ 모양이 반복되는 규칙입니다.

03 ㉠에 알맞은 모양을 골라 ○표 해 보세요.

(■ 모양 , ▲ 모양 , ● 모양)

04 ■, ▲ 모양으로 나만의 규칙을 만들어 모양을 꾸며 보세요.

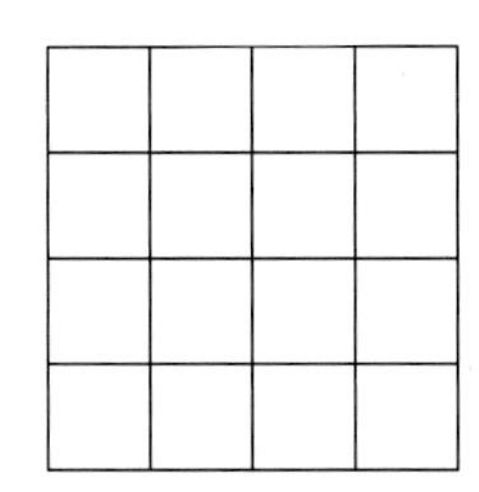

05~06 규칙에 따라 발과 손을 그렸습니다. 물음에 답해 보세요.

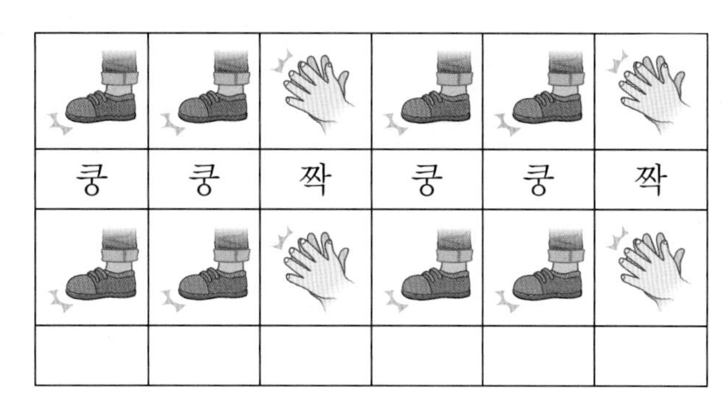

05 규칙을 설명한 것입니다. □ 안에 알맞은 말을 써넣으세요.

발, 발, □ 이/가 반복되는 규칙입니다.

06 규칙에 따라 위의 빈칸에 알맞은 말을 써넣으세요.

07~08 주어진 **규칙**으로 빈칸에 알맞은 수를 써넣으세요.

07

규칙: 1씩 커지는 규칙

13		15			

08

규칙: 10씩 작아지는 규칙

90	80				

5 단원

AI가 뽑은 정답률 낮은 문제

09 꿀벌을 보고 꿀벌의 배의 무늬에서 규칙을 찾아 같은 규칙으로 오른쪽 무늬를 꾸며 보세요.

98쪽 유형 1

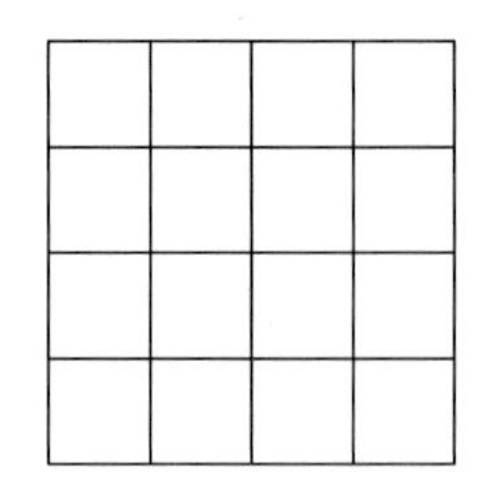

10~11 깃발을 장식한 모습을 보고 물음에 답해 보세요.

10 깃발에서 반복되는 부분을 찾아 ◯로 모두 묶어 보세요.

서술형

11 깃발의 규칙을 찾아 설명해 보세요.

답

AI가 뽑은 정답률 낮은 문제

12 7부터 시작하여 10씩 커지는 규칙으로 수 배열표를 색칠해 보세요.

100쪽 유형 4

1	2	3	4	5	6	7	8	9	10
11	12	13	14	15	16	17	18	19	20
21	22	23	24	25	26	27	28	29	30
31	32	33	34	35	36	37	38	39	40

13 규칙에 따라 빈칸에 알맞은 수를 써넣고, 표에 있는 모든 수의 합을 구해 보세요.

💡	💡	💡	💡	💡	💡	💡	💡
1	0	1					

( )

서술형

14 수 배열표를 비교하여 규칙이 어떻게 다른지 설명해 보세요.

1	2	3
4	5	6
7	8	9

1	4	7
2	5	8
3	6	9

답

15 규칙을 만들어 빈칸에 알맞은 수를 써넣으세요.

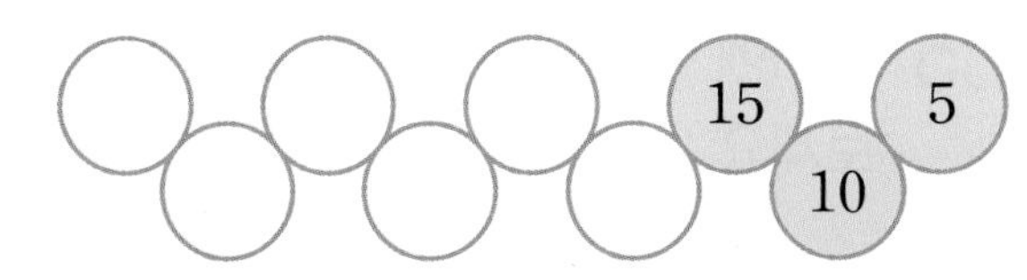

16~17 연결 모형을 규칙에 따라 놓은 것입니다. 물음에 답해 보세요.

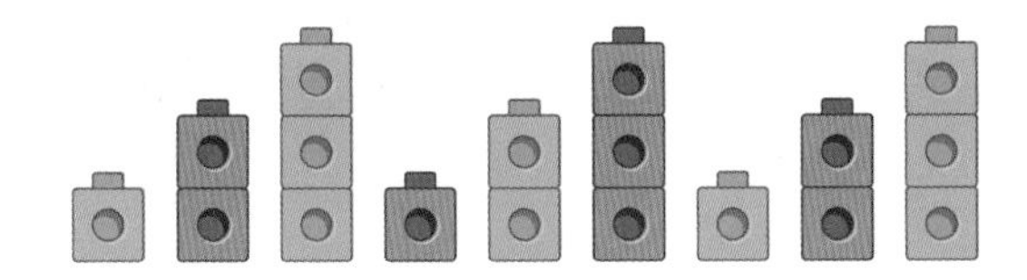

16 어떤 기준으로 규칙을 정하여 놓은 것인지 기준 2가지를 찾아 써 보세요.

(,)

AI가 뽑은 정답률 낮은 문제

17 위의 16에서 찾은 기준으로 연결 모형의 규칙을 나타내어 보세요.

101쪽 유형 7

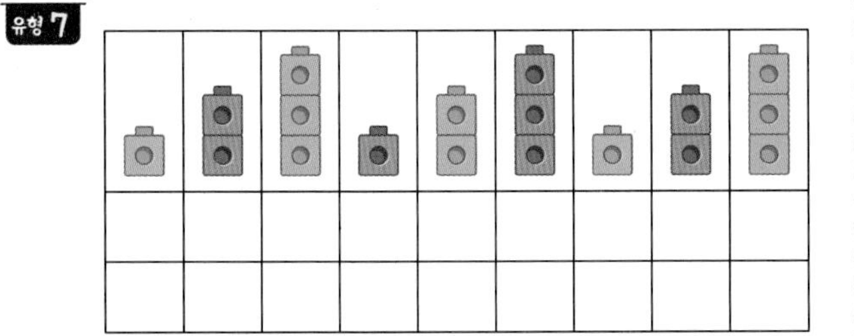

18 ▭ 으로 색칠한 부분은 41부터 시작하여 10씩 커지는 규칙입니다. 나만의 규칙을 정하여 색칠하고, 규칙을 설명해 보세요.

41	42	43	44	45	46	47	48	49
50	51	52	53	54	55	56	57	58
59	60	61	62	63	64	65	66	67
68	69	70	71	72	73	74	75	76

→ ▭부터 시작하여 ▭씩 커지는 규칙입니다.

19 보기와 같은 규칙으로 빈칸에 알맞은 수를 써넣으세요.

AI가 뽑은 정답률 낮은 문제

20 규칙에 따라 바둑돌을 9개 늘어놓았습니다. 규칙에 맞게 바둑돌을 3개 더 놓는다면 바둑돌 12개에서 흰색 바둑돌과 검은색 바둑돌 중 어느 것이 몇 개 더 많은지 구해 보세요.

103쪽 유형 10

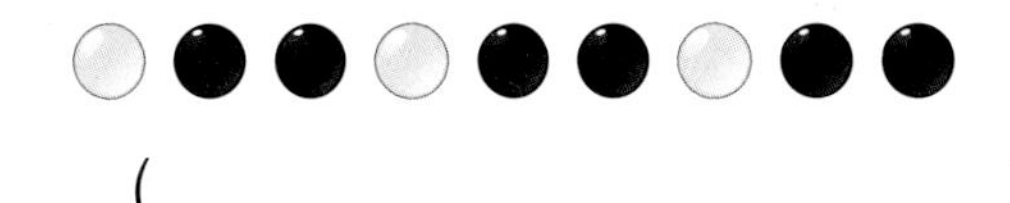

(,)

점수

98~103쪽에서 같은 유형의 문제를 더 풀 수 있어요.

01~02 교통 안전 표지판을 보고 물음에 답해 보세요.

△	○				

01 교통 안전 표지판의 규칙을 바르게 설명한 것에 ○표 해 보세요.

두 가지 색이 반복되는 규칙입니다.	두 가지 모양이 반복되는 규칙입니다.
(　　)	(　　)

02 위의 표에 △, ○ 모양으로 규칙을 나타내어 보세요.

03~04 규칙에 따라 빈칸에 알맞은 모양을 그려 보세요.

03

04

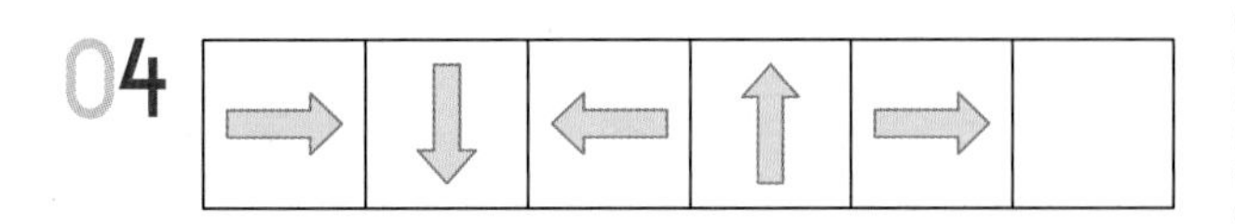

05 규칙에 따라 팔찌에 알맞은 색을 칠해 보세요.

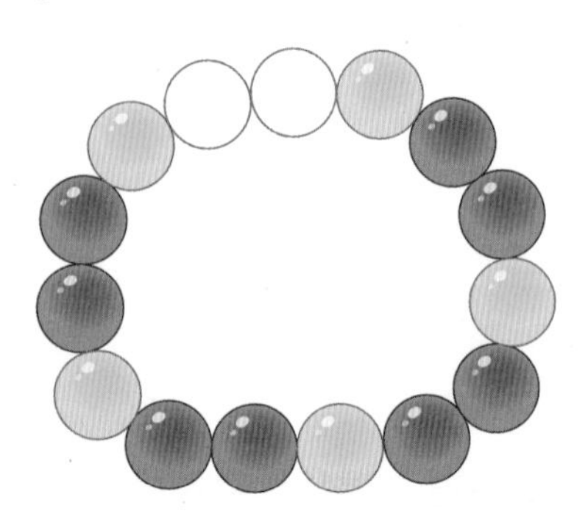

06 주어진 **규칙**으로 빈칸에 알맞은 수를 써넣으세요.

규칙

2씩 커지는 규칙

2	4				

07 규칙에 따라 빈칸에 알맞은 그림을 그리고 색칠해 보세요.

08 규칙에 따라 빈칸에 알맞은 수를 써넣으세요.

2	5	2			

AI가 뽑은 정답률 낮은 문제

09 주어진 색으로 나만의 규칙을 만들어 색칠해 보세요.

98쪽 유형 2

10~11 다음은 선우가 주사위 6개를 칸에 놓아 규칙을 만든 것입니다. 물음에 답해 보세요.

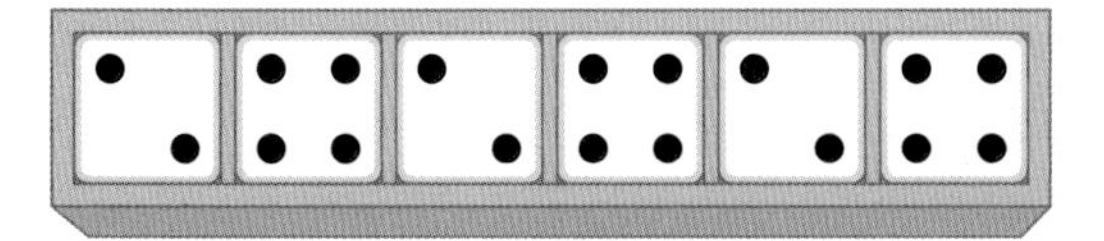

10 선우가 만든 규칙을 설명한 것입니다. ☐ 안에 알맞은 수를 써넣으세요.

> 주사위의 눈의 수가 ☐ 와/과 ☐ 이/가 반복되는 규칙입니다.

서술형

11 선우가 만든 규칙과 다른 나만의 규칙을 정해 빈칸에 주사위의 눈을 그리고, 규칙을 설명해 보세요.

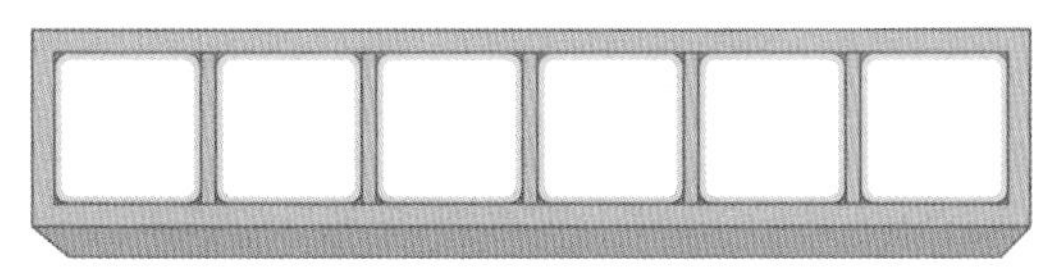

답

AI가 뽑은 정답률 낮은 문제

12 규칙에 따라 빈칸에 알맞은 수를 써넣으세요.

99쪽 유형 3

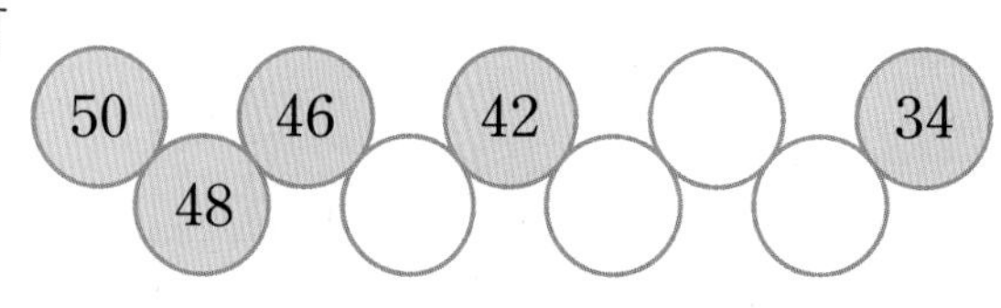

13~14 수 배열표를 보고 물음에 답해 보세요.

61	62	63	64	65	66	67	68	69	70
71	72	73	74	75	76	77	78	79	80
81	82	83	84	85	86	87	88	89	90
91	92	93	94	95	96	97	98	99	100

13 ▨으로 칠한 수의 규칙을 설명한 것입니다. ☐ 안에 알맞은 수를 써넣으세요.

> ☐ 부터 시작하여 ↓ 방향으로 ☐ 씩 커지는 규칙입니다.

서술형

14 위의 13에서 설명한 것과 다른 나만의 규칙을 정해 수 배열표를 파란색으로 색칠하고, 규칙을 설명해 보세요.

답

5 단원

AI가 뽑은 정답률 낮은 문제

15 규칙에 따라 빈칸에 알맞은 색을 칠해 보세요.

100쪽 유형 5

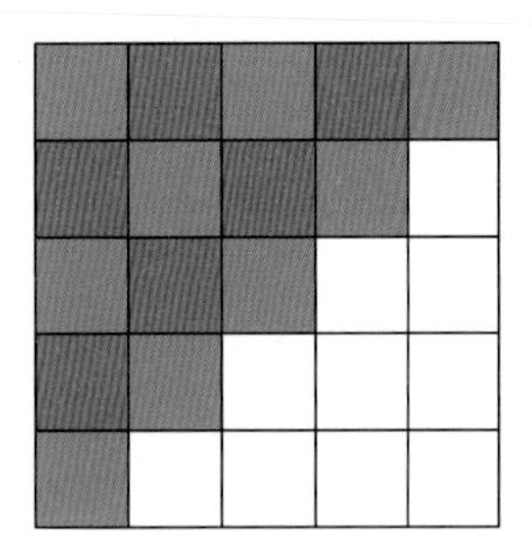

18 화살표(➡)에 있는 수와 같은 수만큼씩 커지는 규칙이 되도록 파란색 화살표를 그려 보세요.

21	22	23	24	25	26	27	28	29	30
31	32	33	34	35	36	37	38	39	40
41	42	43	44	45	46	47	48	49	50
51	52	53	54	55	56	57	58	59	60

16~17 **보기**는 규칙에 따라 수를 늘어놓은 것입니다. 물음에 답해 보세요.

보기
㉠ 1−2−3−2−1−2−3−2−1
㉡ 10−12−14−16−18−20−22
㉢ 46−48−50−52−54−56−58

16 규칙이 다른 하나를 찾아 기호를 써 보세요.

( )

17 위 **보기**의 규칙 중에서 한 가지를 활용하여 나만의 규칙을 만들어 빈칸에 알맞은 수를 써넣으세요.

19 1부터 9까지의 수를 활용하여 서로 다른 규칙이 나타나도록 빈칸에 알맞은 수를 써넣으세요.

1	2	4
3		7
	8	

7		
	5	4
1	2	3

AI가 뽑은 정답률 낮은 문제

20 규칙에 따라 네 번째 시계에 시곗바늘을 알맞게 그려 보세요.

102쪽 유형 9

AI가 추천한 단원 평가 4회

98~103쪽에서 같은 유형의 문제를 더 풀 수 있어요.

01~03 모양을 놓은 규칙을 보고 물음에 답해 보세요.

■ ▲ ■ ▲ ■ ▲ ■ ▲

01 ■, ▲, ● 모양 중에서 사용하지 않은 모양을 골라 ○표 해 보세요.

(■ 모양 , ▲ 모양 , ● 모양)

02 모양을 놓은 규칙을 설명한 것입니다. □ 안에 알맞은 모양은 어느 것인가요? ( )

■, □ 모양이 반복되는 규칙입니다.

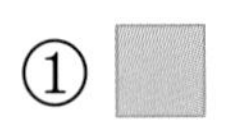
① ■ ② ▲  ③ ●

④ ♥ ⑤ ⬟

03 ▲ 모양 다음에 올 모양을 찾아 ○표 해 보세요.

(■ 모양 , ▲ 모양 , ● 모양)

04 두 가지 색으로 나만의 규칙을 만들어 울타리를 색칠해 보세요.

05~06 사탕을 놓은 규칙에 따라 모양 또는 수로 나타내어 보세요.

05

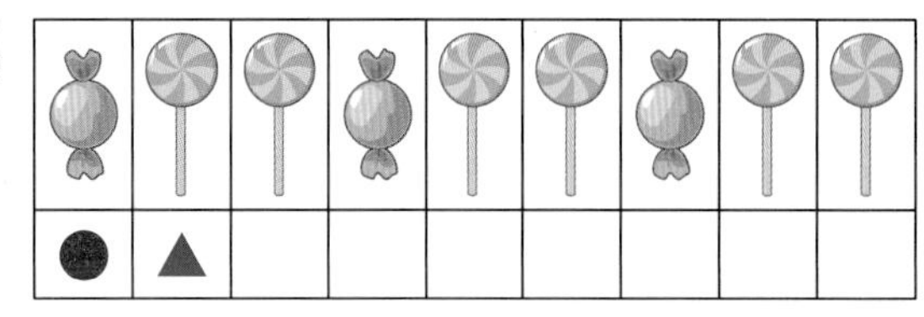

06

0	1							

07~08 수 배열표를 보고 □ 안에 알맞은 수를 써넣으세요.

1	2	3	4	5
6	7	8	9	10
11	12	13	14	15
16	17	18	19	20
21	22	23	24	25

07 → 에 있는 수는 □ 씩 커지는 규칙입니다.

08 ↓ 에 있는 수는 □ 씩 커지는 규칙입니다.

09 규칙을 찾아 빈칸에 알맞은 그림을 그리고 색칠해 보세요.

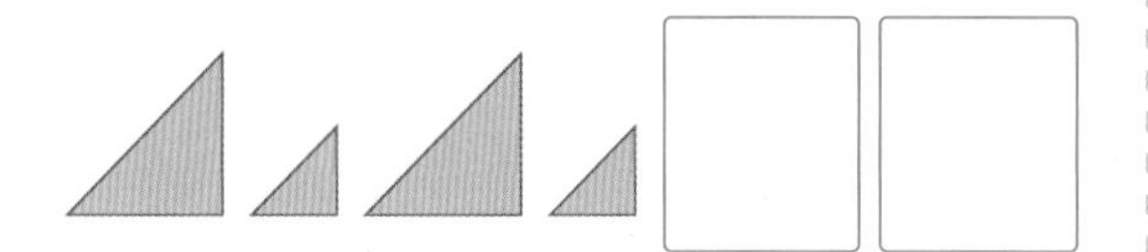

10 수 배열을 보고 ㉠과 ㉡에 알맞은 수를 각각 구해 보세요.

17 - 27 - 37 - 47 - 57 - 67

㉠부터 시작하여 ㉡씩 커지는 규칙입니다.

㉠ (　　　　　　)
㉡ (　　　　　　)

11 규칙에 따라 빈칸을 알맞게 채워서 완성해 보세요.

⚀	⚀	⚄	⚀	⚀	⚄		
1	1	5	1				

AI가 뽑은 정답률 낮은 문제

12 91부터 시작하여 2씩 커지는 규칙으로 수 배열표를 색칠해 보세요.

100쪽 유형 4

61	62	63	64	65	66	67	68	69	70
71	72	73	74	75	76	77	78	79	80
81	82	83	84	85	86	87	88	89	90
91	92	93	94	95	96	97	98	99	100

13~14 규칙을 만들어 목도리를 꾸미려고 합니다. 물음에 답해 보세요.

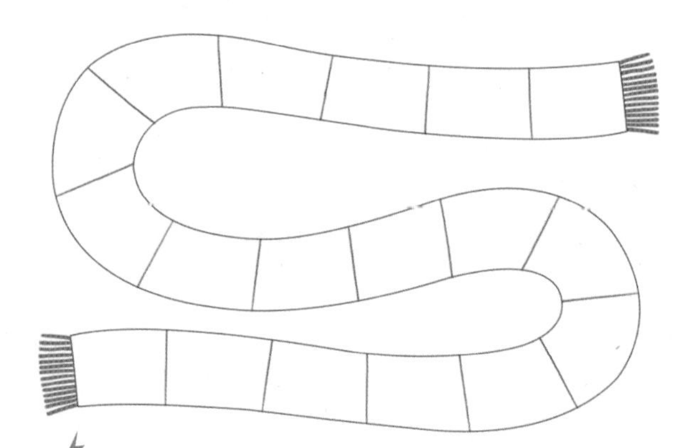

AI가 뽑은 정답률 낮은 문제

13 나만의 규칙을 만들어 목도리를 꾸며 보세요.

98쪽 유형 2

서술형

14 위의 13에서 목도리를 꾸민 규칙을 설명해 보세요.

답

15~17 수 배열을 보고 물음에 답해 보세요.

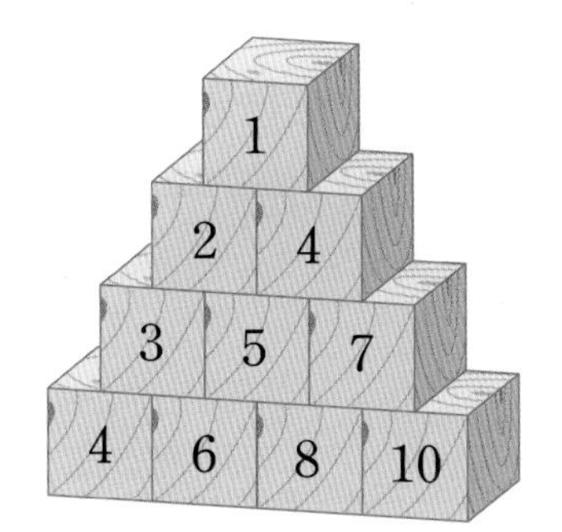

15 알맞은 방향에 ○표 하고, □ 안에 알맞은 수를 써넣으세요.

> 4, 6, 8, 10은 4부터 시작하여 (↙ , → , ↘) 방향으로 □ 씩 커지는 규칙입니다.

16 알맞은 방향에 ○표 하고, □ 안에 알맞은 수를 써넣으세요.

> 1, 4, 7, 10은 1부터 시작하여 (↙ , → , ↘) 방향으로 □ 씩 커지는 규칙입니다.

서술형

17 위의 15와 16에서 설명한 것과 다른 규칙을 찾아 설명해 보세요.

답

AI가 뽑은 정답률 낮은 문제

18 수 배열표에서 규칙을 찾아 ♠과 ♥에 알맞은 수를 각각 구해 보세요.

102쪽 유형 8

25	26	27	28	29	30
31	32				36
37		♠			
					♥

♠ (   )

♥ (   )

19 다음 **조건**을 만족하도록 규칙을 만들어 수를 써넣으세요.

조건
- 홀수로만 이루어진 규칙입니다.
- 일정한 수만큼씩 커지는 규칙입니다.

AI가 뽑은 정답률 낮은 문제

20 규칙에 따라 바둑돌을 12개 늘어놓았습니다. 규칙에 맞게 바둑돌을 4개 더 놓는다면 바둑돌 16개에서 흰색 바둑돌과 검은색 바둑돌 중 어느 것이 몇 개 더 많은지 구해 보세요.

103쪽 유형10

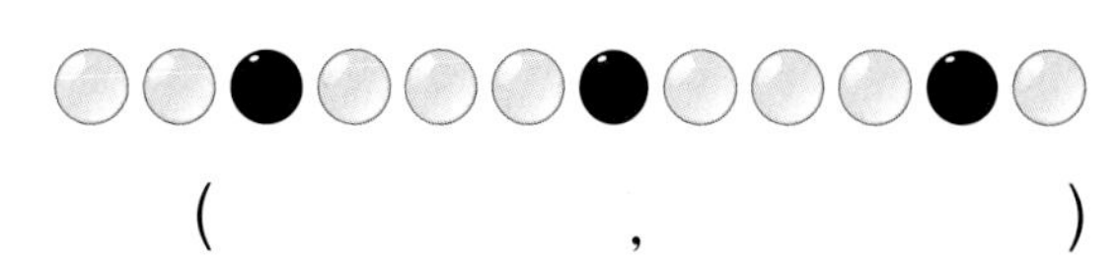

(,   )

5 단원

2회 9번

유형 1 생활 속에서 규칙 찾기

오른쪽 그림에서 책꽂이에 꽂힌 책에 있는 수의 규칙을 보고 □ 안에 알맞은 수를 써넣으세요.

수가 □씩 커지는 규칙입니다.

Tip 제목 뒤에 붙은 수가 어떻게 변하는지 확인해요.

1-1 규칙을 바르게 설명한 것을 찾아 선으로 이어 보세요.

검은색과 노란색이 반복되는 규칙입니다.

큰 나무와 작은 나무가 반복되는 규칙입니다.

1-2 윗옷을 보고 옷의 무늬에서 규칙을 찾아 같은 규칙으로 오른쪽 무늬를 꾸며 보세요.

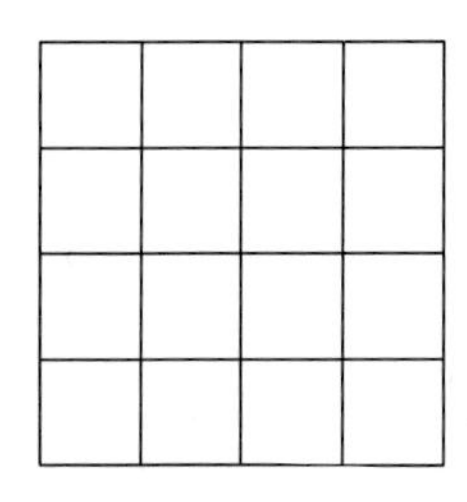

1-3 오른쪽 신호등을 보고 신호등의 불이 켜지는 규칙을 설명해 보세요.

답

1-4 우리나라의 사계절에는 어떤 규칙이 있는지 설명해 보세요.

답

3회 9번 4회 13번

유형 2 규칙을 만들어 꾸미기

나만의 규칙을 만들어 컵을 색칠해 보세요.

Tip 색이 반복되는 규칙을 만들어서 색칠해요.

2-1 나만의 규칙을 만들어 접시를 색칠해 보세요.

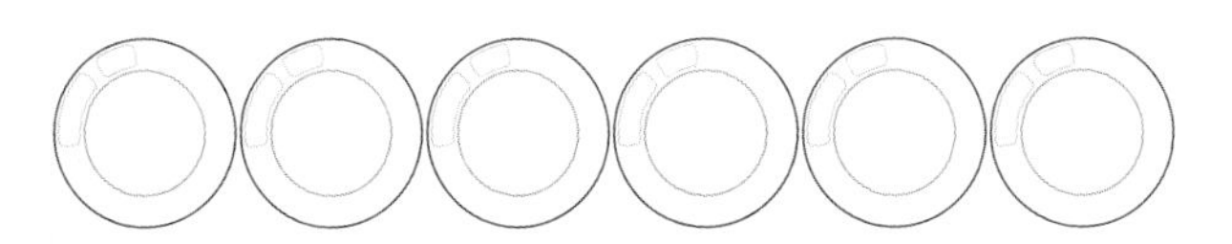

2-2 규칙에 따라 양말과 장갑을 정리함에 정리했습니다. 다른 규칙이 되도록 다시 정리하려고 할 때, 양말을 '양', 장갑을 '장'이라고 써서 정리해 보세요.

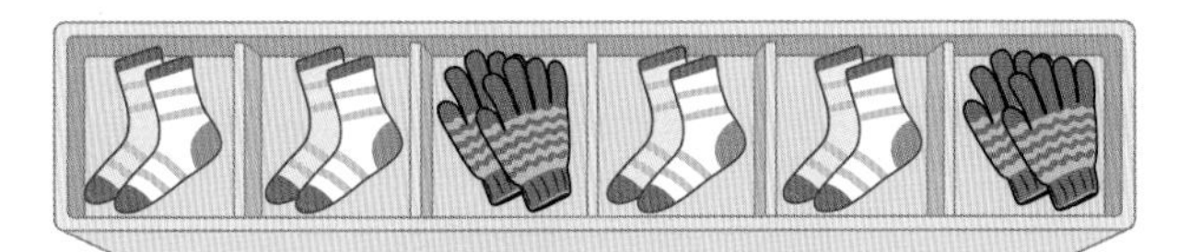

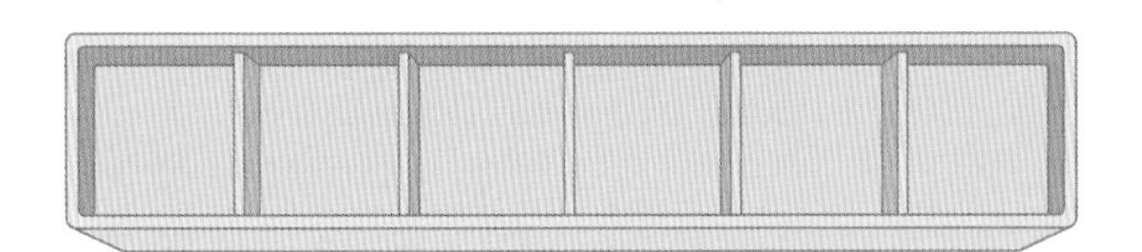

2-3 (포크), (젓가락), (숟가락)로 규칙을 만들어 3개의 수저통에 똑같이 넣으려고 합니다. 수저통에 알맞게 그려 보세요.

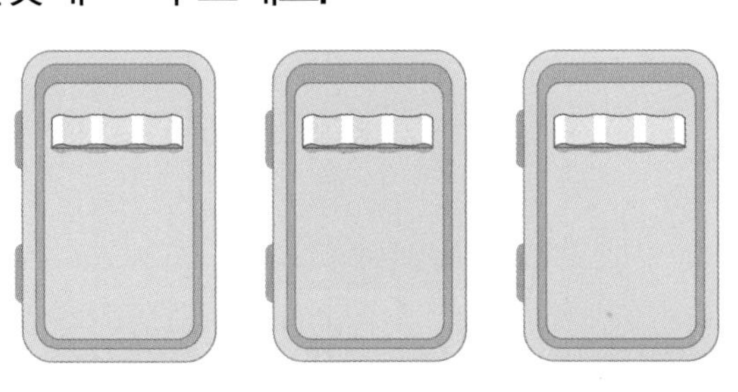

1회 12번 3회 12번

유형 3 규칙에 따라 빈칸에 알맞은 수 써넣기

규칙에 따라 빈칸에 알맞은 수를 써넣으세요.

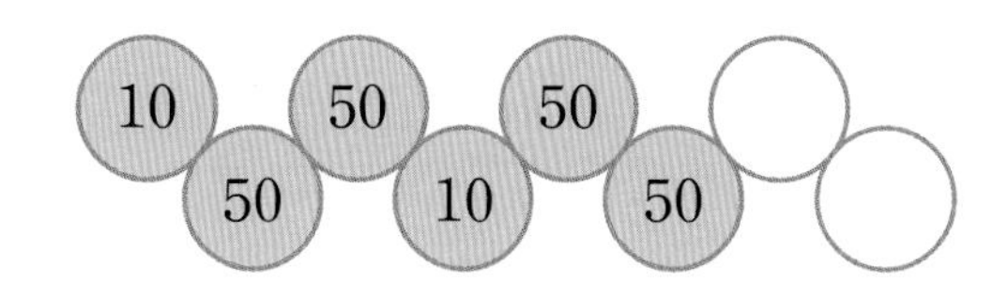

Tip 일정한 수만큼씩 커지거나 작아지는지 확인하고, 그러한 변화가 없으면 수가 반복되는 규칙을 찾아요.

3-1 규칙에 따라 빈칸에 알맞은 수를 써넣으세요.

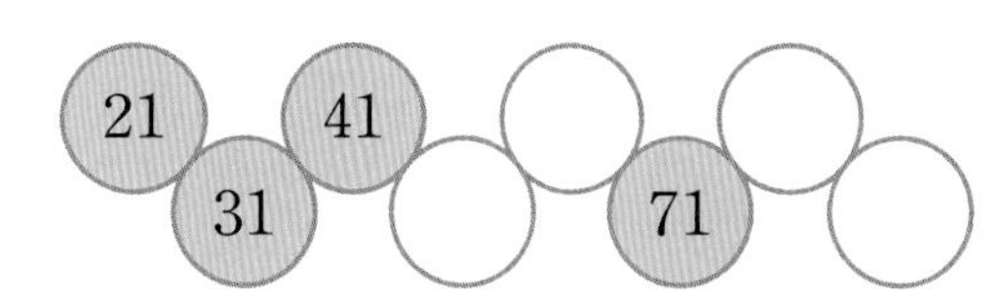

3-2 규칙에 따라 빈칸에 알맞은 수를 써넣으세요.

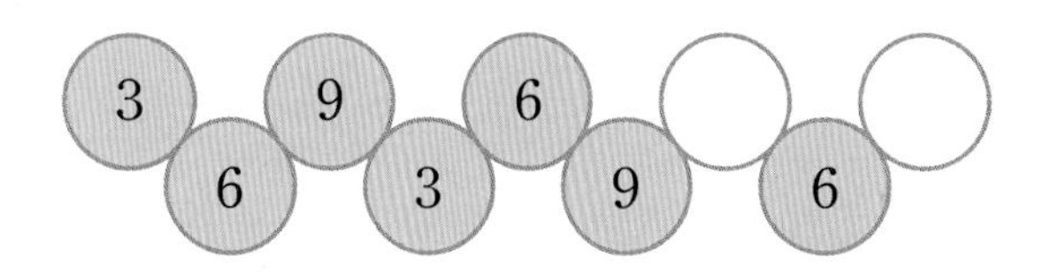

3-3 규칙에 따라 빈칸에 알맞은 수를 써넣으세요.

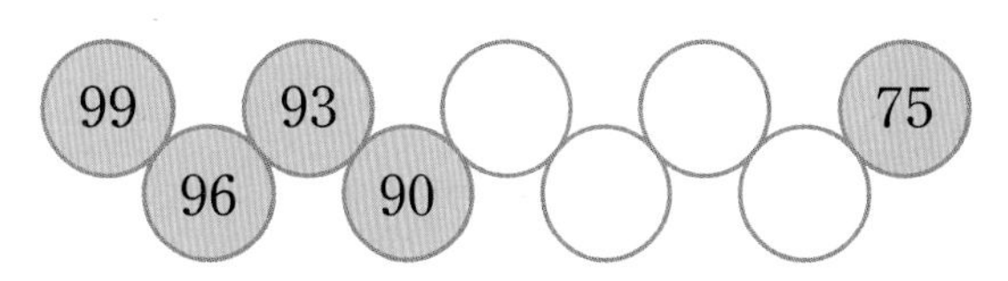

5 단원

2회 12번 4회 12번

유형 4 규칙에 따라 수 배열표 색칠하기

11부터 시작하여 4씩 커지는 규칙으로 수 배열표를 색칠해 보세요.

11	12	13	14	15	16	17	18	19	20
21	22	23	24	25	26	27	28	29	30
31	32	33	34	35	36	37	38	39	40
41	42	43	44	45	46	47	48	49	50

Tip 4씩 커지는 수는 오른쪽으로 4칸씩 뛰어 센 칸에 있어요.

4-1 60부터 시작하여 10씩 커지는 규칙으로 수 배열표를 색칠해 보세요.

51	52	53	54	55	56	57	58	59	60
61	62	63	64	65	66	67	68	69	70
71	72	73	74	75	76	77	78	79	80
81	82	83	84	85	86	87	88	89	90
91	92	93	94	95	96	97	98	99	100

4-2 44부터 시작하여 9씩 커지는 규칙으로 수 배열표를 색칠해 보세요.

41	42	43	44	45	46	47	48
49	50	51	52	53	54	55	56
57	58	59	60	61	62	63	64
65	66	67	68	69	70	71	72
73	74	75	76	77	78	79	80

3회 15번

유형 5 규칙에 따라 빈칸 색칠하기

규칙에 따라 빈칸에 알맞은 색을 칠해 보세요.

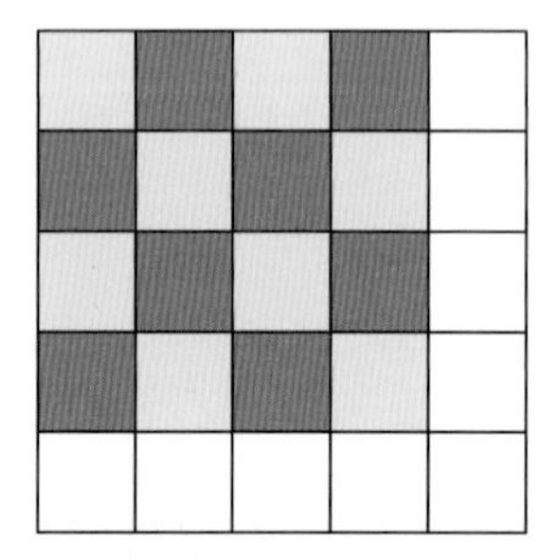

Tip 색이 반복되는 규칙을 찾아 빈칸을 알맞게 색칠해요.

5-1 규칙에 따라 빈칸에 알맞은 색을 칠해 보세요.

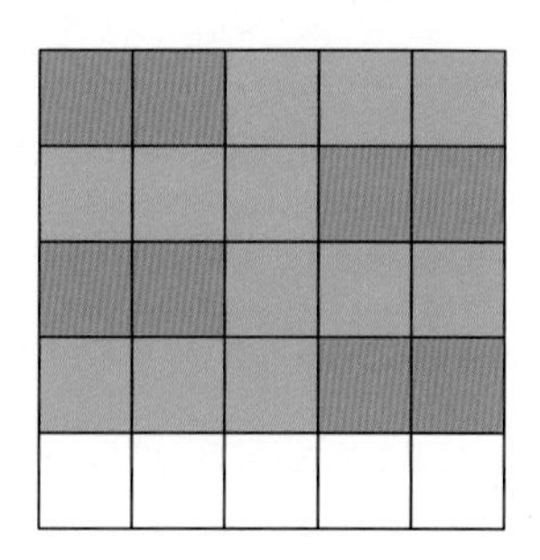

5-2 규칙에 따라 빈칸에 알맞은 색을 칠해 보세요.

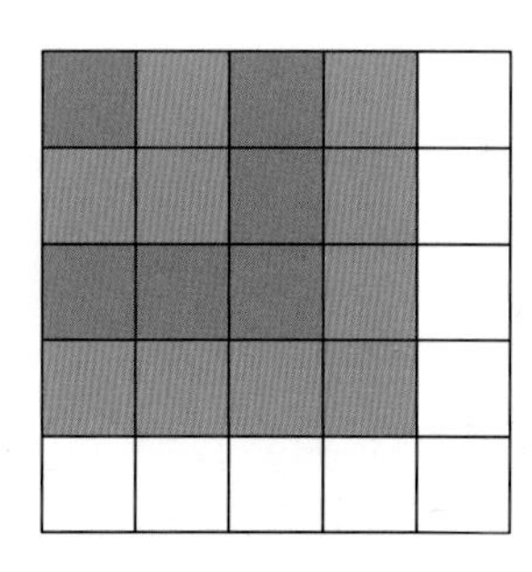

🔗 1회 17번

유형 6 좌석 번호 찾기

영화관의 좌석은 규칙에 따라 번호가 붙어 있습니다. 색칠한 좌석 번호가 가1이고, 선영이의 좌석 번호가 다7일 때 선영이의 좌석을 색칠해 보세요.

화면

가	1	2	3	4	5	6	7	8	9	10
나	1	2	3	4	5	6	7	8	9	10
다	1	2	3	4	5	6	7	8	9	10
라	1	2	3	4	5	6	7	8	9	10
마	1	2	3	4	5	6	7	8	9	10

Tip

화면

가	1	2	3	4	5	6	7	8	9	10
나	1	2	3	4	5	6	7	8	9	10
다	1	2	3	4	5	6	7	8	9	10
라	1	2	3	4	5	6	7	8	9	10
마	1	2	3	4	5	6	7	8	9	10

오른쪽으로 갈수록 1씩 커지는 규칙이 있습니다.

6-1 영화관의 좌석은 규칙에 따라 번호가 붙어 있습니다. 색칠한 좌석 번호가 A1이고, 민정이와 민석이의 좌석 번호가 각각 G6, G7일 때 두 사람의 좌석을 색칠해 보세요.

화면

A	1	2	3	4	5	6	7	8	9	10
B	1	2	3	4	5	6	7	8	9	10
C	1	2	3	4	5	6	7	8	9	10
D	1	2	3	4	5	6	7	8	9	10
E	1	2	3	4	5	6	7	8	9	10
F	1	2	3	4	5	6	7	8	9	10
G	1	2	3	4	5	6	7	8	9	10
H	1	2	3	4	5	6	7	8	9	10

🔗 2회 17번

유형 7 연결 모형을 놓은 규칙을 다양한 방법으로 나타내기

규칙을 바르게 말한 것을 모두 찾아 기호를 써 보세요.

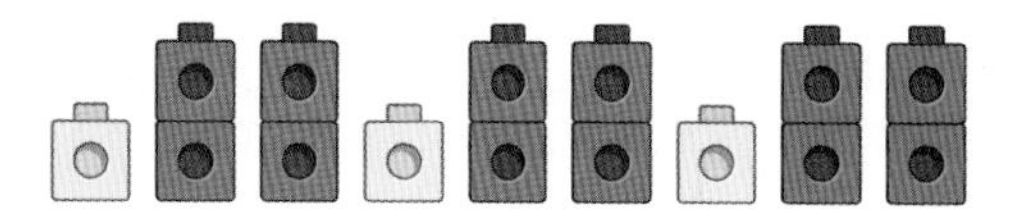

㉠ 노란색, 빨간색이 반복됩니다.
㉡ 노란색, 빨간색, 빨간색이 반복됩니다.
㉢ 연결 모형이 1개, 2개, 2개가 반복됩니다.
㉣ 연결 모형이 1개씩 늘어납니다.

( )

Tip 기준을 색과 개수로 나누어 각각 찾아요.

7-1 규칙에 따라 수와 모양으로 각각 나타내어 보세요.

5	7				
ㄴ	ㄷ				

7-2 규칙에 따라 수와 모양으로 각각 나타내어 보세요.

5 단원

1회 18번 4회 18번

유형 8 기호에 알맞은 수 구하기

수 배열표에서 규칙을 찾아 ★과 ♣에 알맞은 수를 각각 구해 보세요.

1	2	3	4	5
6		8		10
	12		★	
	♣			

★ (　　　　　　)
♣ (　　　　　　)

Tip 수 배열표에서 각 방향에 따른 수의 규칙을 이용하여 기호에 알맞은 수를 구해요.

8-1 수 배열표에서 규칙을 찾아 ★과 ♣에 알맞은 수를 각각 구해 보세요.

81	82		84	85
86				
★				
96				♣

★ (　　　　　　)
♣ (　　　　　　)

8-2 수 배열표에서 규칙을 찾아 ★과 ♣에 알맞은 수를 각각 구해 보세요.

51	52	53	54	55	56	57
58						64
				★		
					♣	

★ (　　　　　　)
♣ (　　　　　　)

1회 20번 3회 20번

유형 9 규칙에 따라 알맞은 시각 그리기

규칙에 따라 네 번째 시계에 시곗바늘을 알맞게 그려 보세요.

Tip 시계의 짧은바늘과 긴바늘로 나누어 각각의 규칙을 찾아요.

9-1 규칙에 따라 여섯 번째 시계에 시곗바늘을 알맞게 그려 보세요.

9-2 규칙에 따라 여섯 번째 시계에 알맞은 시각을 구해 보세요.

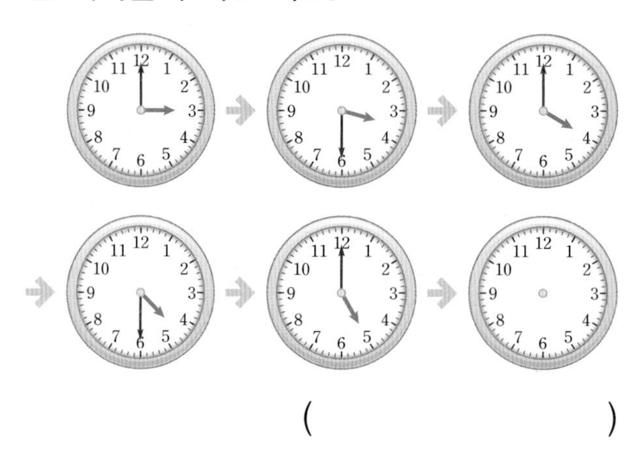

(　　　　　　　　)

9-3 위 **9-2**의 규칙에 따라 일곱 번째 시계의 시곗바늘을 알맞게 그려 보세요.

2회 20번 4회 20번

유형 10 바둑돌의 개수 구하기

규칙에 따라 바둑돌을 9개 늘어놓았습니다. 규칙에 맞게 바둑돌을 3개 더 놓는다면 바둑돌 12개에서 흰색 바둑돌과 검은색 바둑돌 중 어느 것이 몇 개 더 많은지 구해 보세요.

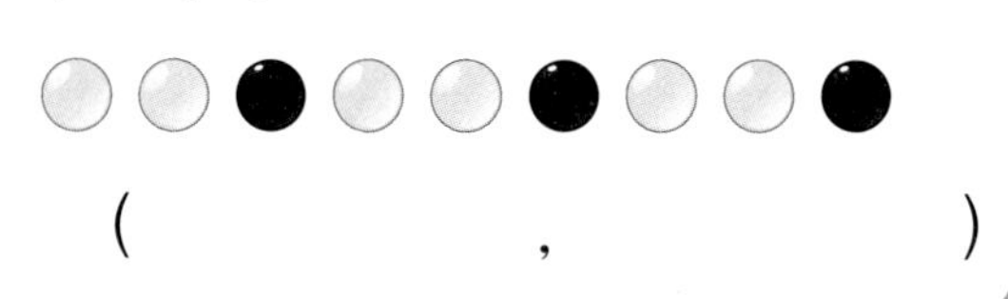

(　　　　　,　　　　　)

Tip 규칙에 따라 바둑돌을 놓아 보고 각 바둑돌의 개수를 세어요.

10-1 규칙에 따라 바둑돌을 8개 늘어놓았습니다. 규칙에 맞게 바둑돌을 4개 더 놓는다면 바둑돌 12개에서 흰색 바둑돌과 검은색 바둑돌 중 어느 것이 몇 개 더 많은지 구해 보세요.

●●●○●●●○

(　　　　　,　　　　　)

10-2 규칙에 따라 바둑돌을 9개 늘어놓았습니다. 규칙에 맞게 바둑돌을 6개 더 놓는다면 바둑돌 15개에서 흰색 바둑돌과 검은색 바둑돌 중 어느 것이 몇 개 더 많은지 구해 보세요.

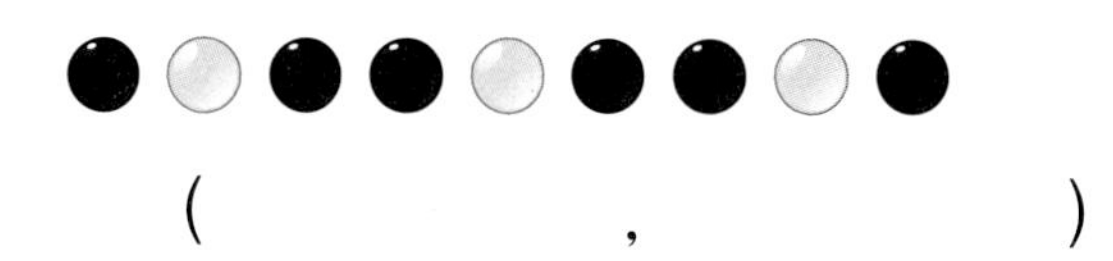

(　　　　　,　　　　　)

10-3 규칙에 따라 바둑돌을 12개 늘어놓았습니다. 규칙에 맞게 바둑돌을 8개 더 놓는다면 바둑돌 20개에서 흰색 바둑돌과 검은색 바둑돌 중 어느 것이 몇 개 더 많은지 구해 보세요.

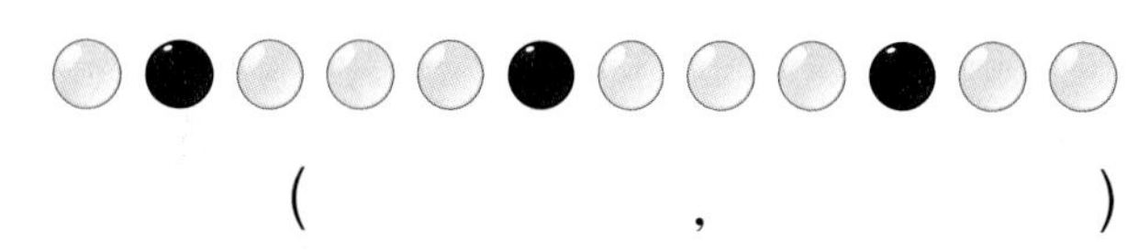

(　　　　　,　　　　　)

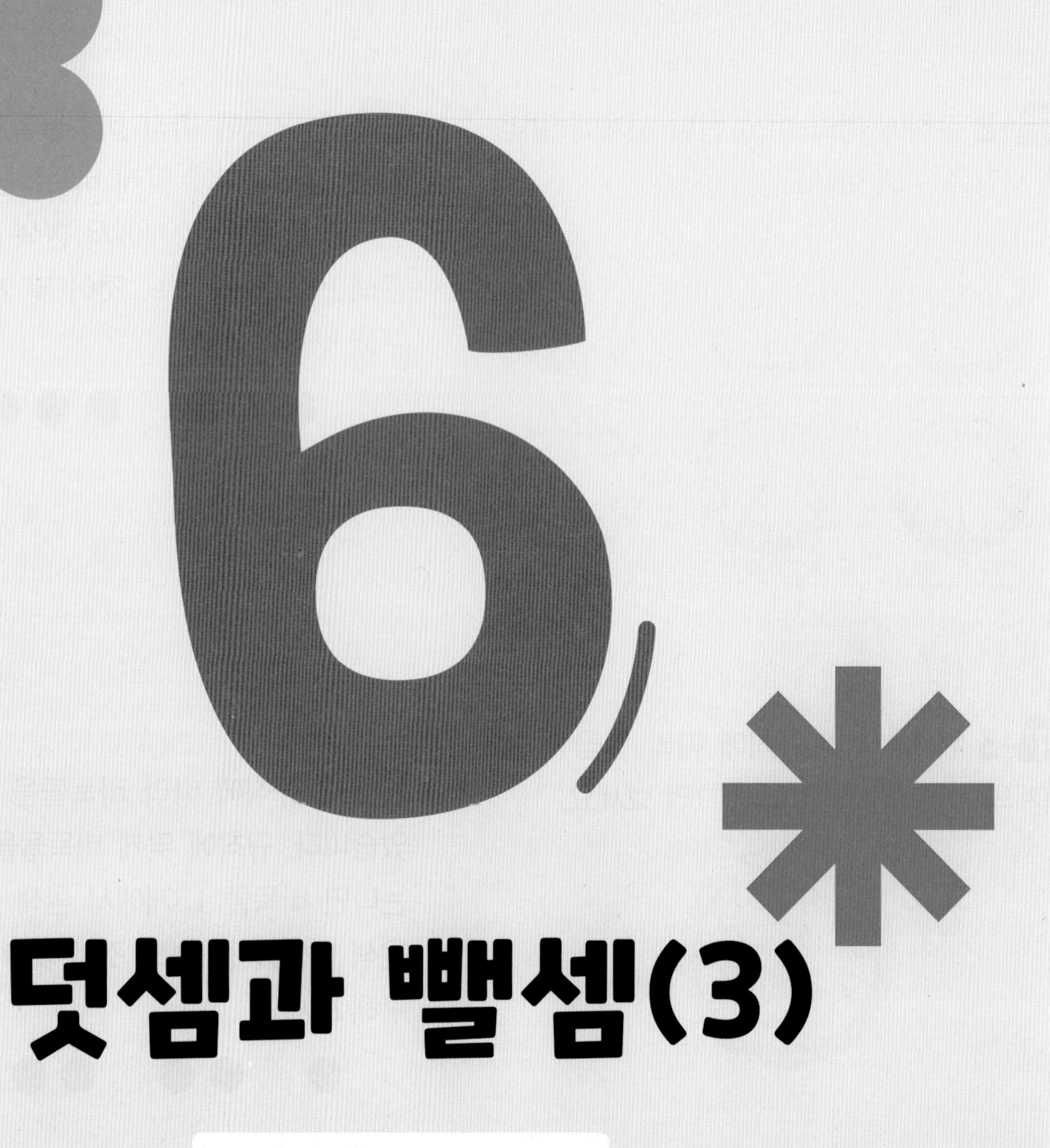

덧셈과 뺄셈(3)

개념 정리 6단원

덧셈과 뺄셈(3)

개념 1 받아올림이 없는 (몇십몇)+(몇)

◆23+5의 계산

	2	3			2	3
+		5	→	+		5
		8			2	□

① 낱개끼리 더합니다.

② 10개씩 묶음의 수를 그대로 내려 씁니다.

참고

(몇)+(몇십몇)도 (몇십몇)+(몇)과 같은 방법으로 낱개끼리 더한 다음 10개씩 묶음의 수를 그대로 내려 써서 구해요.

개념 2 받아올림이 없는 (몇십)+(몇십), (몇십몇)+(몇십몇)

◆30+20의 계산

	3	0			3	0
+	2	0	→	+	2	0
		0			5	0

① 0을 그대로 내려 씁니다.

② 10개씩 묶음끼리 더합니다.

◆22+17의 계산

	2	2			2	2
+	1	7	→	+	1	7
		9			□	9

① 낱개끼리 더합니다.

② 10개씩 묶음끼리 더합니다.

개념 3 받아내림이 없는 (몇십몇)−(몇)

◆27−4의 계산

	2	7			2	7
−		4	→	−		4
		3			2	□

① 낱개끼리 뺍니다.

② 10개씩 묶음의 수를 그대로 내려 씁니다.

개념 4 받아내림이 없는 (몇십)−(몇십), (몇십몇)−(몇십몇)

◆40−10의 계산

	4	0			4	0
−	1	0	→	−	1	0
		0			3	0

① 0을 그대로 내려 씁니다.

② 10개씩 묶음끼리 뺍니다.

◆38−26의 계산

	3	8			3	8
−	2	6	→	−	2	6
		2			□	2

① 낱개끼리 뺍니다.

② 10개씩 묶음끼리 뺍니다.

개념 5 덧셈과 뺄셈

◆34와 13의 합과 차 구하기

합: 34+13=47, 차: 34−13=□

정답 ❶ 8 ❷ 3 ❸ 3 ❹ 1 ❺ 21

6 단원

점수

118~123쪽에서 같은 유형의 문제를 더 풀 수 있어요.

01~02 빨간색 구슬 11개와 파란색 구슬 5개가 있습니다. 구슬은 모두 몇 개 있는지 구슬의 수를 이어 세어서 11＋5를 계산하려고 합니다. 물음에 답해 보세요.

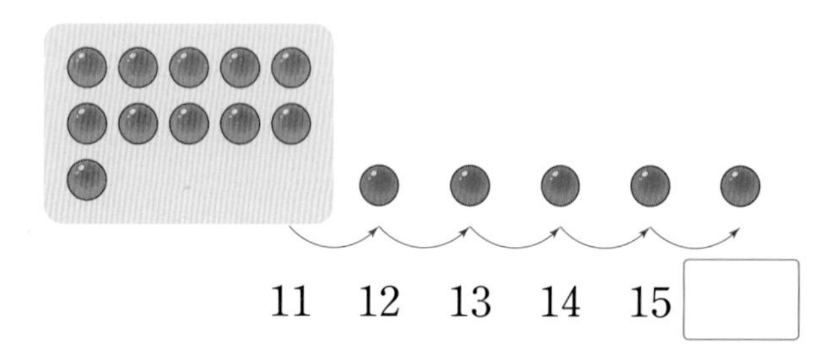

01 수를 이어 세어서 위의 □ 안에 알맞은 수를 써넣으세요.

02 구슬은 모두 몇 개 있는지 구하는 덧셈을 해 보세요.

$11+5=\square$

03 수 모형을 보고 □ 안에 알맞은 수를 써넣으세요.

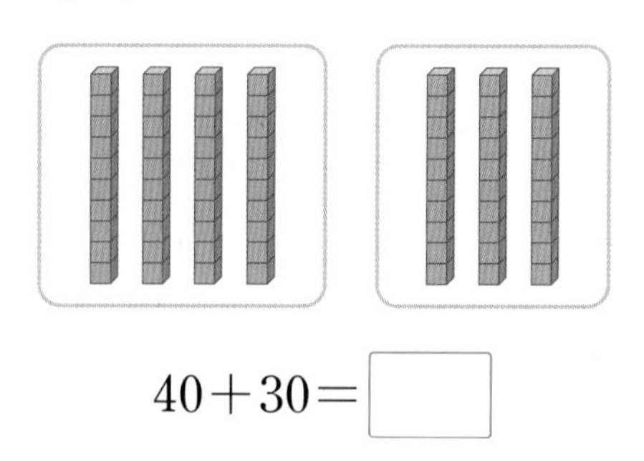

$40+30=\square$

04 덧셈을 해 보세요.

$$\begin{array}{r} 16 \\ +\ 73 \\ \hline \end{array}$$

05 뺄셈을 해 보세요.

$$\begin{array}{r} 67 \\ -\ \ 7 \\ \hline \end{array}$$

06 빈칸에 두 수의 차를 써넣으세요.

25	88

07 계산을 바르게 한 사람을 찾아 이름을 써 보세요.

- 미나: $23+32=55$
- 근우: $23+32=46$

( )

08 빈칸에 알맞은 수를 써넣으세요.

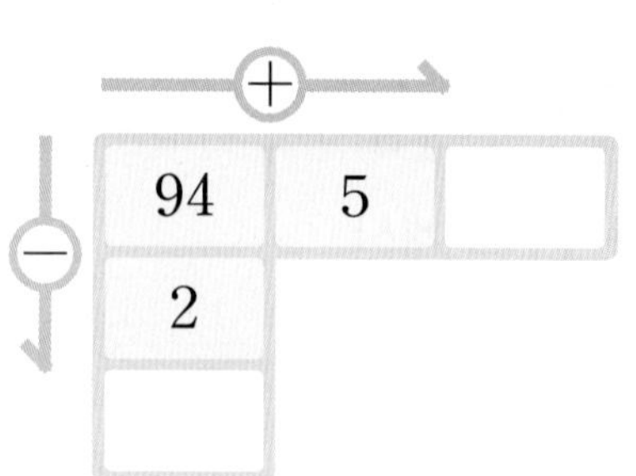

09 계산 결과를 찾아 선으로 이어 보세요.

$19-4$	14
$26-12$	15
$38-22$	16

AI가 뽑은 정답률 낮은 문제

10 계산 결과의 크기를 비교하여 ○ 안에 $>$, $=$, $<$를 알맞게 써넣으세요.

118쪽 유형 2

$52-2$ ○ $74-33$

서술형

11 $12+7$을 잘못 계산한 곳을 찾아 이유를 쓰고, 바르게 계산해 보세요.

$$\begin{array}{r} 1\ 2 \\ +\ \ 7 \\ \hline 8\ 2 \end{array}$$ ➜ ( )

이유

AI가 뽑은 정답률 낮은 문제

12 빈칸에 계산 결과가 짝수이면 '짝', 홀수이면 '홀'을 써넣으세요.

119쪽 유형 4

$36+3$	$15-3$	$67-36$

13~14 혜진이와 재용이가 제기차기를 했습니다. 제기를 혜진이는 25번 찼고, 재용이는 13번 찼습니다. 물음에 답해 보세요.

13 혜진이와 재용이가 찬 제기는 모두 몇 번인지 구해 보세요.

( )

14 혜진이는 재용이보다 제기를 몇 번 더 찼는지 구해 보세요.

( )

15 계산 결과가 같은 두 식을 찾아 기호를 써 보세요.

㉠ $41+5$　㉡ $22+22$
㉢ $46-5$　㉣ $66-22$

(　　　　　　　　)

16  모양에 적힌 수의 합과 차를 각각 구해 보세요.

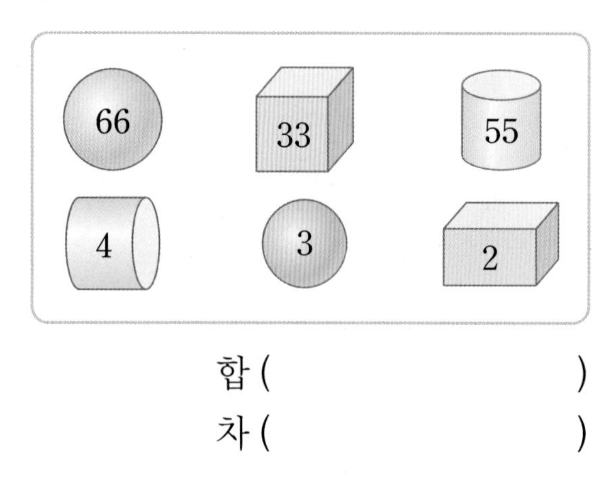

합 (　　　　　　　　)
차 (　　　　　　　　)

AI가 뽑은 정답률 낮은 문제　서술형

17 어느 날 미술관에 입장한 남자는 43명이고, 여자는 45명입니다. 이날 박물관에 입장한 사람은 미술관에 입장한 사람보다 27명 더 적다고 합니다. 박물관에 입장한 사람은 몇 명인지 풀이 과정을 쓰고 답을 구해 보세요.

120쪽 유형 6

풀이 ▶

답 ▶

AI가 뽑은 정답률 낮은 문제

18 □ 안에 알맞은 수를 써넣으세요.

121쪽 유형 7

$$\begin{array}{r} \square\ 2 \\ +\ 4\ \square \\ \hline 8\ 3 \end{array}$$

19 ㉠과 ㉡ 사이에 있는 수는 모두 몇 개인지 구해 보세요.

㉠ 62보다 6만큼 더 큰 수
㉡ 75보다 3만큼 더 작은 수

(　　　　　　　　)

AI가 뽑은 정답률 낮은 문제

20 수 카드 5장 중에서 2장을 골라 차가 30이 되도록 뺄셈식을 2개 만들어 보세요.

123쪽 유형 11

20	30	40	50	60

식 ▶ $\square - \square = 30$

$\square - \square = 30$

점수

118~123쪽에서 같은 유형의 문제를 더 풀 수 있어요.

01 그림을 보고 □ 안에 알맞은 수를 써넣으세요.

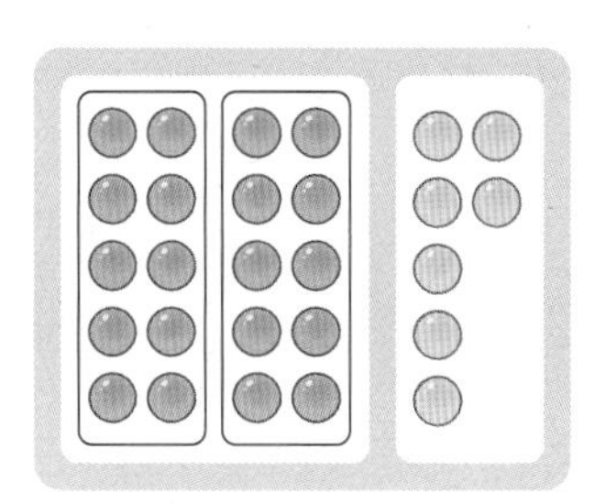

$20+7=$ □

02 남은 달걀은 몇 개인지 구하려고 합니다. □ 안에 알맞은 수를 써넣으세요.

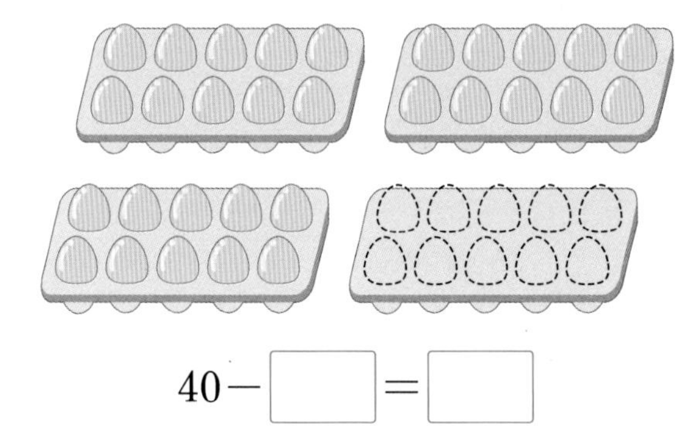

$40-$ □ $=$ □

03~04 계산해 보세요.

03

$$\begin{array}{r} 4\ 0 \\ +\ 5\ 0 \\ \hline \end{array}$$

04

$$\begin{array}{r} 3\ 8 \\ -\ \ \ 8 \\ \hline \end{array}$$

05 두 수의 합을 구해 보세요.

3　63

(　　　　　)

06 빈칸에 알맞은 수를 써넣으세요.

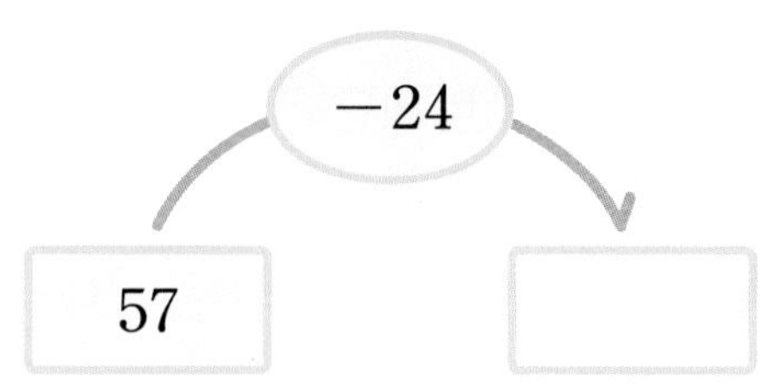

AI가 뽑은 정답률 낮은 문제

07 수직선을 보고 □ 안에 알맞은 수를 써넣으세요.

118쪽 유형 1

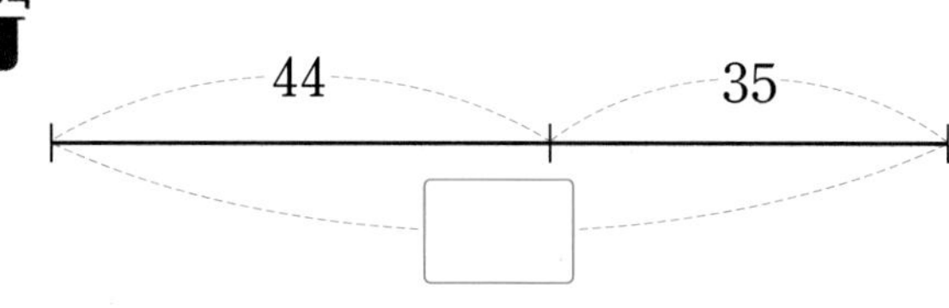

08 다음이 나타내는 수를 구해 보세요.

29보다 6만큼 더 작은 수

(　　　　　)

6 단원

09 계산 결과를 찾아 선으로 이어 보세요.

73+5	76
61+15	77
52+25	78

AI가 뽑은 정답률 낮은 문제

10 뺄셈을 해 보세요.

119쪽 유형 3

$35-11=\square$

$35-12=\square$

$35-13=\square$

$35-14=\square$

AI가 뽑은 정답률 낮은 문제

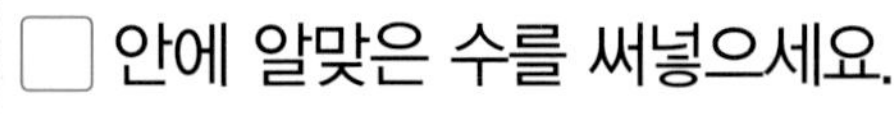

11 □ 안에 알맞은 수를 써넣으세요.

119쪽 유형 3

$43+35=35+\square=\square$

12 아래 두 수의 합을 구하여 위의 빈칸에 써넣으세요.

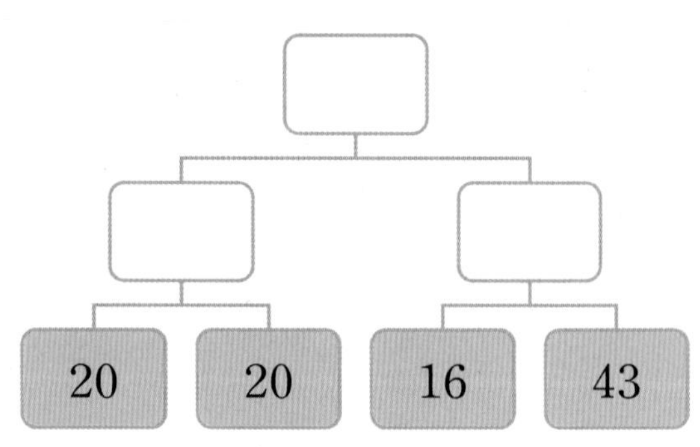

13 헤나는 동화책을 어제까지 21쪽 읽었습니다. 오늘 8쪽을 더 읽었다면 헤나가 오늘까지 읽은 동화책은 모두 몇 쪽인지 구해 보세요.

14 사탕이 63개 있고, 초콜릿이 42개 있습니다. 사탕과 초콜릿 중에서 어느 것이 몇 개 더 많은지 풀이 과정을 쓰고 답을 구해 보세요.

풀이

답 ,

15 두 주머니에서 수를 하나씩 골라 덧셈식과 뺄셈식을 1개씩 만들어 보세요.

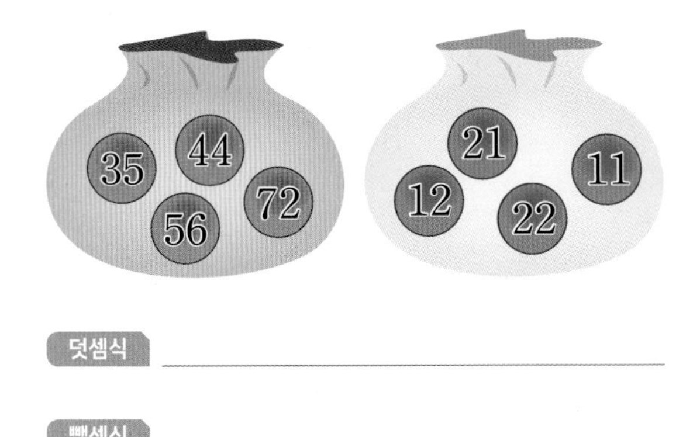

덧셈식 ______________________

뺄셈식 ______________________

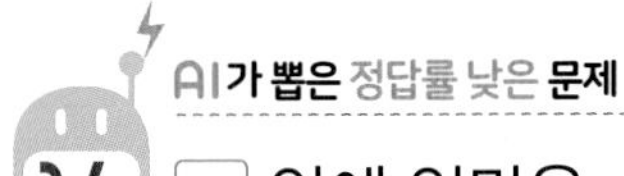

16 □ 안에 알맞은 수를 써넣으세요.

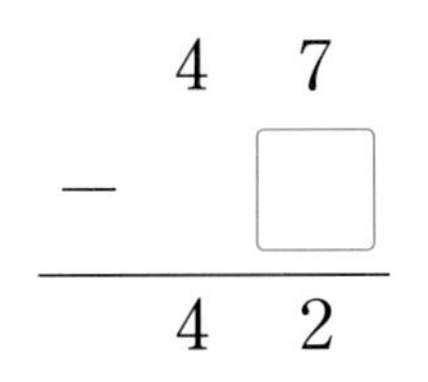

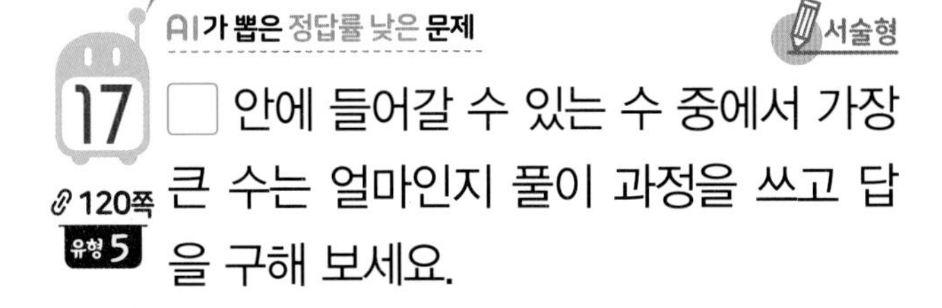

17 □ 안에 들어갈 수 있는 수 중에서 가장 큰 수는 얼마인지 풀이 과정을 쓰고 답을 구해 보세요.

$96-32>\square5$

풀이 ______________________

답 ______________________

18 같은 모양에 적힌 수의 합을 각각 구해 보세요.

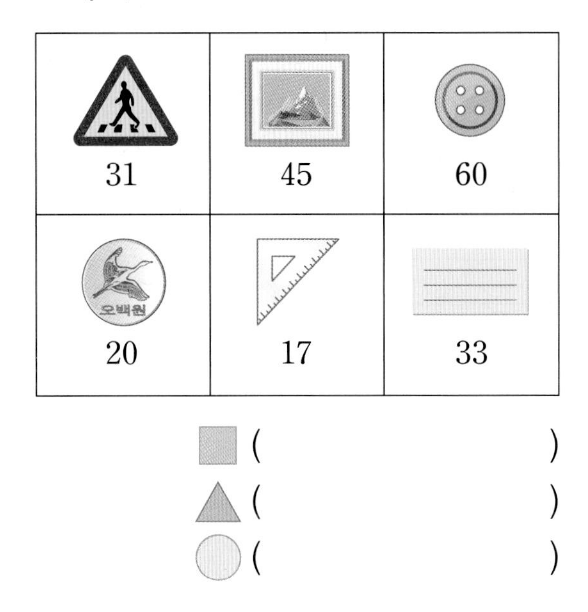

■ (　　　　　　)

▲ (　　　　　　)

● (　　　　　　)

19 규칙에 따라 빈칸을 채웠을 때 ㉡−㉠을 구해 보세요.

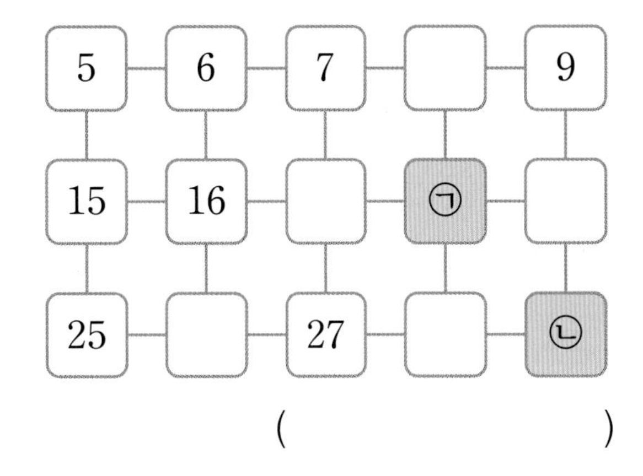

(　　　　　　)

AI가 뽑은 정답률 낮은 문제

20 수 카드 4장 중에서 2장을 골라 몇십몇을 만들려고 합니다. 만들 수 있는 가장 큰 수와 가장 작은 수의 합을 구해 보세요.

122쪽 유형10

(　　　　　　)

6 단원

점수

118~123쪽에서 같은 유형의 문제를 더 풀 수 있어요.

01~02 가지고 있던 풍선 36개 중에서 4개가 터졌습니다. 터진 풍선의 수만큼 /을 그려서 36－4를 계산하여 터지지 않은 풍선이 몇 개인지 구하려고 합니다. 물음에 답해 보세요.

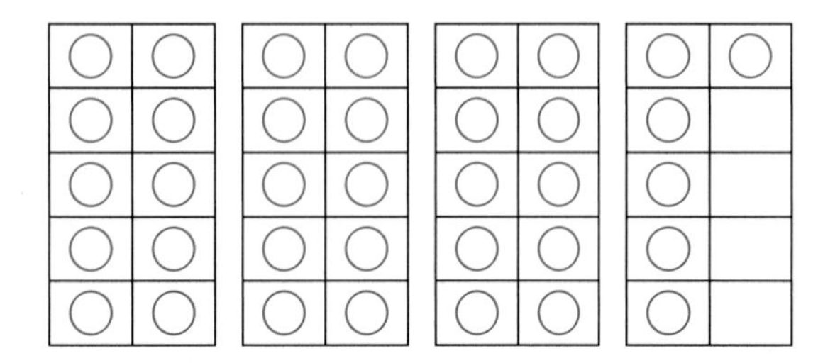

01 터진 풍선의 수만큼 ○에 /을 그려 보세요.

02 터지지 않은 풍선이 몇 개인지 구하는 뺄셈을 해 보세요.

36－4=□

03 덧셈을 해 보세요.

3＋73

04 뺄셈을 해 보세요.

58－27

05 두 수의 차를 구해 보세요.

80　30

(　　　　)

06 덧셈식에서 □ 안의 숫자 6이 나타내는 수는 얼마인지 써 보세요.

$$\begin{array}{r} 4\ 3 \\ +\ 2\ 6 \\ \hline \boxed{6}\ 9 \end{array}$$

(　　　　)

07 다음이 나타내는 수를 구해 보세요.

84보다 2만큼 더 큰 수

(　　　　)

08 **보기**와 같은 방법으로 계산해 보세요.

보기

27＋11＝20＋7＋10＋1
＝30＋8＝38

45＋34

09 그림을 보고 빈칸에 알맞은 수를 써넣으세요.

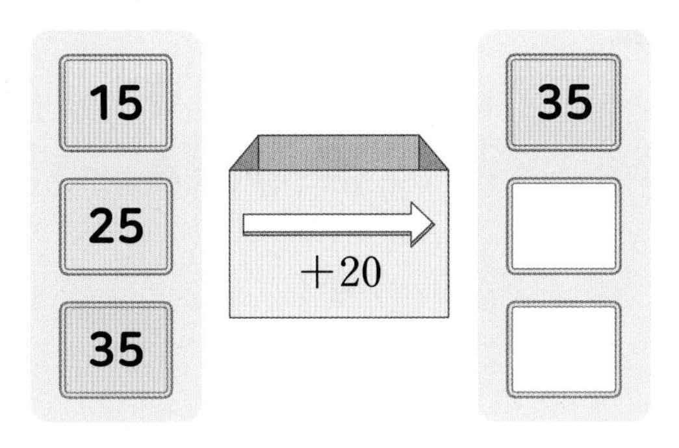

AI가 뽑은 정답률 낮은 문제

10 계산 결과의 크기를 비교하여 ◯ 안에 >, =, <를 알맞게 써넣으세요.

118쪽 유형 2

$53+6$ ◯ $44+15$

서술형

11 $95-4$를 잘못 계산한 곳을 찾아 이유를 쓰고, 바르게 계산해 보세요.

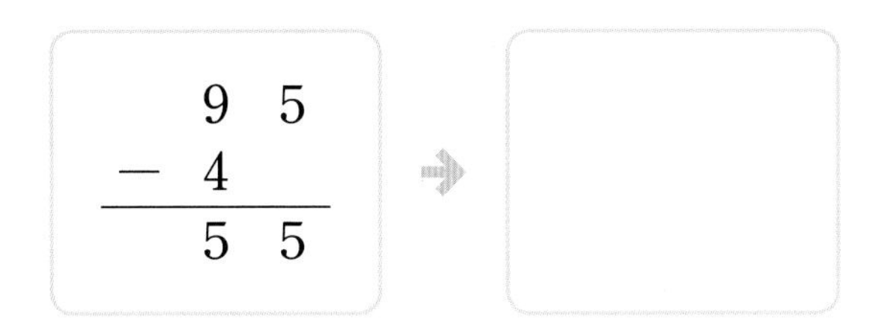

이유

12 위의 두 수의 차를 구하여 아래의 빈칸에 써넣으세요.

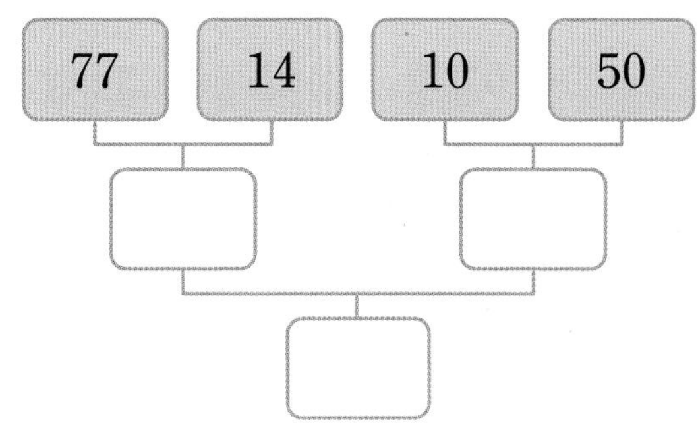

13 학급 문고에 책이 68권 있었습니다. 학생들이 책을 6권 빌렸다면 남은 책은 몇 권인지 구해 보세요.

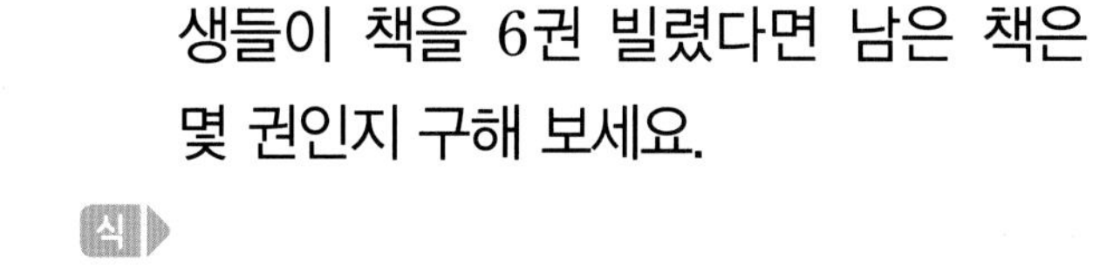

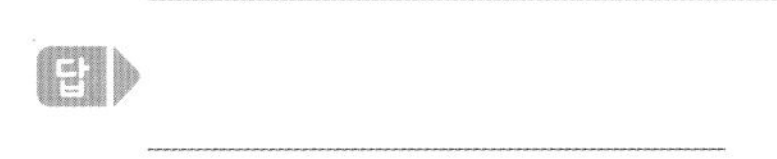

서술형

14 정원에 장미가 36송이 피었고, 튤립이 51송이 피었습니다. 정원에 핀 장미와 튤립은 모두 몇 송이인지 풀이 과정을 쓰고 답을 구해 보세요.

답

6 단원

15 설명하는 두 수의 합과 차를 각각 구해 보세요.

- 10개씩 묶음의 수가 3, 낱개의 수가 5인 수
- 10개씩 묶음의 수가 2, 낱개의 수가 2인 수

합 (　　　　　　)
차 (　　　　　　)

AI가 뽑은 정답률 낮은 문제

16 □ 안에 알맞은 수를 써넣으세요.

121쪽 유형 7

$$\begin{array}{r} 6\square \\ +\ \ 1 \\ \hline \square 6 \end{array}$$

AI가 뽑은 정답률 낮은 문제

17 편의점에 우유가 47개 있었는데 16개를 팔았습니다. 우유를 25개 다시 더 채웠다면 지금 편의점에 있는 우유는 몇 개인지 구해 보세요.

120쪽 유형 6

(　　　　　　)

AI가 뽑은 정답률 낮은 문제

18 같은 모양은 같은 수를 나타냅니다. ●와 ▲에 알맞은 수를 각각 구해 보세요.

122쪽 유형 9

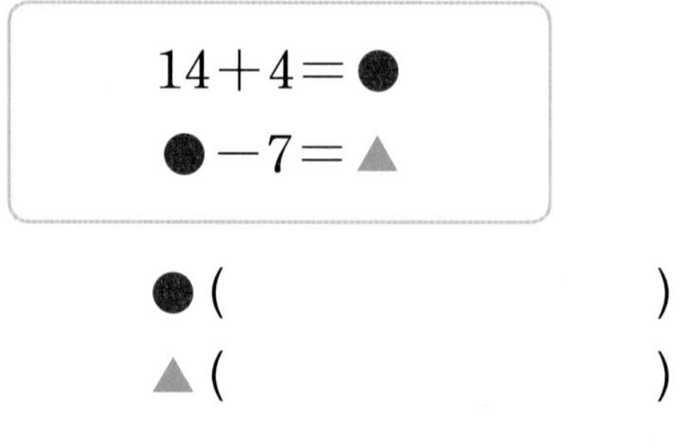

● (　　　　　　)
▲ (　　　　　　)

19 □ 안에 알맞은 수를 써넣어 일기를 완성해 보세요.

○○○○년 ○월 ○일 ○요일

생일잔치를 위해 부모님과 함께 쿠키를 만들었다. 처음에 20개를 굽고, 두 번째에는 처음보다 2개 더 구웠더니 모두 □개가 되었다. 내가 만든 쿠키를 모두 맛있게 먹어서 기분이 좋았다.

AI가 뽑은 정답률 낮은 문제

20 수 카드 4장 중에서 2장을 골라 몇십몇을 만들려고 합니다. 만들 수 있는 가장 큰 수와 가장 작은 수의 차를 구해 보세요.

123쪽 유형 11

(　　　　　　)

118~123쪽에서 같은 유형의 문제를 더 풀 수 있어요.

01 그림을 보고 □ 안에 알맞은 수를 써넣으세요.

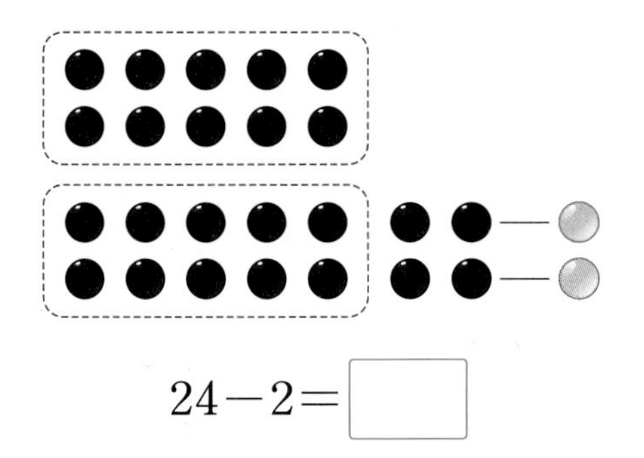

$24-2=$ □

02 □ 안에 알맞은 수를 써넣으세요.

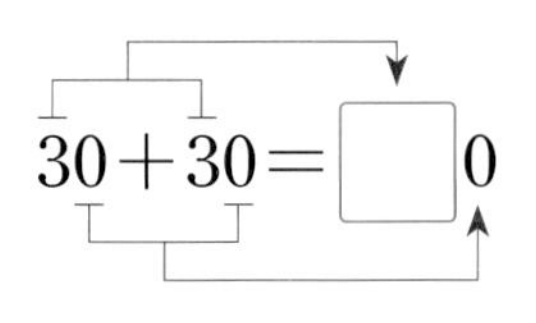

03 덧셈을 해 보세요.

$$\begin{array}{r} 5\ 2 \\ +\ \ \ 7 \\ \hline \end{array}$$

04 뺄셈을 해 보세요.

$$\begin{array}{r} 6\ 5 \\ -\ 2\ 3 \\ \hline \end{array}$$

05 빈칸에 두 수의 합을 써넣으세요.

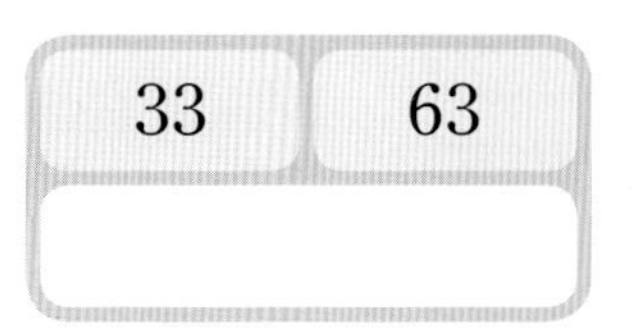

06 차가 20인 것을 모두 찾아 색칠해 보세요.

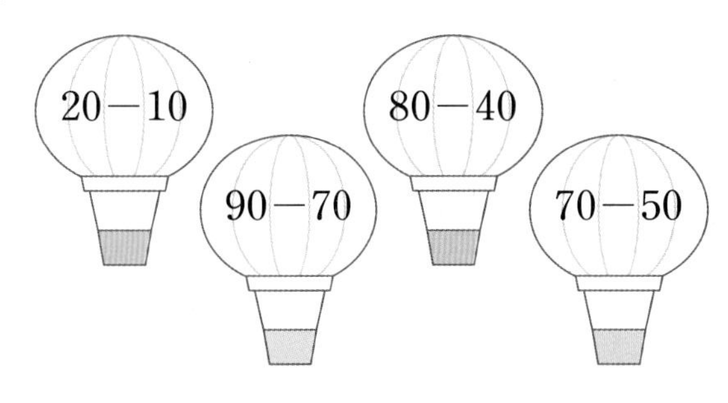

AI가 뽑은 정답률 낮은 문제

07 수직선을 보고 □ 안에 알맞은 수를 써넣으세요.

118쪽 유형 1

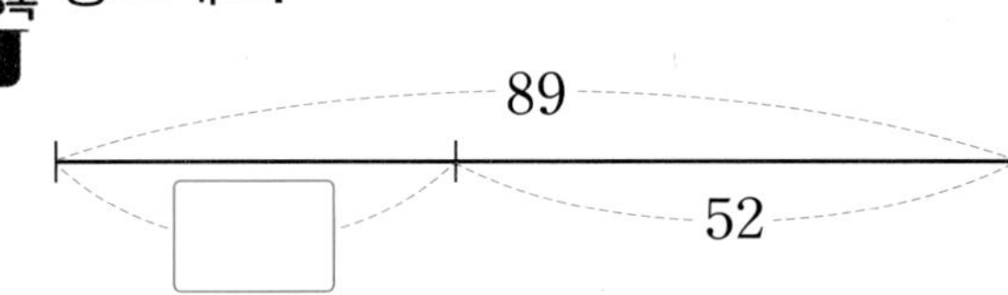

08 계산 결과가 다른 것에 ○표 해 보세요.

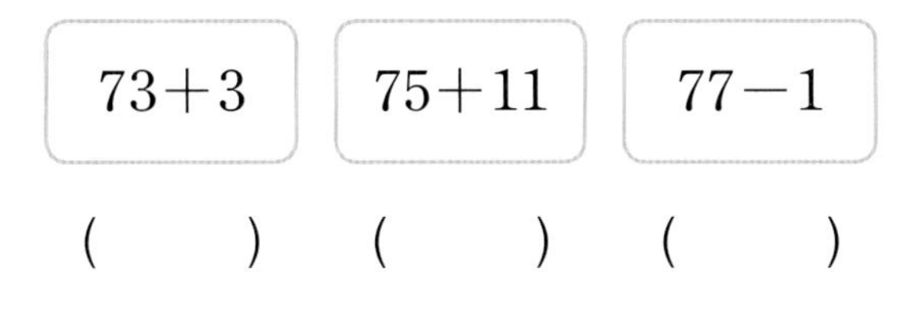

6 단원

09 그림을 보고 빈칸에 알맞은 수를 써넣으세요.

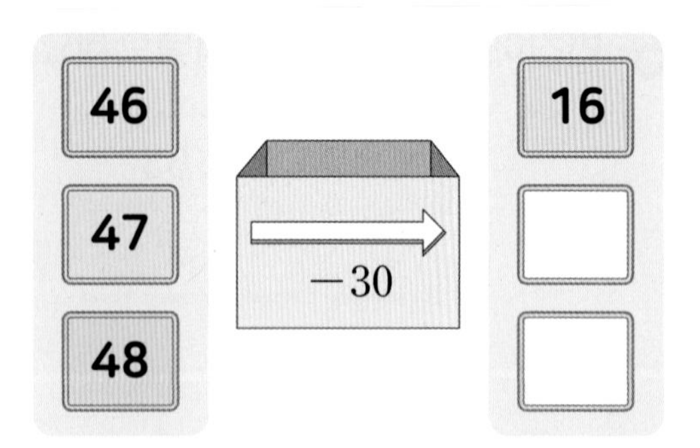

10 사다리를 타고 내려가 빈칸에 계산 결과를 써넣으세요.

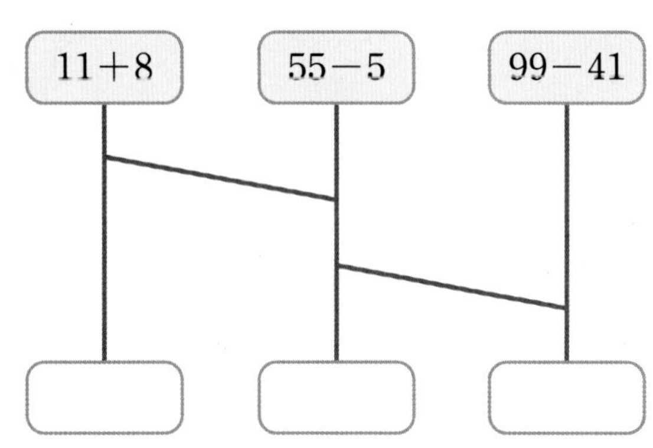

서술형

11 가장 큰 수와 가장 작은 수의 차는 얼마인지 풀이 과정을 쓰고 답을 구해 보세요.

4　68　16　75

풀이

답

12~13 그림을 보고 덧셈식과 뺄셈식으로 나타내어 보세요.

12 은지 책상에 있는 공깃돌은 모두 몇 개인지 덧셈식으로 나타내어 보세요.

13 민호 책상에 있는 노란색 공깃돌은 분홍색 공깃돌보다 몇 개 더 많은지 뺄셈식으로 나타내어 보세요.

□ − □ = □

AI가 뽑은 정답률 낮은 문제

서술형

14 □ 안에 알맞은 수를 써넣고 알 수 있는 내용을 설명해 보세요.

119쪽 유형 3

$62+26=$ □

$26+62=$ □

답

15 빈칸에 알맞은 수를 써넣으세요.

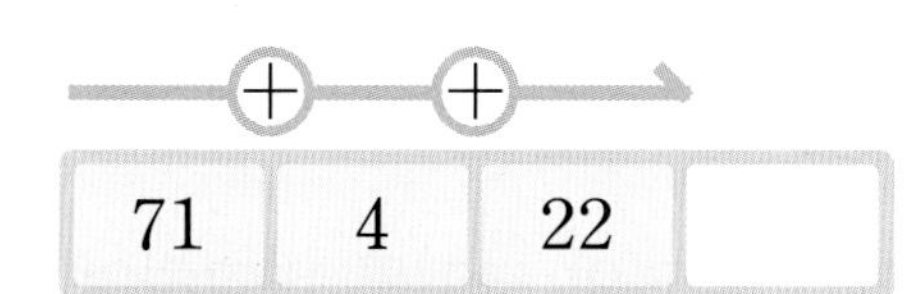

AI가 뽑은 정답률 낮은 문제

16 □ 안에 들어갈 수 있는 수 중에서 가장 큰 수를 구해 보세요.

120쪽 유형 5

56+11>□6

(　　　　　　)

17 23+34를 덧셈 명령어의 방법대로 계산하려고 합니다. 명령어 순서에 따라 계산한 결과를 써 보세요.

덧셈 명령어

① 낱개끼리 더해요.

② 10개씩 묶음끼리 더해요.

③ 두 계산 결과를 더해요.

④ □ 안에 합을 써넣어요.

①	②	③	④
			23+34=□

AI가 뽑은 정답률 낮은 문제

18 □ 안에 알맞은 수를 써넣으세요.

121쪽 유형 8

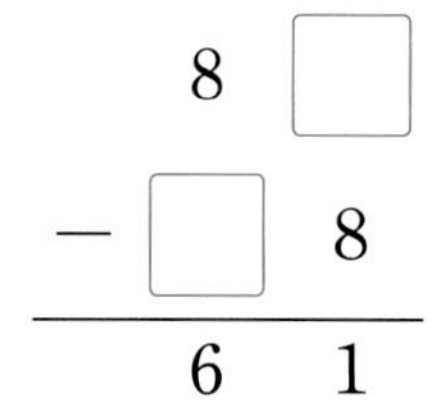

19 ㉠과 ㉡의 차는 얼마인지 구해 보세요.

㉠ 90보다 7만큼 더 큰 수

㉡ 77보다 5만큼 더 작은 수

(　　　　　　)

AI가 뽑은 정답률 낮은 문제

20 수 카드 5장 중에서 2장을 골라 합이 78이 되도록 덧셈식을 2개 만들어 보세요.

122쪽 유형10

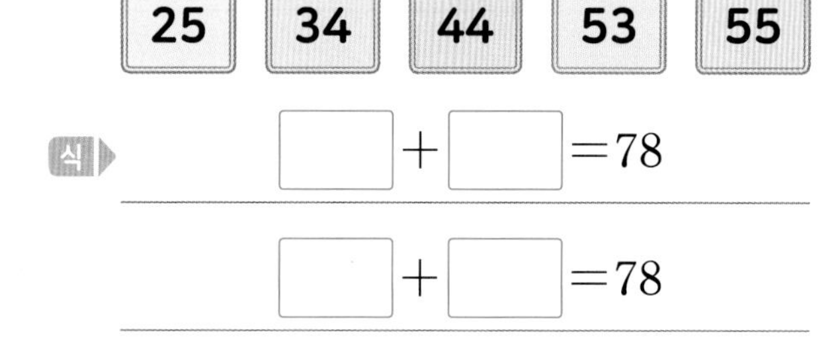

식 □+□=78

□+□=78

2회 7번 4회 7번

유형 1 수직선에서 □ 안에 알맞은 수 써넣기

수직선을 보고 □ 안에 알맞은 수를 써넣으세요.

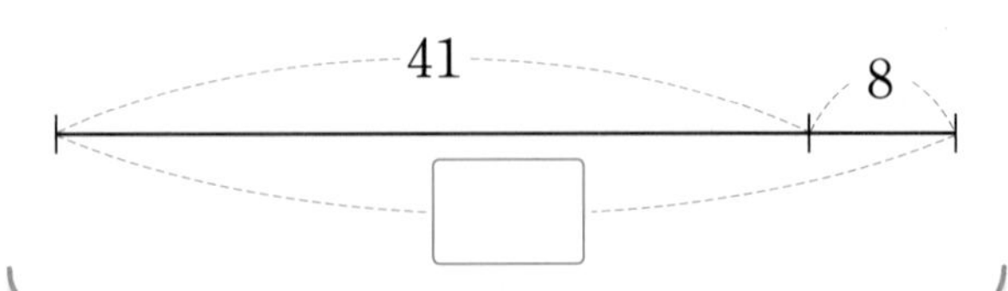

Tip 수직선을 식으로 나타내면 $41+8=$□예요.

1-1 수직선을 보고 □ 안에 알맞은 수를 써넣으세요.

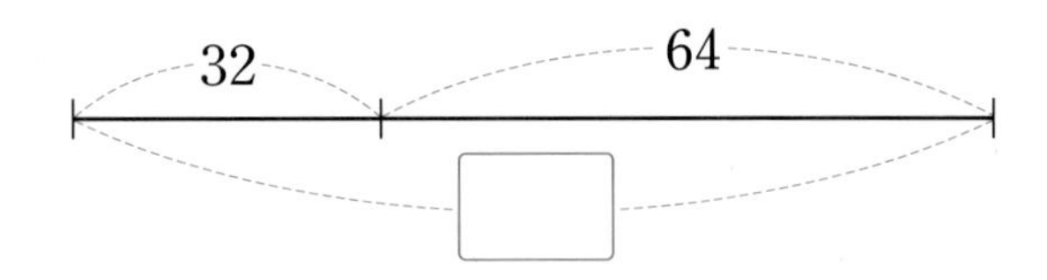

1-2 수직선을 보고 □ 안에 알맞은 수를 써넣으세요.

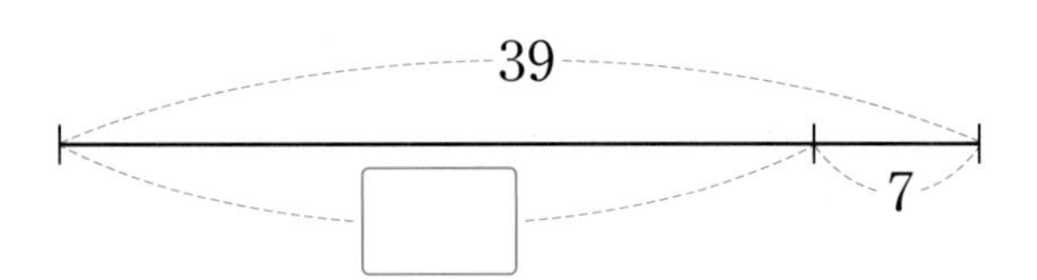

1-3 수직선을 보고 □ 안에 알맞은 수를 써넣으세요.

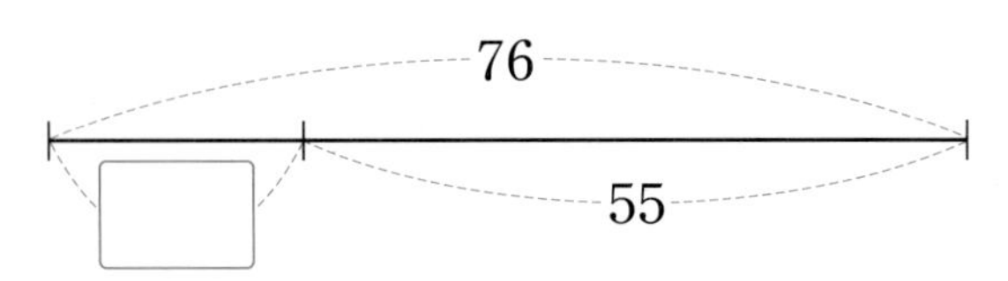

1회 10번 3회 10번

유형 2 계산 결과의 크기 비교하기

계산 결과의 크기를 비교하여 ○ 안에 >, =, <를 알맞게 써넣으세요.

$21+5$ ○ $29-4$

Tip 먼저 계산한 다음 계산 결과의 크기를 비교해요.

2-1 계산 결과의 크기를 비교하여 ○ 안에 >, =, <를 알맞게 써넣으세요.

$53+35$ ○ $66+23$

2-2 계산 결과의 크기를 비교하여 ○ 안에 >, =, <를 알맞게 써넣으세요.

$63-31$ ○ $79-51$

2-3 계산 결과가 큰 것부터 차례대로 기호를 써 보세요.

㉠ $40+30$	㉡ $10+57$
㉢ $90-10$	㉣ $84-20$

(　　　　　　　　)

🔗 2회 10, 11번 🔗 4회 14번

유형 3 규칙을 찾아 계산하기

덧셈을 해 보세요.

56+10=☐, 56+20=☐,
56+30=☐, 56+40=☐

Tip 더해지는 수는 같고, 더하는 수의 10개씩 묶음의 수가 1씩 커지는 규칙이에요.

3-1 ☐ 안에 알맞은 수를 써넣으세요.

17+42=☐
42+☐=59

3-2 뺄셈을 해 보세요.

72−10=☐, 72−20=☐,
72−30=☐, 72−40=☐

3-3 뺄셈을 해 보세요.

46−15=☐, 47−15=☐,
48−15=☐, 49−15=☐

🔗 1회 12번

유형 4 계산 결과가 짝수인지 홀수인지 알아보기

계산하여 ☐ 안에 알맞은 수를 써넣고 계산 결과가 짝수인지 홀수인지 써 보세요.

11+6=☐

(　　　　)

Tip
- 짝수: 낱개의 수가 0, 2, 4, 6, 8인 수
- 홀수: 낱개의 수가 1, 3, 5, 7, 9인 수

4-1 계산 결과가 짝수이면 '짝', 홀수이면 '홀'이라고 써 보세요.

20+30	48−16
(　　)	(　　)

4-2 빈칸에 계산 결과가 짝수이면 '짝', 홀수이면 '홀'을 써넣으세요.

33+22	29−8	57−15

4-3 계산 결과가 짝수인 것을 모두 고르세요. (　　　　)

① 30+19 ② 33+45 ③ 53+34
④ 56−45 ⑤ 86−32

2회 17번 4회 16번

유형 5 □ 안에 들어갈 수 있는 수 구하기

□ 안에 들어갈 수 있는 수 중에서 가장 큰 수를 구해 보세요.

$52+6>5\square$

(　　　　　　)

Tip 먼저 52+6을 계산하여 식을 간단하게 나타내요.

5-1 □ 안에 들어갈 수 있는 수 중에서 가장 작은 수를 구해 보세요.

$23+41<\square 3$

(　　　　　　)

5-2 □ 안에 들어갈 수 있는 수 중에서 가장 큰 수를 구해 보세요.

$79-3>7\square$

(　　　　　　)

5-3 □ 안에 들어갈 수 있는 수 중에서 가장 작은 수를 구해 보세요.

$99-43<\square 7$

(　　　　　　)

1회 17번 3회 17번

유형 6 덧셈과 뺄셈의 활용

노란색 구슬이 15개, 파란색 구슬이 63개 있습니다. 팔찌를 만드는 데 구슬을 22개 사용했다면 남은 구슬은 몇 개인지 구해 보세요.

(　　　　　　)

Tip 먼저 전체 구슬의 수를 구해요.

6-1 정연이네 학교의 1학년 남학생은 34명이고, 여학생은 35명입니다. 이 중에서 안경을 쓴 학생이 18명이라면 안경을 쓰지 않은 학생은 몇 명인지 구해 보세요.

(　　　　　　)

6-2 버스에 승객이 23명 타고 있었습니다. 이번 정류장에서 11명이 내리고 14명이 탔다면 지금 버스에 타고 있는 승객은 몇 명인지 구해 보세요.

(　　　　　　)

6-3 학급 문고에 책이 86권 있었습니다. 학생들이 23권을 빌렸다가 15권을 반납했습니다. 지금 학급 문고에 있는 책은 몇 권인지 구해 보세요.

(　　　　　　)

🔗 1회 18번 🔗 3회 16번

유형 7 덧셈식에서 □ 안에 알맞은 수 써넣기

□ 안에 알맞은 수를 써넣으세요.

```
   1 6
+    □
------
   1 9
```

Tip 낱개끼리 더하면 6+□=9예요.

7-1 □ 안에 알맞은 수를 써넣으세요.

```
   □ 2
+    □
------
   8 4
```

7-2 □ 안에 알맞은 수를 써넣으세요.

```
   3 1
+  □ 1
------
   7 □
```

7-3 □ 안에 알맞은 수를 써넣으세요.

```
   5 □
+  □ 8
------
   8 9
```

🔗 2회 16번 🔗 4회 18번

유형 8 뺄셈식에서 □ 안에 알맞은 수 써넣기

□ 안에 알맞은 수를 써넣으세요.

```
   6 □
-    1
------
   6 2
```

Tip 낱개끼리 빼면 □−1=2예요.

8-1 □ 안에 알맞은 수를 써넣으세요.

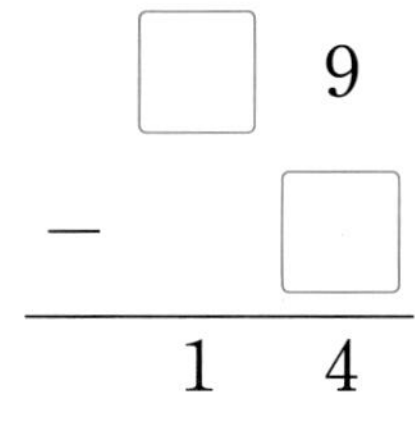

```
   □ 9
-    □
------
   1 4
```

8-2 □ 안에 알맞은 수를 써넣으세요.

```
   4 8
-  2 □
------
   □ 1
```

8-3 □ 안에 알맞은 수를 써넣으세요.

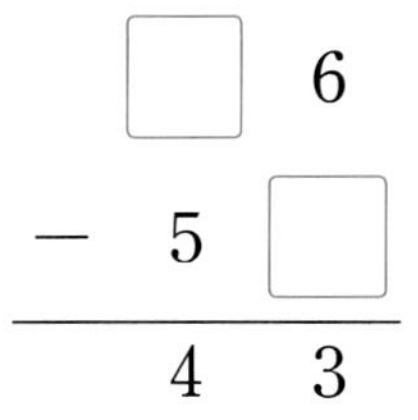

```
   □ 6
-  5 □
------
   4 3
```

6 단원

3회 18번

유형 9 모양이 나타내는 수 구하기

같은 모양은 같은 수를 나타냅니다. ●와 ▲에 알맞은 수를 각각 구해 보세요.

$45+4=●$
$●-7=▲$

● (　　　　　　)
▲ (　　　　　　)

Tip 먼저 ●에 알맞은 수를 구한 다음 ▲에 알맞은 수를 구해요.

9-1 같은 모양은 같은 수를 나타냅니다. ●와 ▲에 알맞은 수를 각각 구해 보세요.

$85-32=●$
$16+●=▲$

● (　　　　　　)
▲ (　　　　　　)

9-2 같은 모양은 같은 수를 나타냅니다. ●와 ▲에 알맞은 수를 각각 구해 보세요.

$30+●=50$
$60-●=▲$

● (　　　　　　)
▲ (　　　　　　)

9-3 같은 모양은 같은 수를 나타냅니다. ●와 ▲에 알맞은 수를 각각 구해 보세요.

$28-5=●$
$●+●+●=▲$

● (　　　　　　)
▲ (　　　　　　)

2회 20번 4회 20번

유형 10 수 카드로 덧셈식 만들기

수 카드 4장 중에서 2장을 골라 몇십몇을 만들려고 합니다. 만들 수 있는 가장 큰 수와 가장 작은 수의 합을 구해 보세요.

1　4　5　8

(　　　　　　)

Tip
- 가장 큰 수를 만들려면 10개씩 묶음의 수를 가장 큰 수로, 낱개의 수를 두 번째로 큰 수로 해야 해요.
- 가장 작은 수를 만들려면 10개씩 묶음의 수를 가장 작은 수로, 낱개의 수를 두 번째로 작은 수로 해야 해요.

10-1 수 카드 5장 중에서 2장을 골라 몇십몇을 만들려고 합니다. 만들 수 있는 가장 큰 수와 가장 작은 수의 합을 구해 보세요.

2　3　4　5　6

(　　　　　　)

10-2 수 카드 5장 중에서 2장을 골라 합이 90이 되도록 덧셈식을 2개 만들어 보세요.

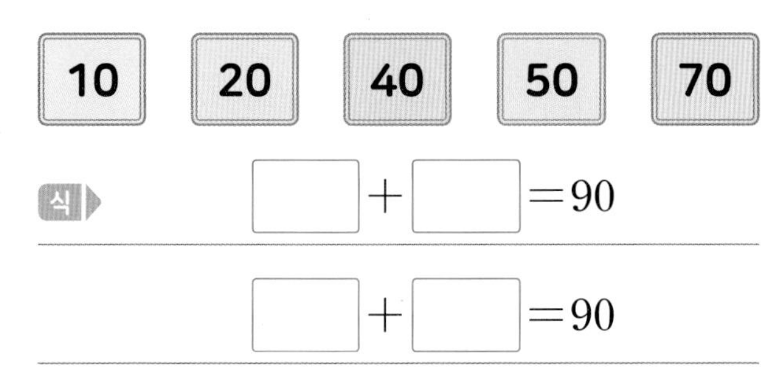

식 ☐ + ☐ = 90

☐ + ☐ = 90

10-3 수 카드 5장 중에서 2장을 골라 합이 86이 되도록 덧셈식을 2개 만들어 보세요.

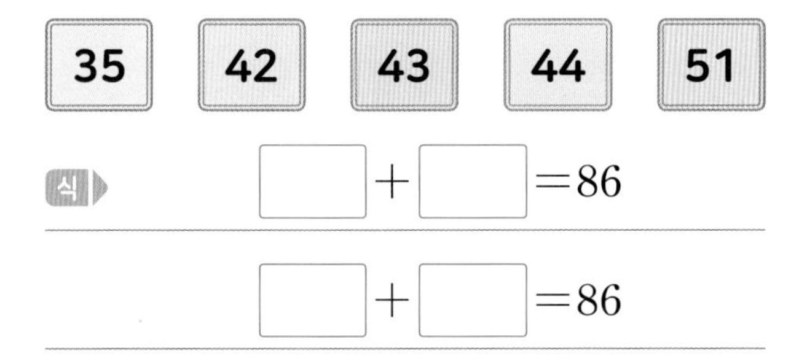

식 ☐ + ☐ = 86

☐ + ☐ = 86

1회 20번 3회 20번

유형 11 수 카드로 뺄셈식 만들기

수 카드 4장 중에서 2장을 골라 몇십몇을 만들려고 합니다. 만들 수 있는 가장 큰 수와 가장 작은 수의 차를 구해 보세요.

(　　　　　　　)

Tip 몇십몇을 만들 때 0은 10개씩 묶음의 수에 놓을 수 없는 것에 주의해요.

11-1 수 카드 5장 중에서 2장을 골라 몇십몇을 만들려고 합니다. 만들 수 있는 가장 큰 수와 가장 작은 수의 차를 구해 보세요.

(　　　　　　　)

11-2 수 카드 5장 중에서 2장을 골라 차가 20이 되도록 뺄셈식을 2개 만들어 보세요.

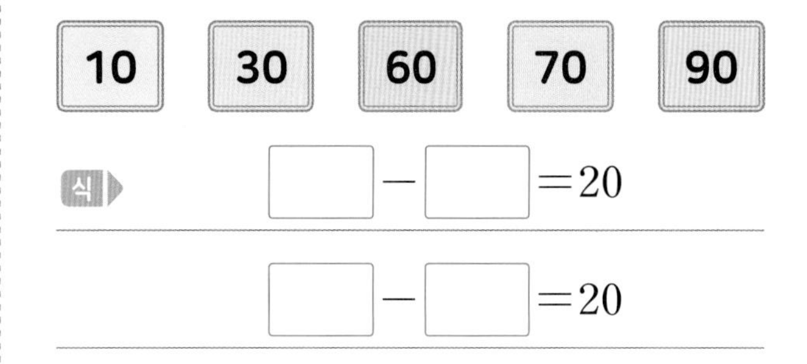

식 ☐ − ☐ = 20

☐ − ☐ = 20

11-3 수 카드 5장 중에서 2장을 골라 차가 31이 되도록 뺄셈식을 2개 만들어 보세요.

11　23　54　65　85

식 ☐ − ☐ = 31

☐ − ☐ = 31

6 단원

MEMO

아이와 평생 함께할 습관을 만듭니다.

아이스크림 홈런 2.0

공부를 좋아하는 습관

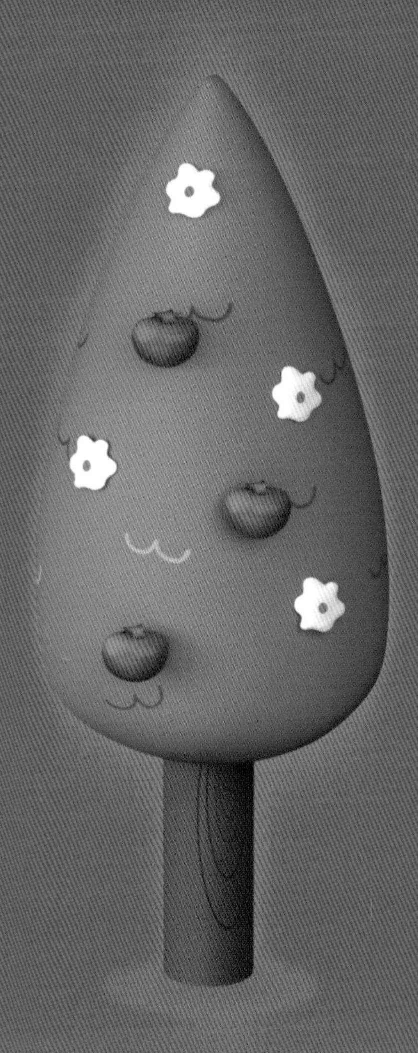

기본을 단단하게
나만의 속도로
무엇보다 재미있게

i-Scream edu

아이스크림 더 실전

i-Scream edu

정답 및 풀이

1단원 100까지의 수

6~8쪽 AI가 추천한 단원 평가 1회

01 6, 60　　02 구십일, 아흔하나

03 100　　04 70개

05 예 , 짝수

06 예 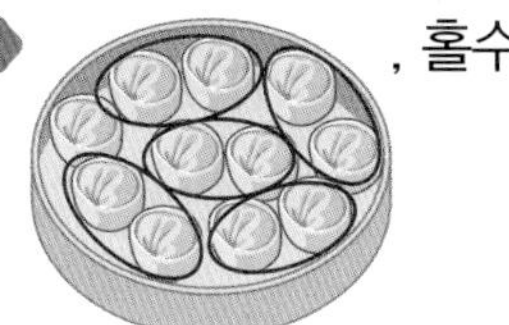, 홀수

07 64, 66　　08 >　　09 ㉢

10 83, 팔십삼(또는 여든셋)

11 79, 80, 81, 82　　12 90원

13 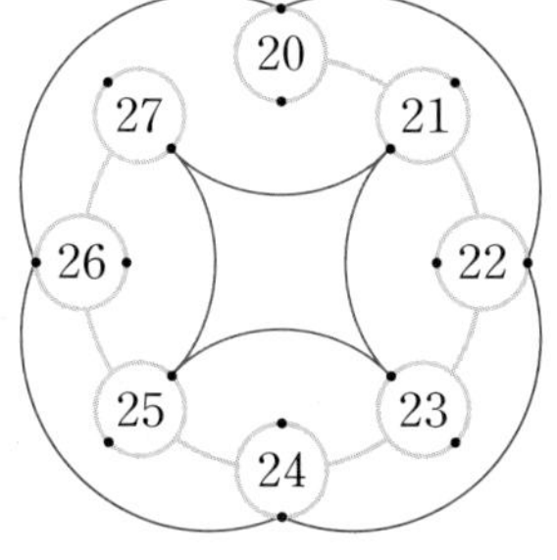

14 84, 86

15 풀이 참고, 4개　　16 오른쪽

17 풀이 참고, 3봉지　　18 5

19 57, 59, 75, 79, 95, 97　　20 가 가게

05 둘씩 짝을 지으면 남는 것이 없으므로 8은 짝수입니다.

06 둘씩 짝을 지으면 남는 것이 있으므로 11은 홀수입니다.

09 ㉢ 46은 사십육 또는 마흔여섯이라고 읽습니다.

10 별 모양을 세어 보면 10개씩 묶음 8개와 낱개 3개이므로 83이라고 쓰고, 팔십삼 또는 여든셋이라고 읽습니다.

11 78부터 83까지의 수를 순서대로 써 보면 78, 79, 80, 81, 82, 83이므로 78과 83 사이에 있는 수는 79, 80, 81, 82입니다.

12 10개씩 묶음이 9개이면 90이므로 10원짜리 동전이 9개이면 90원입니다.

13 낱개의 수가 0, 2, 4, 6, 8이면 짝수이고, 1, 3, 5, 7, 9이면 홀수입니다.

14 85보다 1만큼 더 작은 수는 84이고, 85보다 1만큼 더 큰 수는 86이므로 85는 84와 86 사이에 있는 수입니다.

15 예 55부터 60까지의 수를 순서대로 쓰면 55, 56, 57, 58, 59, 60입니다.」❶
따라서 55보다 크고 60보다 작은 수는 56, 57, 58, 59이므로 모두 4개입니다.」❷

채점 기준

❶ 55부터 60까지의 수를 순서대로 쓰기	2점
❷ 55보다 크고 60보다 작은 수는 모두 몇 개인지 구하기	3점

16 70은 10개씩 묶음의 수가 7개인 수이므로 67과 99 사이에 있는 수입니다.

17 예 귤이 80개가 되려면 귤을 10개씩 담은 봉지가 8봉지 있어야 합니다.」❶
귤이 5봉지 있으므로 8−5=3(봉지) 더 필요합니다.」❷

채점 기준

❶ 귤이 80개가 되려면 몇 봉지가 있어야 하는지 알기	2점
❷ 귤이 몇 봉지 더 필요한지 구하기	3점

18 10개씩 묶음의 수가 6개로 같으므로 낱개의 수를 비교합니다.
☐<6이므로 ☐ 안에 들어갈 수 있는 가장 큰 수는 5입니다.

19 수 카드 3장 중에서 한 장을 10개씩 묶음의 수로 놓고, 나머지 2장 중에서 한 장을 낱개의 수로 놓아 몇십몇을 만듭니다.

20 • 10개씩 묶음 7개와 낱개 26개인 수는 10개씩 묶음 9개와 낱개 6개인 수와 같으므로 96입니다.
• 10개씩 묶음 5개와 낱개 42개인 수는 10개씩 묶음 9개와 낱개 2개인 수와 같으므로 92입니다.
따라서 96>92이므로 사과가 더 많은 가게는 가 가게입니다.

9~11쪽 AI가 추천한 단원 평가 2회

01 8, 80　　02 74, 칠십사(또는 일흔넷)
03 100　　04 백　　05 짝수
06 66, 67, 69　　07 70
08 $<$, 예 91은 93보다 작습니다.
09 일흔, 여든
10

4	5	6	7	8
9	10	11	12	13

11 학교　　12 (위에서부터) 96, 95, 96
13 7상자　　14 풀이 참고, 87장
15 73　　16 홀수　　17 풀이 참고
18 57, 60　　19 89개, 91개
20 88

01 10개씩 묶음 8개는 80입니다.
참고 10개씩 묶음 ■개는 ■0입니다.

02 10개씩 묶음 7개와 낱개 4개이므로 74입니다.
74는 칠십사 또는 일흔넷이라고 읽습니다.
참고 10개씩 묶음 ■개와 낱개 ▲개는 ■▲입니다.

06 낱개의 수가 1씩 커지도록 수를 써넣습니다.

07 숫자 7은 10개씩 묶음의 수를 나타내므로 나타내는 수는 70입니다.

08 10개씩 묶음의 수가 같으므로 낱개의 수를 비교하면 $91<93$입니다.
'91은 93보다 작습니다.' 또는 '93은 91보다 큽니다.'라고 읽습니다.

09 예순은 60이고, 아흔은 90입니다.
따라서 10개씩 묶음의 수가 1씩 커지도록 나열한 것이므로 빈칸에는 차례대로 70과 80을 읽은 말이 들어가야 합니다.
→ 70은 일흔, 80은 여든이라고 읽습니다.

10 수를 순서대로 나열했을 때 짝수와 홀수가 번갈아 나타납니다.

11 $68<75$이므로 정현이네 집에서 더 가까운 곳은 학교입니다.

12 • $95>88$이므로 위의 빈칸에 95를 써넣습니다.
• $79<96$이므로 위의 빈칸에 96을 써넣습니다.
• $95<96$이므로 위의 빈칸에 96을 써넣습니다.

13 70은 10개씩 묶음 7개인 수이므로 색연필은 7상자를 사야 합니다.

14 예 10개씩 묶음 8개와 낱개 7개인 수는 87입니다.」❶
따라서 서진이가 가지고 있는 색종이는 87장입니다.」❷

채점 기준

❶ 10개씩 묶음 8개와 낱개 7개인 수가 몇인지 알아보기	2점
❷ 서진이가 가지고 있는 색종이의 수 구하기	3점

15 63은 10개씩 묶음 6개와 낱개 3개인 수입니다. 63보다 10만큼 더 큰 수는 10개씩 묶음의 수가 $6+1=7$(개)이고 낱개 3개인 수이므로 73입니다.

16 짝수 대신에 2, 홀수 대신에 1을 넣어 계산해 보면 $2-1=1$입니다.
1은 홀수이므로 (짝수)−(홀수)의 계산 결과는 홀수입니다.

17 예 왼쪽 건물의 건물 번호는 65, 67, 69로 모두 홀수입니다.」❶
오른쪽 건물의 건물 번호는 66, 68, 70으로 모두 짝수입니다.」❷

채점 기준

❶ 왼쪽 건물에 번호를 붙이는 방법 설명하기	2점
❷ 오른쪽 건물에 번호를 붙이는 방법 설명하기	3점

18 58은 57보다 크고 60보다 작은 수이므로 작은 수부터 수 카드를 차례대로 놓을 때 58은 57과 60 사이에 놓아야 합니다.

19 • 지현이는 해인이에게 구슬을 1개 주었으므로 지현이가 가지고 있는 구슬은 90개보다 1개만큼 더 적은 89개입니다.
• 해인이는 지현이에게 구슬을 1개 받았으므로 해인이가 가지고 있는 구슬은 90개보다 1개만큼 더 많은 91개입니다.

20 10개씩 묶음이 8개인 수이므로 8□입니다.
$87<8□$이므로 88, 89이고 이 중에서 짝수는 88이므로 조건에 맞는 수는 88입니다.

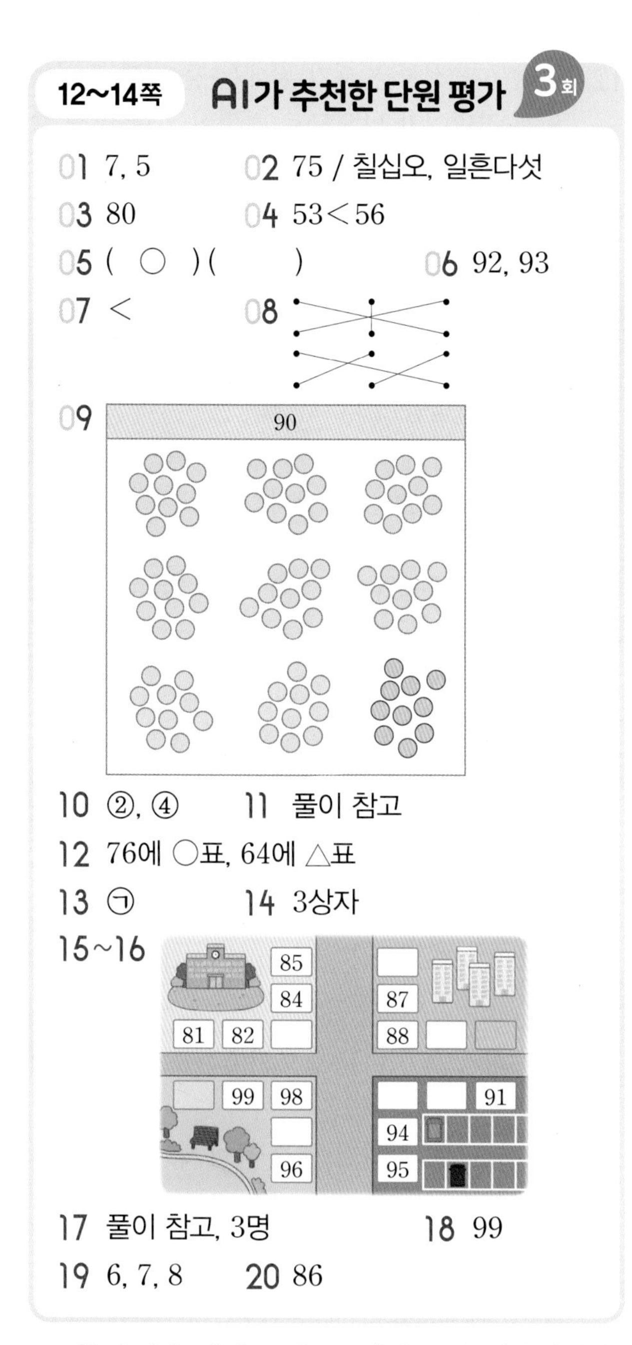
12~14쪽 AI가 추천한 단원 평가 3회

01 7, 5
02 75 / 칠십오, 일흔다섯
03 80
04 $53<56$
05 (○)( )
06 92, 93
07 $<$
08
09

10 ②, ④
11 풀이 참고
12 76에 ○표, 64에 △표
13 ㉠
14 3상자
15~16

17 풀이 참고, 3명
18 99
19 6, 7, 8
20 86

05 둘씩 짝을 지어 보면 5는 홀수, 6은 짝수입니다.

06 91부터 94까지의 수를 순서대로 쓰면 91과 94 사이에 있는 수는 92, 93입니다.

07 수직선에서는 오른쪽에 있을수록 큰 수이므로 81은 77보다 큽니다.

08 • 60은 육십 또는 예순이라고 읽습니다.
• 70은 칠십 또는 일흔이라고 읽습니다.
• 80은 팔십 또는 여든이라고 읽습니다.

09 90은 10개씩 묶음이 9개인 수이므로 10개씩 묶음을 1개 더 그립니다.

10 100은 99보다 1만큼 더 큰 수이고 99 바로 뒤의 수입니다. 100은 백이라고 읽습니다.

11 예 12는 짝수입니다.」 ❶
12를 둘씩 짝을 지으면 남는 것이 없으므로 짝수입니다.」 ❷

채점 기준

❶ 12가 짝수인지 홀수인지 쓰기	2점
❷ 12가 짝수인 이유 쓰기	3점

12 • $68>64$이고 $64<76$이므로 가장 작은 수는 64입니다.
• $68<76$이므로 가장 큰 수는 76입니다.

13 ㉡에서 14, ㉢에서 4는 짝수입니다.

14 수박이 90통이 되려면 수박을 10개씩 담은 상자가 9상자 있어야 합니다.
수박이 6상자 있으므로 $9-6=3$(상자) 더 필요합니다.

15~16 순서대로 빈칸을 채우면 다음과 같습니다.

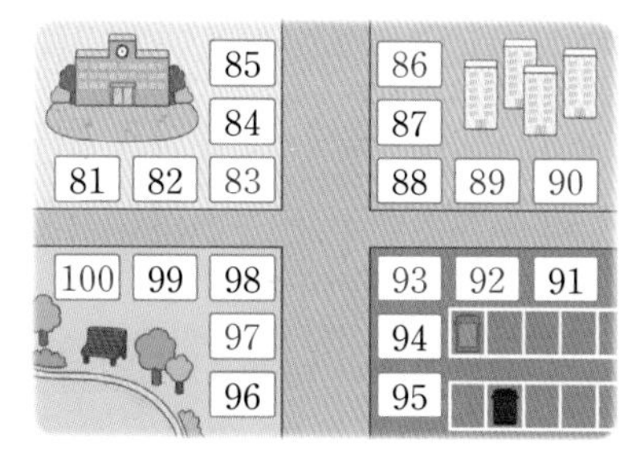

17 예 63부터 67까지의 수를 순서대로 쓰면 63, 64, 65, 66, 67입니다.」 ❶
63과 67 사이에 있는 수가 64, 65, 66으로 3개이므로 두 사람 사이에 있는 사람은 모두 3명입니다.」 ❷

채점 기준

❶ 63부터 67까지의 수를 순서대로 쓰기	2점
❷ 두 사람 사이에 있는 사람은 모두 몇 명인지 구하기	3점

18 어떤 수는 97보다 1만큼 더 큰 수이므로 98입니다. 따라서 98보다 1만큼 더 큰 수는 99입니다.

19 10개씩 묶음의 수가 5로 같으므로 낱개의 수를 비교하면 $5<\square<9$입니다. 따라서 □ 안에 들어갈 수 있는 수는 6, 7, 8입니다.

20 10개씩 묶음의 수가 많을수록 큰 수이므로 10개씩 묶음의 수를 가장 큰 수인 8로 하고, 낱개의 수를 그 다음 큰 수인 6으로 하여 만들면 86입니다.

15~17쪽 AI가 추천한 단원 평가 4회

01 90, 구십(또는 아흔) 02 66
03 40
04
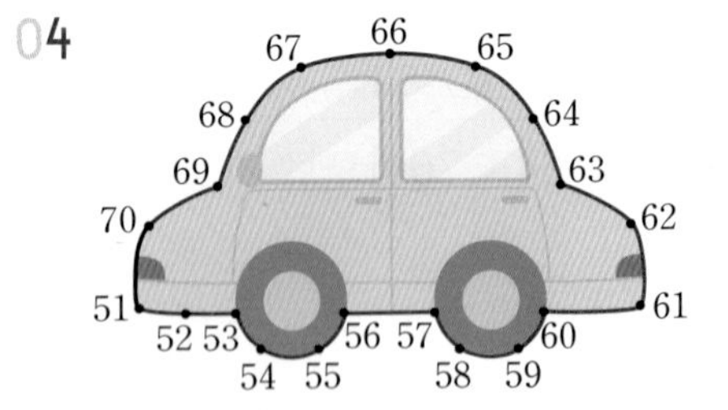

05 ( )(○)( )( )
06

81	82	83	84	85
86	87	88	89	90
91	92	93	94	95
96	97	98	99	100

07 백 08 ㉠
09 92, >, 89 10 62, 61, 59
11 73개 12 홀수 13 짝수
14 풀이 참고, 60장 15 53, 55, 57
16 짝수 17 풀이 참고, 7
18 10개씩 묶음 5개와 낱개 19개인 수
19 5 20 90, 92, 94

04 51부터 70까지의 수를 순서대로 잇습니다.

05 70은 칠십 또는 일흔이라고 읽습니다.
아흔은 90입니다.

06 81부터 수를 순서대로 씁니다.

07 노란색으로 칠한 칸은 99보다 1만큼 더 큰 수이므로 100이고, 100은 백이라고 읽습니다.

08 ㉠ 56은 오십육 또는 쉰여섯이라고 읽습니다.

09 • 93보다 1만큼 더 작은 수는 92입니다.
• 88보다 1만큼 더 큰 수는 89입니다.
→ 92>89

10 거꾸로 세었으므로 1만큼 더 작은 수를 순서대로 씁니다.

11 혜경이가 캔 고구마는 72개보다 1개만큼 더 많으므로 73개입니다.

12 새 친구가 전학을 오기 전에는 둘씩 짝을 지었을 때 경민이가 남으므로 경민이네 반 학생 수는 홀수입니다.

13 새 친구가 전학을 온 후에는 둘씩 짝을 지었을 때 남는 학생이 없으므로 경민이네 반 학생 수는 짝수입니다.

14 예 세영이가 종이접기를 하고 남은 색종이는 9－3＝6(묶음)입니다.」 ❶
따라서 세영이에게 남아 있는 색종이는 10장씩 6묶음이므로 60장입니다.」 ❷

채점 기준

❶ 세영이에게 남아 있는 색종이는 몇 묶음인지 구하기	2점
❷ 세영이에게 남아 있는 색종이는 몇 장인지 구하기	3점

15 52와 58 사이에 있는 수는 53, 54, 55, 56, 57이고, 이 중에서 홀수는 낱개의 수가 홀수인 53, 55, 57입니다.

16 홀수 대신에 1을 넣고 계산해 보면 1＋1＝2입니다.
2는 짝수이므로 (홀수)＋1의 계산 결과는 짝수입니다.

17 예 낱개의 수를 비교해 보면 5>3이므로 10개씩 묶음의 수는 6<□이어야 합니다.」 ❶
따라서 1부터 9까지의 수 중에서 □ 안에 들어갈 수 있는 가장 작은 수는 7입니다.」 ❷

채점 기준

❶ 10개씩 묶음의 수의 범위 구하기	2점
❷ □ 안에 들어갈 수 있는 가장 작은 수 구하기	3점

18 두 수직선을 비교해 보면 파란색 부분인 10개씩 묶음 1개를 빨간색 부분인 낱개 10개로 바꾸었습니다. 따라서 10개씩 묶음 5개와 낱개 19개인 수라고 말할 수 있습니다.

19 90부터 수를 순서대로 써 보면 90, 91, 92, 93, 94, 95, 96……이므로 90보다 5만큼 더 큰 수는 95입니다. 100부터 거꾸로 수를 순서대로 써 보면 100, 99, 98, 97, 96, 95이므로 95는 100보다 5만큼 더 작은 수입니다.

20 10개씩 묶음이 9개인 수이므로 9□이고, 95보다 작은 수는 90, 91, 92, 93, 94입니다. 이 중에서 짝수는 90, 92, 94입니다.

18~23쪽 **틀린 유형 다시 보기**

유형 1 70, 73　1-1 59, 79
1-2 (　　)(○)(　　)(　　)
1-3 3개
유형 2 (　　)(　　)(　　)(○)
2-1 80　2-2 ㉣　2-3 성민
유형 3 92에 ○표, 77에 △표
3-1 73에 ○표, 58에 △표
3-2 80, 78, 76　3-3 유미
유형 4 42, 66, 50, 94
4-1 17, 45, 91, 59
4-2

19 54 81 86 90 28 75 33

4-3 짝수　유형 5 62　5-1 78
5-2　5-3 80
유형 6 86, 88, 90　6-1 59, 61
6-2 4개　6-3 7개　유형 7 2상자
7-1 5상자　7-2 2상자　7-3 7상자
유형 8 홀수　8-1 짝수　8-2 짝수
8-3 짝수　유형 9 8, 9　9-1 2
9-2 ④　9-3 6개　유형 10 66
10-1 53　10-2 69　10-3 100
유형 11 69, 96　11-1 4개　11-2 97
11-3 56　유형 12 50　12-1 98
12-2 3개　12-3 67

유형 1 숫자 7이 70을 나타내는 수는 10개씩 묶음의 수가 7개인 수이므로 70, 73입니다.

1-1 숫자 9가 9를 나타내는 수는 낱개의 수가 9개인 수이므로 59, 79입니다.
참고 숫자 9가 9를 나타내는 몇십몇은 ▲9입니다.

1-2 숫자 8이 나타내는 수를 알아보면 81, 80, 86은 10개씩 묶음의 수가 8개인 수이고, 98은 낱개의 수가 8개인 수이므로 숫자 8이 나타내는 수가 다른 하나는 98입니다.

1-3 숫자 6이 60을 나타내는 수는 10개씩 묶음의 수가 6개인 수이므로 63, 67, 60으로 모두 3개입니다.

유형 2 60은 육십 또는 예순이라고 읽고, 일흔을 수로 써 보면 70입니다. 따라서 나타내는 수가 다른 하나는 일흔입니다.

2-1 90은 구십 또는 아흔이라고 읽고, 80은 팔십 또는 여든이라고 읽습니다. 따라서 나타내는 수가 다른 하나는 80입니다.

2-2 71은 칠십일 또는 일흔하나라고 읽고, 예순하나를 수로 써 보면 61입니다. 따라서 나타내는 수가 다른 하나는 ㉣ 예순하나입니다.

2-3 여든여섯을 수로 써 보면 86이고, 10개씩 묶음 8개와 낱개 6개인 수는 86입니다. 따라서 나타내는 수가 다른 하나는 68입니다.

유형 3 • 77 < 92이고 92 > 85이므로 가장 큰 수는 92입니다.
• 77 < 85이므로 가장 작은 수는 77입니다.
다른 풀이 77, 92, 85의 10개씩 묶음의 수를 비교하면 7 < 8 < 9이므로 가장 큰 수는 92이고, 가장 작은 수는 77입니다.

3-1 58 < 72이고 72 < 73이므로 가장 큰 수는 73이고, 가장 작은 수는 58입니다.

3-2 • 76 < 80이고 80 > 78이므로 가장 큰 수는 80입니다.
• 76 < 78이므로 가장 작은 수는 76입니다.
따라서 큰 수부터 차례대로 써 보면 80, 78, 76입니다.

3-3 • 67 > 59이고 59 < 68이므로 가장 작은 수는 59입니다.
• 67 < 68이므로 가장 큰 수는 68입니다.
따라서 구슬을 가장 많이 가지고 있는 사람은 68개를 가지고 있는 유미입니다.

유형 4 짝수는 낱개의 수가 0, 2, 4, 6, 8인 수이므로 42, 66, 50, 94입니다.

4-1 홀수는 낱개의 수가 1, 3, 5, 7, 9인 수이므로 17, 45, 91, 59입니다.

4-2 낱개의 수를 보면 짝수는 86, 54, 28, 90이므로 빨간색으로 칠하고, 홀수는 19, 75, 81, 33이므로 파란색으로 칠합니다.

4-3 63보다 1만큼 더 큰 수는 64이고, 64는 짝수입니다.

유형 5 52보다 10만큼 더 큰 수는 10개씩 묶음의 수가 $5+1=6$(개)이고 낱개가 2개인 수이므로 62입니다.

5-1 88보다 10만큼 더 작은 수는 10개씩 묶음의 수가 $8-1=7$(개)이고 낱개가 8개인 수이므로 78입니다.

5-2
- 65보다 10만큼 더 큰 수는 10개씩 묶음의 수가 $6+1=7$(개)이고 낱개가 5개인 수이므로 75입니다.
- 65보다 10만큼 더 작은 수는 10개씩 묶음의 수가 $6-1=5$(개)이고 낱개가 5개인 수이므로 55입니다.

5-3 □는 90보다 10만큼 더 작은 수이므로 10개씩 묶음의 수가 $9-1=8$(개)인 80입니다.

유형 6 85보다 크고 91보다 작은 수는 86, 87, 88, 89, 90이고, 이 중에서 짝수는 86, 88, 90입니다.

참고 85보다 크고 91보다 작은 수에 85와 91은 들어가지 않습니다.

6-1 57보다 크고 63보다 작은 수는 58, 59, 60, 61, 62이고, 이 중에서 홀수는 59, 61입니다.

6-2 70보다 크고 80보다 작은 수는 71, 72, 73, 74, 75, 76, 77, 78, 79이고, 이 중에서 짝수는 72, 74, 76, 78로 모두 4개입니다.

6-3 76보다 크고 91보다 작은 수는 77, 78, 79, 80, 81, 82, 83, 84, 85, 86, 87, 88, 89, 90이고, 이 중에서 홀수는 77, 79, 81, 83, 85, 87, 89로 모두 7개입니다.

유형 7 멜론이 60개가 되려면 멜론을 10개씩 담은 상자가 6상자 있어야 합니다.
멜론이 4상자 있으므로 $6-4=2$(상자) 더 필요합니다.

7-1 참외가 80개가 되려면 참외를 10개씩 담은 상자가 8상자 있어야 합니다.
참외가 3상자 있으므로 $8-3=5$(상자) 더 필요합니다.

7-2 사탕이 70개가 되려면 사탕을 10개씩 담은 상자가 7상자 있어야 합니다.
사탕이 5상자 있으므로 $7-5=2$(상자) 더 필요합니다.

7-3 초콜릿이 90개가 되려면 초콜릿을 10개씩 담은 상자가 9상자 있어야 합니다.
초콜릿이 2상자 있으므로 $9-2=7$(상자) 더 필요합니다.

유형 8 짝수 대신에 2, 홀수 대신에 1을 넣고 계산해 보면 $2+1=3$입니다.
3은 홀수이므로 (짝수)+(홀수)의 계산 결과는 홀수입니다.

8-1 홀수 대신에 1을 넣고 계산해 보면 $1+1=2$입니다.
2는 짝수이므로 (홀수)+(홀수)의 계산 결과는 짝수입니다.

8-2 빼지는 짝수 대신에 4, 빼는 짝수 대신에 2를 넣고 계산해 보면 $4-2=2$입니다.
2는 짝수이므로 (짝수)−(짝수)의 계산 결과는 짝수입니다.

8-3 짝수 대신에 2를 넣고 계산해 보면 $2+2=4$입니다.
4는 짝수이므로 (짝수)+2의 계산 결과는 짝수입니다.

유형 9 10개씩 묶음의 수가 5개로 같으므로 낱개의 수를 비교합니다.
7<□이므로 □ 안에 들어갈 수 있는 수는 8, 9입니다.

9-1 10개씩 묶음의 수가 8개로 같으므로 낱개의 수를 비교합니다.
3>□이므로 □ 안에 들어갈 수 있는 가장 큰 수는 2입니다.

9-2 낱개의 수를 비교해 보면 7>4이므로 10개씩 묶음의 수는 7<□이어야 합니다.
따라서 □ 안에 들어갈 수 있는 가장 작은 수는 8입니다.

9-3 • 93<9□에서 10개씩 묶음의 수가 9개로 같으므로 낱개의 수를 비교하면 3<□이어야 합니다.
• 9□<100이므로 □ 안에는 0부터 9까지의 수가 모두 들어갈 수 있습니다.
□ 안에 들어갈 수 있는 수는 4, 5, 6, 7, 8, 9로 모두 6개입니다.
참고 93<9□, 9□<100으로 나누어 공통으로 들어가는 □의 수를 알아봅니다.

유형 10 어떤 수보다 1만큼 더 작은 수가 65이므로 거꾸로 생각해 보면 어떤 수는 65보다 1만큼 더 큰 수입니다.
따라서 어떤 수는 66입니다.
참고 어떤 수 —1만큼 더 작은 수→ 65, 65 —1만큼 더 큰 수→ 어떤 수

10-1 어떤 수보다 1만큼 더 큰 수가 54이므로 거꾸로 생각해 보면 어떤 수는 54보다 1만큼 더 작은 수입니다.
따라서 어떤 수는 53입니다.

10-2 어떤 수는 89보다 10만큼 더 작은 수이므로 79입니다.
따라서 79보다 10만큼 더 작은 수는 69입니다.

10-3 어떤 수는 94보다 3만큼 더 큰 수이므로 97입니다.
따라서 97보다 3만큼 더 큰 수는 100입니다.

유형 11 수 카드 2장 중에서 한 장을 10개씩 묶음의 수로 놓고, 나머지 수 카드를 낱개의 수로 놓습니다.

11-1 10개씩 묶음의 수에 놓을 수 있는 수는 7 또는 8입니다.
따라서 만들 수 있는 수는 70, 78, 80, 87로 모두 4개입니다.
주의 0은 10개씩 묶음의 자리에 놓을 수 없습니다.

11-2 만들 수 있는 수는 57, 59, 75, 79, 95, 97입니다.
따라서 이 중에서 가장 큰 수는 97입니다.

11-3 만들 수 있는 수는 56, 58, 65, 68, 85, 86입니다.
이 중에서 짝수는 56, 58, 68, 86이므로 만들 수 있는 가장 작은 짝수는 56입니다.

유형 12 10개씩 묶음이 5개인 수이므로 5□이고, 5□<51입니다.
따라서 조건에 맞는 수는 50입니다.

12-1 10개씩 묶음이 9개인 수이므로 9□이고, 96<9□입니다.
따라서 97, 98, 99 중에서 짝수는 98이므로 조건에 맞는 수는 98입니다.

12-2 10개씩 묶음이 7개인 수이므로 7□이고, 7□<77입니다.
따라서 70, 71, 72, 73, 74, 75, 76 중에서 홀수는 71, 73, 75이므로 조건에 맞는 수는 모두 3개입니다.

12-3 60보다 크고 70보다 작은 수는 61, 62, 63, 64, 65, 66, 67, 68, 69입니다.
이 중에서 10개씩 묶음의 수가 낱개의 수보다 1만큼 더 작은 수는 67이므로 조건에 맞는 수는 67입니다.

2단원 덧셈과 뺄셈(1)

26~28쪽 AI가 추천한 단원 평가 1회

01 6 02 9, 10, 10
03 (계산 순서대로) 5, 9, 9
04 (계산 순서대로) 6, 3, 3
05 2, 5 06 8, 2 07 2, 12
08

○	○	○	○	△
△	△	△	△	△

, 6
09 8 10 (선 잇기)
11 풀이 참고, 7개 12 2
13 1 9 5, 1+9+5=15
14 2층 15 1 16 11
17 풀이 참고, 17개
18 3, 4(또는 4, 3) 19 4
20 15

02 7부터 이어 세면 8, 9, 10이므로 $7+3=10$입니다.

07 연결 모형 10개에 2개를 더하면 12개가 되므로 $10+2=12$입니다.

08 한 칸에 1개씩 △를 이어서 그리면 6개를 그리면 됩니다.
따라서 4와 더해서 10이 되는 수는 6입니다.

09 $3+2+3=5+3=8$

10 더해서 10이 되는 두 수를 찾으면 9와 1, 6과 4, 5와 5입니다.

11 예 쓰러지지 않은 볼링핀의 수는 처음 볼링핀의 수에서 쓰러뜨린 볼링핀의 수를 빼면 되므로 $10-3$을 계산하면 됩니다.」❶
따라서 쓰러지지 않은 볼링핀은
$10-3=7$(개)입니다.」❷

채점 기준

❶ 쓰러지지 않은 볼링핀의 수를 구하는 식 만들기	2점
❷ 쓰러지지 않은 볼링핀은 몇 개인지 구하기	3점

12 8과 더해서 10이 되는 수를 찾으면 2이므로 $8+\square=10$, $\square=2$입니다.

13 1, 9, 5 중에서 합이 10이 되는 두 수는 1, 9이므로 1과 9를 묶어서 계산합니다.
➜ $1+9+5=10+5=15$

14 처음에 있던 곳에서 내려간 층수만큼 뺍니다.
$6-3-1=3-1=2$(층)

15 산가지로 나타낸 뺄셈을 수로 나타내어 보면 $10-9$입니다.
➜ $10-9=1$

16 산가지로 나타낸 덧셈을 수로 나타내어 보면 $3+7+1$입니다.
➜ $3+7+1=10+1=11$

17 예 주머니에 들어 있는 구슬의 수는 빨간색 구슬 수, 파란색 구슬 수, 초록색 구슬 수를 모두 더하면 되므로 $2+7+8$을 계산하면 됩니다.」❶
따라서 주머니에 들어 있는 구슬은 모두
$2+7+8=10+7=17$(개)입니다.」❷

채점 기준

❶ 주머니에 들어 있는 구슬의 수를 구하는 식 만들기	2점
❷ 주머니에 들어 있는 구슬은 모두 몇 개인지 구하기	3점

18 2와 더해서 9가 되는 수는 7이므로 합이 7이 되는 두 수를 찾습니다.
$3+4=7$이므로 두 수는 3, 4이고 덧셈식을 완성하면
$2+3+4=9$ 또는 $2+4+3=9$입니다.

19 $9-1-\square<5$ ➜ $8-\square<5$
$8-\square=5$에서 $\square=3$이므로 $8-\square$가 5보다 작으려면 $\square$ 안에는 3보다 큰 수가 들어가야 합니다.
따라서 $\square$ 안에 들어갈 수 있는 가장 작은 수는 4입니다.

20 어떤 수를 $\square$라 하면
$10-\square=5$에서 $\square=5$입니다.
따라서 바르게 계산한 값은
$10+5=15$입니다.

29~31쪽 AI가 추천한 단원 평가 2회

01 7　02 6　03 5
04 (위에서부터) 2, 5, 5, 2
05 (위에서부터) 10, 4, 14
06 예 (그림), 8
07 예 (그림), 2, 1, 5, 8
08 (　)(○)(　)
09 2　10 1
11 $2+3+2=7$, 7개　12 4
13 9, 홀수　14 풀이 참고, 2명
15 $4+6=10$, $6+4=10$　16 풀이 참고
17 재현, 1개　18 1, 5(또는 5, 1)
19 3　20 7, 19

02 $3+2+1=5+1=6$

03 연못에 오리 5마리가 있고, 오리 5마리가 더 왔으므로 덧셈식으로 나타내면 $5+5=10$입니다.

06 $10-2$를 계산해야 하므로 ◎에 /을 2개 그어서 지워 보면 남은 ◎은 8개입니다.

07 팔찌를 세 가지 색으로 칠하고, 색깔별로 수를 세어서 덧셈식으로 나타냅니다.

08 $5+1+5=10+1=11$이므로 10을 만들어 더할 수 있는 식은 $5+1+5$입니다.

09 눈의 수를 세어서 더해 보면 $8+2=10$입니다.

10 가장 큰 수는 8이므로 8에서 4와 3을 뺍니다.
→ $8-4-3=4-3=1$

11 검은색 건반은 2개, 3개, 2개가 있습니다.
→ $2+3+2=5+2=7$(개)

12 10에서 4를 빼야 6이 됩니다.
따라서 $10-\square=6$, $\square=4$입니다.

13 $1+4+4=5+4=9$이고, 9는 둘씩 짝을 지으면 하나가 남으므로 홀수입니다.

14 예 버스에 남은 승객은 처음에 타고 있던 승객의 수에서 소방서 앞 정류장에서 내린 승객의 수와 학교 앞 정류장에서 내린 승객의 수를 빼면 되므로 $9-1-6$을 계산하면 됩니다.」❶
따라서 버스에 남은 승객은
$9-1-6=8-6=2$(명)입니다.」❷

채점 기준

❶ 버스에 남은 승객의 수를 구하는 식 만들기	2점
❷ 버스에 남은 승객은 몇 명인지 구하기	3점

15 가장 큰 수인 10이 계산 결과가 되도록 덧셈식을 2개 만듭니다.

16 예 $4+6$과 $6+4$의 계산 결과는 10으로 같습니다.」❶
따라서 두 수의 순서를 바꾸어 더해도 합은 같습니다.」❷

채점 기준

❶ 덧셈식에서 알 수 있는 내용 찾기	2점
❷ 덧셈식에서 알 수 있는 내용 설명하기	3점

17 $9<10$이므로 재현이가 콩 주머니를
$10-9=1$(개) 더 많이 넣었습니다.

18 $8-6=2$이므로 8에서 두 수를 뺐을 때 2가 되려면 빼는 두 수의 합은 6입니다.
$1+5=6$이므로 두 수는 1, 5이고 뺄셈식을 완성하면 $8-1-5=2$ 또는 $8-5-1=2$입니다.

19 합이 10이 되는 두 수 1과 9를 찾아 한 줄의 세 수의 합을 구해 보면 $1+5+9=10+5=15$입니다.

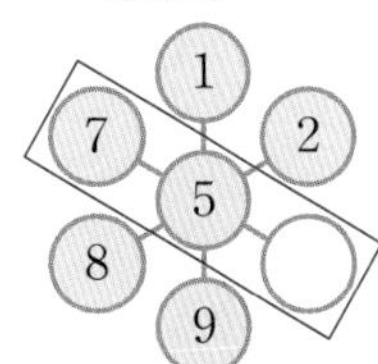

$7+5+\square=15$에서
$7+\square=10$이므로
$\square=3$입니다.

20 • 10에서 7을 빼야 3이 됩니다.
따라서 $10-●=3$에서 $●=7$입니다.
• $▲=9+3+●=9+3+7=9+10=19$

32~34쪽 AI가 추천한 단원 평가 3회

01 ㉣　　02 3개　　03 3

04 (위에서부터) 8, 5, 5, 8　　05 6

06 3, 9

07

○	○	○	○	○
○	△	△	△	△

□	□	□		

08 13, 13개　　09 1, 8, 9 (1과 9를 묶음), 18

10 <　　11 풀이 참고

12 예

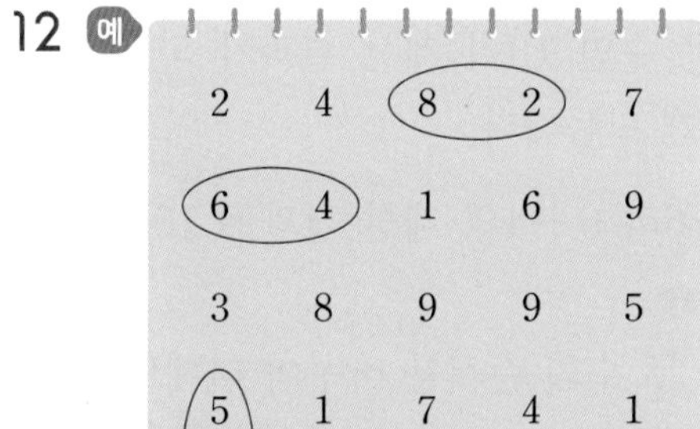

13 예 8+2=10, 5+5=10

14 12개　　15 수, 학, 사, 랑

16 예

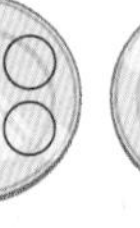
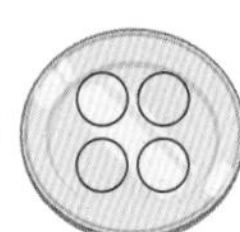
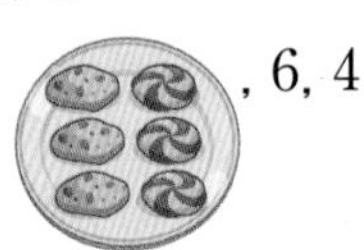

, 6, 4

17 풀이 참고, 1개　　18 14개

19 6　　20 3개

09 1+8+9=10+8=18

10 6+1+1=7+1=8,
2+3+4=5+4=9이므로
6+1+1 < 2+3+4입니다.

11 예 세 수의 뺄셈은 앞에서부터 차례대로 계산해야 하는데 뒤의 두 수를 먼저 계산하였습니다.」❶

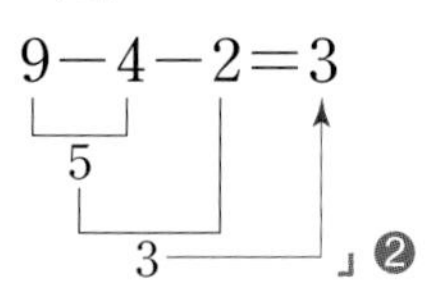

9−4−2=3 」❷

채점 기준

❶ 틀린 이유 쓰기	2점
❷ 바르게 계산하기	3점

12 → 방향 또는 ↓ 방향으로 연속한 두 수의 합이 10이 되는 경우는 다음과 같습니다.

14 가위의 펼친 손가락은 2개이고, 보자기의 펼친 손가락은 5개입니다.
따라서 세 사람이 펼친 손가락은 모두
2+5+5=2+10=12(개)입니다.

15 10−3=7 ➜ 수, 10−6=4 ➜ 학,
10−5=5 ➜ 사, 10−8=2 ➜ 랑

16 세 번째 접시에 담긴 과자가 6개이므로 첫 번째 접시와 두 번째 접시에 담긴 과자의 합이 10개가 되도록 빈 접시에 ○를 그리고, 알맞은 식을 만듭니다.

17 예 흰색 바둑돌의 수를 □라 하면
9+□=10입니다.」❶
9와 더해서 10이 되는 수는 1이므로 흰색 바둑돌은 1개입니다.」❷

채점 기준

❶ 문제에 알맞은 식 만들기	2점
❷ 흰색 바둑돌은 몇 개인지 구하기	3점

18 (바구니에 남은 귤의 수)=10−3=7(개)
➜ (바구니에 담긴 과일의 수)
=7+4+3=10+4=14(개)

19 어떤 수를 □라 하면
□+2=10에서 □=8입니다.
따라서 바르게 계산한 값은 8−2=6입니다.

20 선주와 상민이가 먹은 초콜릿의 수를 □라 하면 10−□=4입니다.
10에서 6을 빼야 4가 되므로 □=6입니다.
같은 수를 더해서 6이 되는 수를 찾아보면
3+3=6이므로 선주가 먹은 초콜릿은 3개입니다.

35~37쪽 AI가 추천한 단원 평가 4회

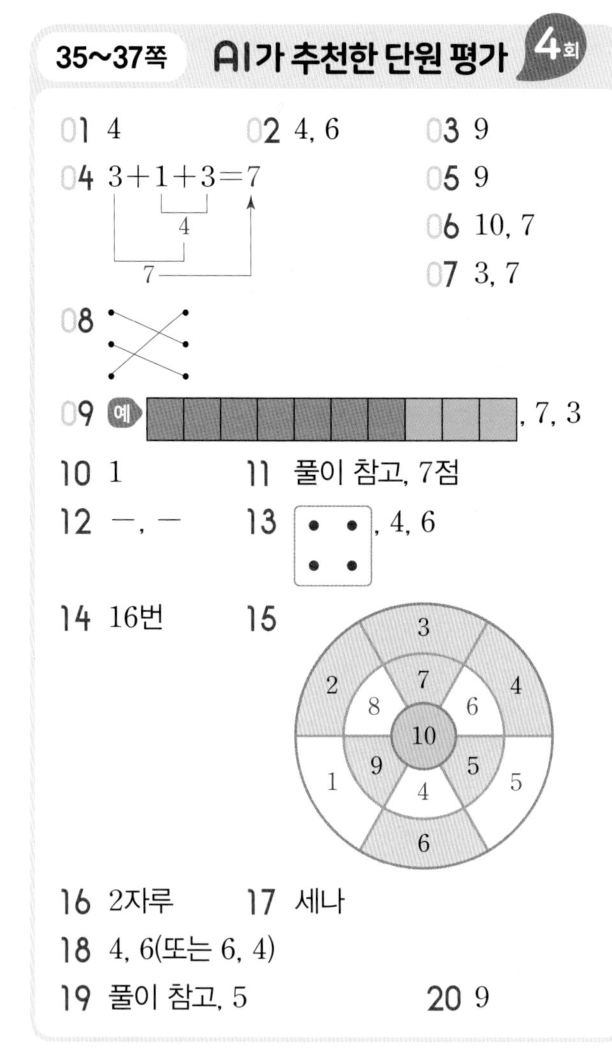

01 4　　02 4, 6　　03 9

04 $3+1+3=7$

05 9

06 10, 7

07 3, 7

08

09 예 , 7, 3

10 1　　11 풀이 참고, 7점

12 −, −　　13 , 4, 6

14 16번　　15

16 2자루　　17 세나

18 4, 6(또는 6, 4)

19 풀이 참고, 5　　20 9

08 • $9+1+3=10+3=13$

• $4+2+8=4+10=14$

• $5+2+5=10+2=12$

10 가장 큰 수는 9이므로 9에서 7과 1을 뺍니다.

➡ $9-7-1=2-1=1$

11 예 주용이가 화살 3개를 쏘아 맞힌 점수는 각각 3점, 2점, 2점입니다.」❶

따라서 주용이가 화살을 쏘아 맞힌 점수는 모두 $3+2+2=5+2=7$(점)입니다.」❷

채점 기준

❶ 주용이가 화살을 쏘아 맞힌 점수를 각각 구하기	2점
❷ 주용이가 화살을 쏘아 맞힌 점수는 모두 몇 점인지 구하기	3점

12 계산 결과가 2로 가장 작은 수이므로 뺄셈을 이용해야 합니다.

➡ $8-2-4=6-4=2$

14 (명현이가 성공한 제기차기 수)

$=6+7+3=6+10=16$(번)

15 • $2+\square=10$, $\square=8$

• $4+\square=10$, $\square=6$

• $\square+5=10$, $\square=5$

• $6+\square=10$, $\square=4$

• $\square+9=10$, $\square=1$

16 친구에게 준 연필의 수를 □라 하면

$10-\square=8$, $\square=2$입니다.

따라서 친구에게 준 연필은 2자루입니다.

17 • 희주는 첫 번째 나온 눈의 수가 4이므로 $4+\square=10$, $\square=6$에서 두 번째 나오는 눈의 수가 6이 되면 됩니다.

• 세나는 첫 번째 나온 눈의 수가 3이므로 $3+\square=10$, $\square=7$에서 두 번째 나오는 눈의 수가 7이어야 하는데 주사위의 눈에는 7이 없습니다.

• 기철이는 첫 번째 나온 눈의 수가 6이므로 $6+\square=10$, $\square=4$에서 두 번째 나오는 눈의 수가 4가 되면 됩니다.

따라서 눈의 수의 합이 10이 될 수 없는 사람은 세나입니다.

18 1과 더해서 11이 되는 수는 10이므로 합이 10이 되는 두 수를 찾습니다. $4+6=10$이므로 두 수는 4, 6이고 덧셈식을 완성하면 $1+4+6=11$ 또는 $1+6+4=11$입니다.

19 예 $10-\square=4$에서 $\square=6$이므로 $10-\square$가 4보다 크려면 □ 안에는 6보다 작은 수가 들어가야 합니다.」❶

따라서 □ 안에 들어갈 수 있는 가장 큰 수는 5입니다.」❷

채점 기준

❶ □ 안에 들어갈 수 있는 수의 범위 구하기	3점
❷ □ 안에 들어갈 수 있는 가장 큰 수 구하기	2점

20 • $2+2+2=6$이므로 같은 수를 3번 더해서 6이 되는 수는 2입니다.

따라서 ●$=2$입니다.

• $10-5=5$이므로 10에서 어떤 수를 빼서 어떤 수가 되는 수는 5입니다.

따라서 ▲$=5$입니다.

➡ ●+●+▲$=2+2+5=4+5=9$

38~43쪽 틀린 유형 다시 보기

유형 1 2, 9	1-1 3, 3	1-2 7, 10
1-3 4, 6	유형 2 1	2-1 2
2-2 1	2-3 4	유형 3 =
3-1 <	3-2 <	
3-3 ㉣, ㉢, ㉡, ㉠		유형 4 1, 홀수
4-1 ㉡, ㉢	4-2 ③	4-3 홀, 짝
유형 5 5	5-1 ㉠	5-2 2살
5-3 4쪽	유형 6 6	
6-1 ㉡, ㉠, ㉢, ㉣		6-2 7장
6-3 1개	유형 7 2, 4(또는 4, 2)	
7-1 2, 3(또는 3, 2)		
7-2 3, 7(또는 7, 3)		
7-3 2, 8(또는 8, 2 또는 4, 6 또는 6, 4)		
유형 8 1, 4(또는 4, 1 또는 2, 3 또는 3, 2)		
8-1 2, 4(또는 4, 2)		
8-2 2, 3(또는 3, 2)		
8-3 1, 6(또는 6, 1)		유형 9 3개
9-1 9명	9-2 5권	9-3 8장
유형 10 12	10-1 16	10-2 4
10-3 8	유형 11 3	11-1 5
11-2 4	11-3 3	유형 12 1, 5
12-1 5, 8	12-2 8	

유형 1 수직선에서 오른쪽으로 1, 6, 2만큼 가면 9에 도착하므로 $1+6+2=9$입니다.

1-1 수직선에서 오른쪽으로 8만큼 간 다음 왼쪽으로 2와 3만큼 가면 3에 도착하므로 $8-2-3=3$입니다.

1-2 수직선에서 오른쪽으로 3, 7만큼 가면 10에 도착하므로 $3+7=10$입니다.

1-3 수직선에서 오른쪽으로 10만큼 간 다음 왼쪽으로 4만큼 가면 6에 도착하므로 $10-4=6$입니다.

유형 2 가장 큰 수는 5이므로 5에서 3과 1을 뺍니다.
➡ $5-3-1=2-1=1$

2-1 가장 큰 수는 7이므로 7에서 2와 3을 뺍니다.
➡ $7-2-3=5-3=2$

2-2 가장 큰 수는 8이므로 8에서 5와 2를 뺍니다.
➡ $8-5-2=3-2=1$

2-3 가장 큰 수는 9이므로 9에서 4와 1을 뺍니다.
➡ $9-4-1=5-1=4$

유형 3 $2+4+3=6+3=9$,
$5+2+2=7+2=9$이므로
$2+4+3 = 5+2+2$입니다.

3-1 $9-4-2=5-2=3$,
$8-1-3=7-3=4$이므로
$9-4-2 < 8-1-3$입니다.

3-2 $9+1+5=10+5=15$,
$3+6+7=10+6=16$이므로
$9+1+5 < 3+6+7$입니다.

3-3 ㉠ $10-1=9$, ㉡ $10-3=7$,
㉢ $10-7=3$, ㉣ $10-9=1$이고
$1<3<7<9$이므로 계산 결과가 작은 것부터 차례대로 쓰면 ㉣, ㉢, ㉡, ㉠입니다.

유형 4 $9-3-5=6-5=1$이고, 1은 홀수입니다.

4-1 ㉠ $1+1+3=2+3=5$ ➡ 홀수
㉡ $5-1-2=4-2=2$ ➡ 짝수
㉢ $2+5+5=2+10=12$ ➡ 짝수
㉣ $7-1-3=6-3=3$ ➡ 홀수

4-2 ① $10-2=8$ ➡ 짝수
② $10-4=6$ ➡ 짝수
③ $10-5=5$ ➡ 홀수
④ $10-6=4$ ➡ 짝수
⑤ $10-8=2$ ➡ 짝수

4-3 • $4+6+7=10+7=17$ ➡ 홀수
• $9+2+1=10+2=12$ ➡ 짝수

유형 5 5와 더해서 10이 되는 수를 찾으면 5이므로 $5+\square=10$, $\square=5$입니다.

5-1 ㉠ 1과 더해서 10이 되는 수를 찾으면 9이므로 1+□=10, □=9입니다.
㉡ 2와 더해서 10이 되는 수를 찾으면 8이므로 □+2=10, □=8입니다.
㉢ 4와 더해서 10이 되는 수를 찾으면 6이므로 4+□=10, □=6입니다.
㉣ 7과 더해서 10이 되는 수를 찾으면 3이므로 □+7=10, □=3입니다.
따라서 □ 안에 알맞은 수가 가장 큰 것은 ㉠입니다.

5-2 더 먹어야 하는 나이의 수를 □라 하면
8+□=10, □=2입니다.
따라서 2살을 더 먹어야 합니다.

5-3 어제 푼 수학 문제집의 쪽수를 □라 하면
□+6=10, □=4입니다.
따라서 어제 푼 수학 문제집은 4쪽입니다.

유형 6 10에서 6을 빼야 4가 됩니다.
따라서 10−□=4, □=6입니다.

6-1 ㉠ 10에서 5를 빼야 5가 되므로
10−□=5, □=5입니다.
㉡ 10에서 8을 빼야 2가 되므로
10−□=2, □=8입니다.
㉢ 10에서 3을 빼야 7이 되므로
10−□=7, □=3입니다.
㉣ 10에서 2를 빼야 8이 되므로
10−□=8, □=2입니다.
따라서 8>5>3>2이므로 □ 안에 알맞은 수가 큰 것부터 차례대로 쓰면 ㉡, ㉠, ㉢, ㉣입니다.

6-2 동생에게 준 딱지의 수를 □라 하면
10−□=3, □=7입니다.
따라서 동생에게 준 딱지는 7장입니다.

6-3 연수가 접은 손가락의 수를 □라 하면
10−□=9, □=1입니다.
따라서 연수가 접은 손가락은 1개입니다.

유형 7 1과 더해서 7이 되는 수는 6이므로 합이 6이 되는 두 수를 찾습니다.
2+4=6이므로 두 수는 2, 4이고 덧셈식을 완성하면
1+2+4=7 또는 1+4+2=7입니다.

7-1 3과 더해서 8이 되는 수는 5이므로 합이 5가 되는 두 수를 찾습니다.
2+3=5이므로 두 수는 2, 3이고 덧셈식을 완성하면
3+2+3=8 또는 3+3+2=8입니다.

7-2 2와 더해서 12가 되는 수는 10이므로 합이 10이 되는 두 수를 찾습니다.
3+7=10이므로 두 수는 3, 7이고 덧셈식을 완성하면
2+3+7=12 또는 2+7+3=12입니다.

7-3 6과 더해서 16이 되는 수는 10이므로 합이 10이 되는 두 수를 찾습니다.
2+8=10, 4+6=10이므로 두 수는 2, 8 또는 4, 6이고 덧셈식을 완성하면
6+2+8=16 또는 6+8+2=16 또는
6+4+6=16 또는 6+6+4=16입니다.

유형 8 6−5=1이므로 6에서 두 수를 뺐을 때 1이 되려면 빼는 두 수의 합은 5입니다.
1+4=5, 2+3=5이므로 두 수는 1, 4 또는 2, 3이고 뺄셈식을 완성하면
6−1−4=1 또는 6−4−1=1 또는
6−2−3=1 또는 6−3−2=1입니다.

8-1 7−6=1이므로 7에서 두 수를 뺐을 때 1이 되려면 빼는 두 수의 합은 6입니다.
2+4=6이므로 두 수는 2, 4이고 뺄셈식을 완성하면
7−2−4=1 또는 7−4−2=1입니다.

8-2 8−5=3이므로 8에서 두 수를 뺐을 때 3이 되려면 빼는 두 수의 합은 5입니다.
2+3=5이므로 두 수는 2, 3이고 뺄셈식을 완성하면
8−2−3=3 또는 8−3−2=3입니다.

8-3 9−7=2이므로 9에서 두 수를 뺐을 때 2가 되려면 빼는 두 수의 합은 7입니다.
1+6=7이므로 두 수는 1, 6이고 뺄셈식을 완성하면
9−1−6=2 또는 9−6−1=2입니다.

유형 9 (전체 풍선의 수)=6+4=10(개)
➡ (남은 풍선의 수)=10−7=3(개)

9-1 (지현이네 반 학생 수)=5+5=10(명)
➡ (안경을 쓰지 않은 학생 수)
=10−1=9(명)

9-2 (처음 책꽂이에 있던 책의 수)
=2+8=10(권)
➡ (책꽂이에 남은 책의 수)
=10−5=5(권)

9-3 (사용하고 남은 빨간색 색종이의 수)
=10−7=3(장)
➡ (전체 색종이의 수)
=3+3+2=6+2=8(장)

유형 10 어떤 수를 □라 하면 10−□=8에서
□=2입니다.
따라서 바르게 계산한 값은
10+2=12입니다.
참고 어떤 수를 □라 하여 잘못 계산한 식을 만들고 □의 값을 먼저 구합니다.

10-1 어떤 수를 □라 하면 10−□=4에서
□=6입니다.
따라서 바르게 계산한 값은
10+6=16입니다.

10-2 어떤 수를 □라 하면 □+3=10에서
□=7입니다.
따라서 바르게 계산한 값은 7−3=4입니다.

10-3 어떤 수를 □라 하면 □+1=10에서
□=9입니다.
따라서 바르게 계산한 값은 9−1=8입니다.

유형 11 8−2−□<4 ➡ 6−□<4
6−□=4에서 □=2이므로 6−□가 4보다 작으려면 □ 안에는 2보다 큰 수가 들어가야 합니다.
따라서 □ 안에 들어갈 수 있는 가장 작은 수는 3입니다.

11-1 10−□=6에서 □=4이므로 10−□가 6보다 작으려면 □ 안에는 4보다 큰 수가 들어가야 합니다.
따라서 □ 안에 들어갈 수 있는 가장 작은 수는 5입니다.

11-2 9−2−□>2 ➡ 7−□>2
7−□=2에서 □=5이므로 7−□가 2보다 크려면 □ 안에는 5보다 작은 수가 들어가야 합니다.
따라서 □ 안에 들어갈 수 있는 가장 큰 수는 4입니다.

11-3 2+3+□<9 ➡ 5+□<9
5+□=9에서 □=4이므로 5+□가 9보다 작으려면 □ 안에는 4보다 작은 수가 들어가야 합니다.
따라서 □ 안에 들어갈 수 있는 가장 큰 수는 3입니다.

유형 12 • 9와 더해서 10이 되는 수는 1이므로
9+●=10, ●=1입니다.
• 같은 수를 2번 더해서 10이 되는 수는 5이므로 ▲=5입니다.

12-1 • 10−5=5입니다.
따라서 10−●=5, ●=5입니다.
• ▲=●+2+1=5+2+1=7+1=8

12-2 • 9+●+●=19이므로 ●+●=10입니다. 같은 수를 2번 더해서 10이 되는 수는 5이므로 ●=5입니다.
• 3+3+3=9에서 같은 수를 3번 더해서 9가 되는 수는 3이므로 ▲=3입니다.
➡ ●+▲=5+3=8

3단원 모양과 시각

46~48쪽 AI가 추천한 단원 평가 1회

01 (삼각형, 사각형, 원 그림)

02 (사각형, 원, 삼각형 그림)

03 (원, 사각형, 삼각형 그림)

04 7　05 1, 30　06 ▲ 모양

07 (시계 그림: 4시)　08 (선 잇기 그림)

09 3개

10 9, 12　11 풀이 참고, 유나

12 3개, 2개, 4개　13 ● 모양

14 풀이 참고, 동전, 피자, 시계

15 (시계 그림: 4시 30분)　16 12시　17 ■ 모양

18 ▲ 모양, 8개

19 ■ 모양, ▲ 모양　20 ㉡

09 ■ 모양과 ▲ 모양에는 뾰족한 부분이 있고, ● 모양에는 뾰족한 부분이 없으므로 ● 모양의 쿠키를 찾으면 모두 3개입니다.

10 9시에는 시계의 짧은바늘이 9를 가리키고, 긴바늘이 12를 가리킵니다.

11 예 짧은바늘이 11과 12 사이를 가리키고, 긴바늘이 6을 가리키므로 11시 30분입니다.」❶
따라서 시각을 바르게 읽은 사람은 유나입니다.」❷

채점 기준

❶ 시계가 나타내는 시각 알아보기	3점
❷ 시각을 바르게 읽은 사람 구하기	2점

12 ■ 모양은 3개, ▲ 모양은 2개, ● 모양은 4개를 사용했습니다.

13 4＞3＞2이므로 가장 많이 사용한 모양은 ● 모양입니다.

14 예 둥근 부분이 있는 모양은 ● 모양입니다.」❶
따라서 둥근 부분이 있는 물건은 동전, 피자, 시계입니다.」❷

채점 기준

❶ 둥근 부분이 있는 모양 알아보기	2점
❷ 둥근 부분이 있는 물건 모두 찾기	3점

15 4시 30분은 짧은바늘이 4와 5 사이를 가리키고, 긴바늘이 6을 가리키도록 그립니다.

16 긴바늘이 12를 가리키므로 몇 시입니다.
짧은바늘이 12를 가리키므로 12시입니다.
참고 시계에서 짧은바늘은 '시', 긴바늘은 '분'을 나타냅니다.

17 얼굴과 날개 부분을 ● 모양으로 꾸미고, 배 부분을 ▲ 모양으로 꾸몄으므로 사용하지 않은 모양은 ■ 모양입니다.

18 종이를 선을 따라 자르면 다음과 같습니다.

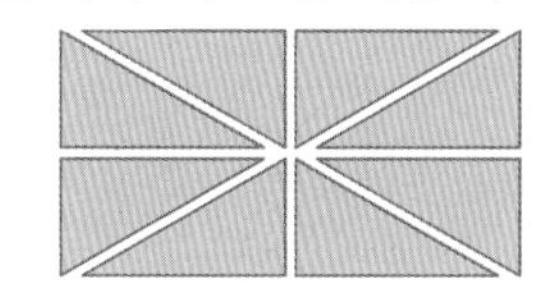

따라서 ▲ 모양 8개가 생깁니다.

19 • (그림) 빗금을 그은 부분에 물감을 묻혀 찍으면 ▲ 모양이 나옵니다.
• (그림) 빗금을 그은 부분에 물감을 묻혀 찍으면 ■ 모양이 나옵니다.

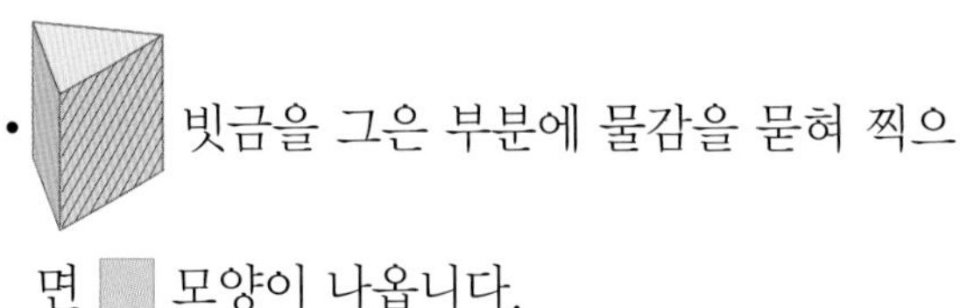

20 • 참치 캔을 위에서 바라보면 오른쪽과 같이 보이므로 ● 모양입니다.
• 참치 캔을 앞에서 바라보면 오른쪽과 같이 보이므로 ■ 모양입니다.

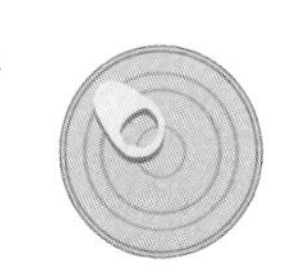

따라서 바라본 모양이 될 수 없는 모양은 ▲ 모양입니다.

49~51쪽 AI가 추천한 단원 평가 2회

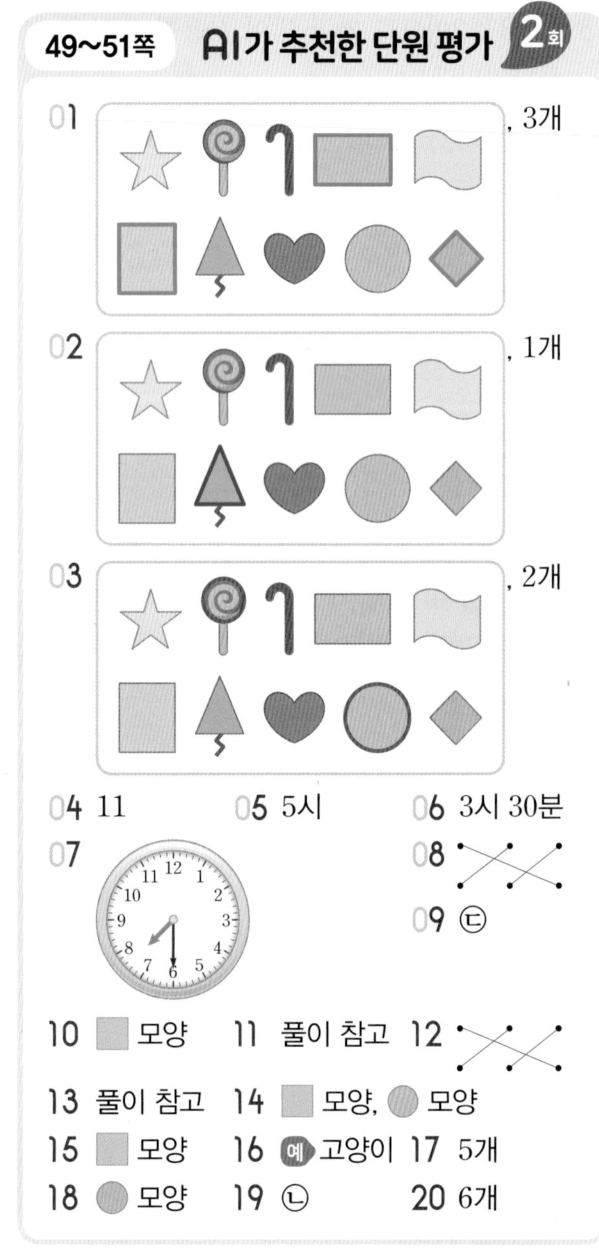

01 , 3개

02 , 1개

03 , 2개

04 11 05 5시 06 3시 30분

07 08

09 ㉢

10 ■ 모양 11 풀이 참고 12

13 풀이 참고 14 ■ 모양, ● 모양

15 ■ 모양 16 예 고양이 17 5개

18 ● 모양 19 ㉡ 20 6개

09 ㉠ ■ 모양은 뾰족한 부분이 4군데입니다.
㉡ ▲ 모양은 뾰족한 부분이 있습니다.

10 성냥개비로 만든 모양은 뾰족한 부분이 4군데인 모양을 3개 만든 것이므로 ■ 모양을 찾을 수 있습니다.

11 예 ■ 모양과 ▲ 모양은 모두 뾰족한 부분이 있다는 점이 같습니다.」 ❶
■ 모양과 ▲ 모양은 뾰족한 부분의 수가 각각 네 군데와 세 군데로 다릅니다.」 ❷

채점 기준

❶ ■ 모양과 ▲ 모양의 같은 점 설명하기	2점
❷ ■ 모양과 ▲ 모양의 다른 점 설명하기	3점

12 시계가 나타내는 시각을 순서대로 알아보면 2시 30분, 4시, 12시 30분입니다.

13 예 짧은바늘이 5와 6사이를 가리키고, 긴바늘이 6을 가리키므로 5시 30분입니다.」 ❶
따라서 저녁 식사 시각에 가까우므로 저녁 식사를 하면 좋겠습니다.」 ❷

채점 기준

❶ 시계가 나타내는 시각 구하기	2점
❷ 지훈이가 하면 좋을 일 계획하기	3점

14 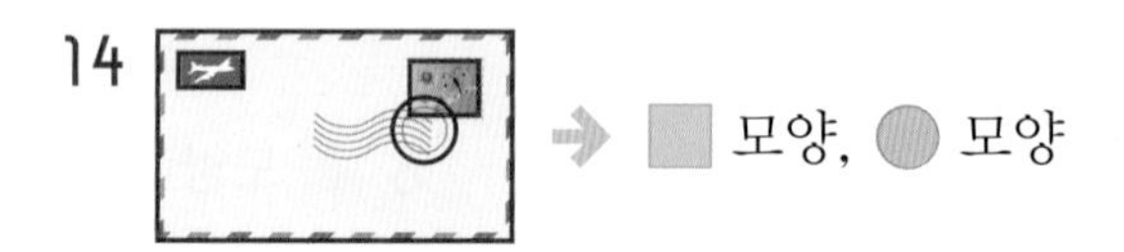
→ ■ 모양, ● 모양

15 반듯한 선이 있는 모양은 ■ 모양과 ▲ 모양입니다. 이 중에서 뾰족한 부분이 네 군데 있는 모양은 ■ 모양입니다.

17 ■ 모양 6개, ▲ 모양 2개, ● 모양 1개를 사용하여 만든 모양입니다. 따라서 가장 많이 사용한 모양은 가장 적게 사용한 모양보다 $6-1=5$(개) 더 많이 사용했습니다.

18 • 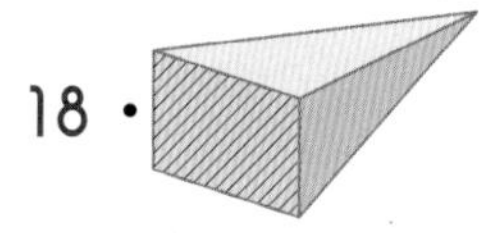 빗금을 그은 부분을 종이 위에 대고 본뜨면 ■ 모양이 나옵니다.

• 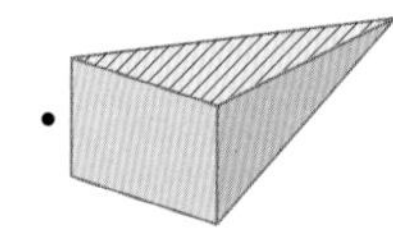 빗금을 그은 부분을 종이 위에 대고 본뜨면 ▲ 모양이 나옵니다.

따라서 나올 수 없는 모양은 ● 모양입니다.

19 시각을 시계에 나타내면 다음과 같습니다.

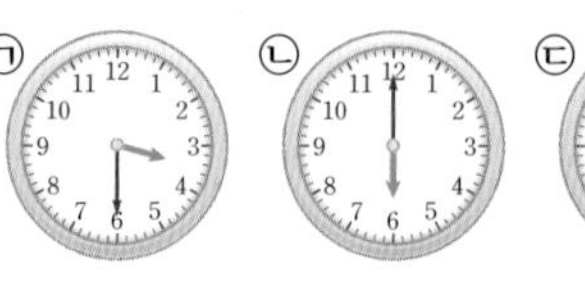
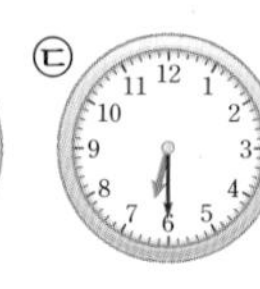
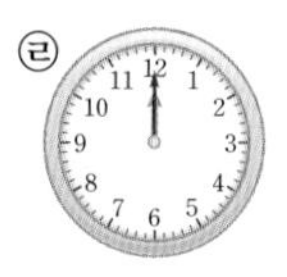

따라서 시계의 짧은바늘과 긴바늘이 서로 정확히 반대 방향을 가리키는 시각은 6시입니다.

20 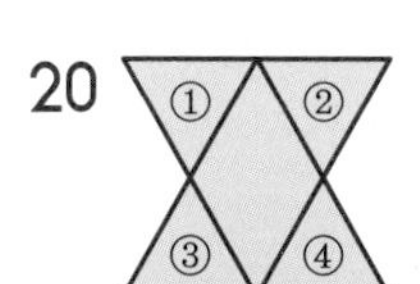

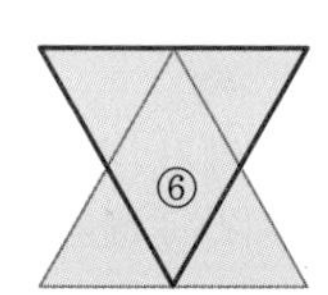

그림에서 찾을 수 있는 크고 작은 ▲ 모양은 모두 6개입니다.

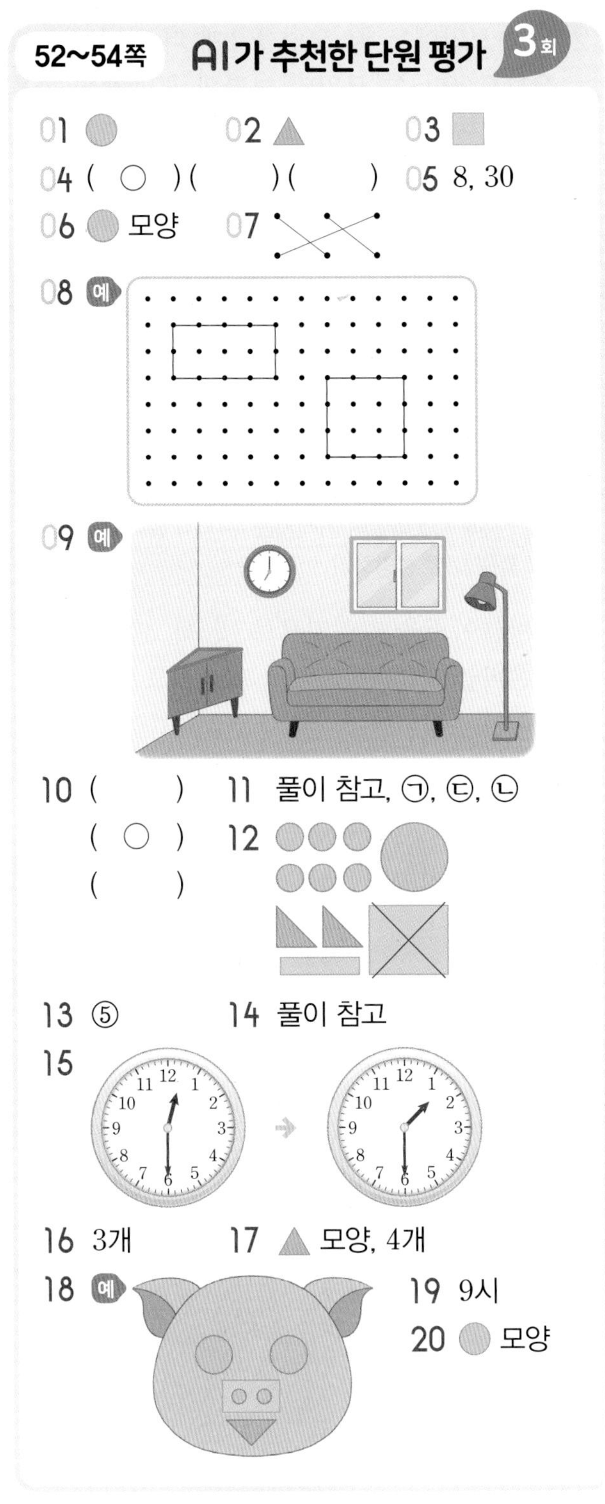

52~54쪽 AI가 추천한 단원 평가 3회

01 ● 02 ▲ 03 ■

04 (○)( )( ) 05 8, 30

06 ● 모양 07

08 예

09 예

10 ( ) (○) ( ) 11 풀이 참고, ㉠, ㉢, ㉡

12

13 ⑤ 14 풀이 참고

15

16 3개 17 ▲ 모양, 4개

18 예 19 9시

20 ● 모양

04 시계가 나타내는 시각을 순서대로 알아보면 1시, 10시, 11시입니다.

05 짧은바늘이 8과 9 사이를 가리키고, 긴바늘이 6을 가리키므로 8시 30분입니다.

06 컵의 바닥은 둥근 부분이 있으므로 본뜬 모양은 ● 모양입니다.

10 • 창문, 서랍장 문 등이 ■ 모양입니다.
• 서랍장의 윗부분이 ▲ 모양입니다.
• 시계가 ● 모양입니다.

11 예 12시 30분에 시계의 짧은바늘은 12와 1 사이를 가리키고, 긴바늘은 6을 가리키므로 ㉠은 12, ㉡은 1, ㉢은 6입니다.」❶
따라서 $12>6>1$이므로 수가 큰 것부터 차례대로 쓰면 ㉠, ㉢, ㉡입니다.」❷

채점 기준

❶ ㉠, ㉡, ㉢에 알맞은 수 각각 구하기	3점
❷ 수가 큰 것부터 차례대로 쓰기	2점

12 ■ 모양 1개, ▲ 모양 2개, ● 모양 7개로 만든 꽃 모양이므로 ■ 모양 1개를 사용하지 않았습니다.

13 시계의 짧은바늘이 12를 가리키고, 긴바늘이 12를 가리키면 12시입니다.

14 예 ■ 모양 10개로 꽃게의 등을 꾸미고, ▲ 모양 2개로 꽃게의 집게발을 꾸몄으며, ● 모양 2개로 꽃게의 눈을 꾸몄습니다.」❶

채점 기준

❶ 어떻게 꾸민 모양인지 설명하기	5점

16 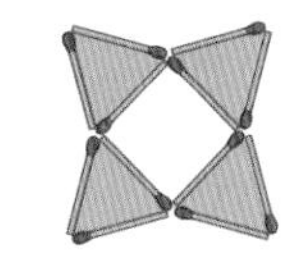 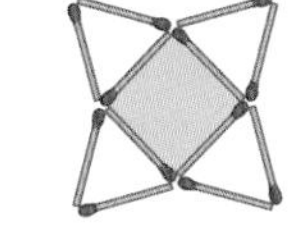

▲ 모양: 4개 ■ 모양: 1개
따라서 ▲ 모양은 ■ 모양보다 $4-1=3$(개) 더 많습니다.

17 종이를 선을 따라 자르면 오른쪽과 같습니다.
따라서 ▲ 모양 4개가 생깁니다.

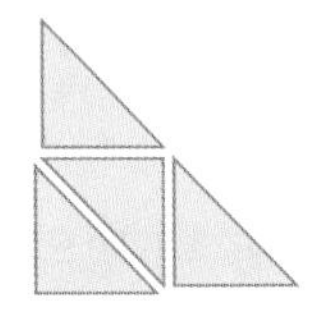

18 ■, ▲, ● 모양을 사용하여 돼지의 눈, 코, 입을 그려서 얼굴을 꾸밉니다.

19 짧은바늘이 9를 가리키고, 긴바늘이 12를 가리키므로 9시입니다.

20 김밥을 자르면 자른 면 전체에 나타나는 모양은 둥근 부분이 있으므로 ● 모양입니다.

55~57쪽 **AI가 추천한 단원 평가** 4회

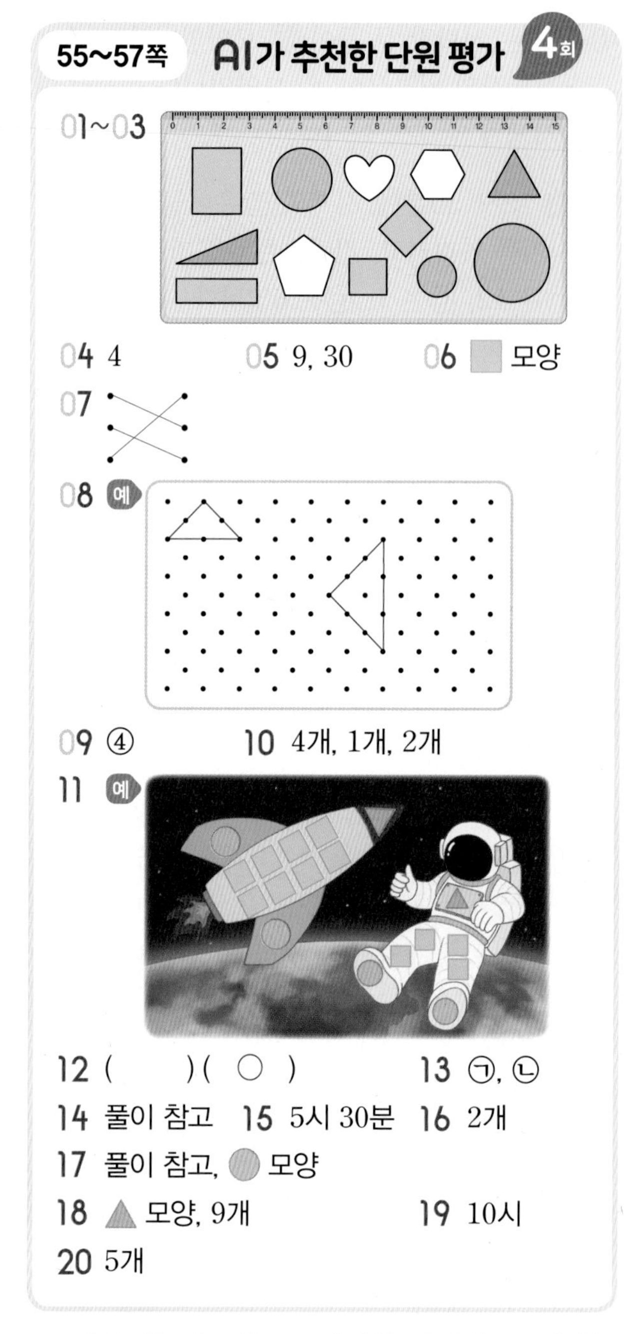

12 ( )(○) 13 ㉠, ㉡
14 풀이 참고 15 5시 30분 16 2개
17 풀이 참고, ◯ 모양
18 △ 모양, 9개 19 10시
20 5개

05 짧은바늘이 9와 10 사이를 가리키고, 긴바늘이 6을 가리키므로 9시 30분입니다.

06 네 명의 친구가 팔을 서로 맞잡아 만든 모양은 □ 모양입니다.

08 세 점을 이어서 서로 다른 △ 모양을 2개 그립니다.

09 짧은바늘이 12와 1 사이를 가리키고, 긴바늘이 6을 가리키므로 12시 30분입니다.
12시 30분은 열두 시 삼십 분이라고 읽습니다.

12 왼쪽 모양에는 ◯ 모양을 1개 더 많이 사용했으므로 오른쪽 모양이 **보기**의 모양만을 사용하여 꾸민 모양입니다.

13 시계의 긴바늘이 12를 가리키는 시각은 몇 시입니다.

14 예 2시에는 짧은바늘이 2를 가리키고, 긴바늘이 12를 가리킵니다.」 ❶
따라서 짧은바늘과 긴바늘이 가리키는 숫자가 서로 바뀌었습니다.」 ❷

채점 기준

❶ 2시에 시곗바늘이 가리키는 수 각각 알아보기	3점
❷ 틀린 이유 설명하기	2점

15 긴바늘이 6을 가리키므로 몇 시 30분입니다.
짧은바늘이 5와 6 사이를 가리키므로
5시 30분입니다.

16 □ 모양 4개, △ 모양 2개, ◯ 모양 3개를 사용하여 만든 모양입니다.
따라서 가장 많이 사용한 모양은 가장 적게 사용한 모양보다 $4-2=2$(개) 더 많이 사용했습니다.

17 예 본뜬 그림의 일부분을 보면 둥근 부분이 있습니다.」 ❶
따라서 ◯ 모양을 본뜬 것입니다.」 ❷

채점 기준

❶ 본뜬 그림의 일부분에서 특징 찾기	2점
❷ 어떤 모양을 본뜬 것인지 구하기	3점

18 종이를 선을 따라 자르면 다음과 같습니다.

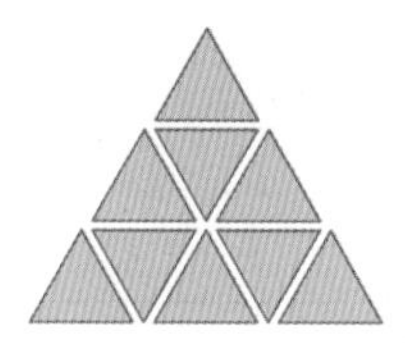

따라서 △ 모양 9개가 생깁니다.

19 짧은바늘이 10을 가리키고, 긴바늘이 12를 가리키므로 10시입니다.

20

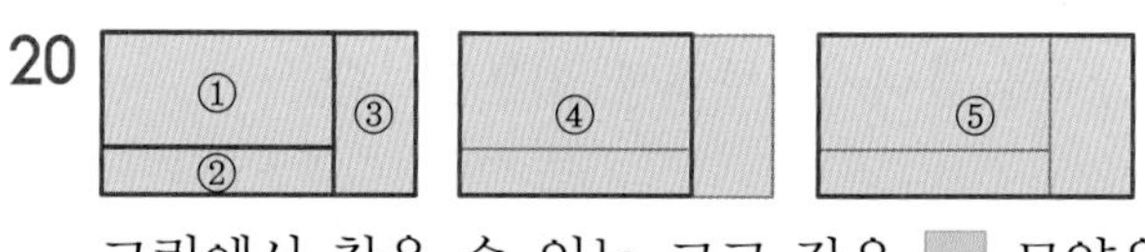

그림에서 찾을 수 있는 크고 작은 □ 모양은 모두 5개입니다.

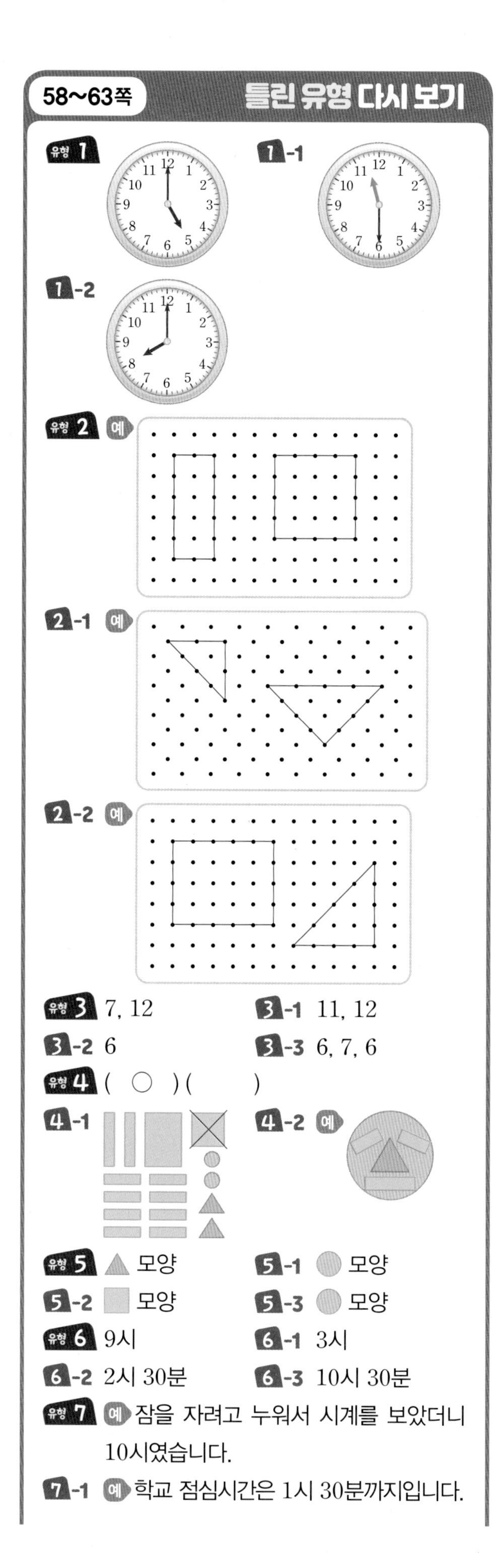

58~63쪽 **틀린 유형 다시 보기**

유형 1

1-1

1-2

유형 2 예

2-1 예

2-2 예

유형 3 7, 12　　3-1 11, 12

3-2 6　　3-3 6, 7, 6

유형 4 (○) ( )

4-1　　4-2 예

유형 5 ▲ 모양　　5-1 ● 모양

5-2 ■ 모양　　5-3 ● 모양

유형 6 9시　　6-1 3시

6-2 2시 30분　　6-3 10시 30분

유형 7 예 잠을 자려고 누워서 시계를 보았더니 10시였습니다.

7-1 예 학교 점심시간은 1시 30분까지입니다.

7-2 예 어제 아침 7시 30분에는 학교에 가려고 씻고 있었습니다.

유형 8 ■ 모양, 6개　　8-1 ▲ 모양, 4개

8-2 1개, 3개

유형 9

9-1

9-2

유형 10 ■ 모양　　10-1 ● 모양

10-2 ㉢　　10-3 ■ 모양

유형 11 3개　　11-1 3개

11-2 5개　　11-3 9개

유형 1 5시는 짧은바늘이 5를 가리키도록 그립니다.

참고 ■시는 짧은바늘이 ■를 가리키고, 긴바늘이 12를 가리키도록 그립니다.

1-1 11시 30분은 긴바늘이 6을 가리키도록 그립니다.

참고 ■시 30분은 짧은바늘이 ■와 (■+1) 사이를 가리키고, 긴바늘이 6을 가리키도록 그립니다.

1-2 8시는 짧은바늘이 8을 가리키고, 긴바늘이 12를 가리키도록 그립니다.

유형 2 네 점을 이어서 서로 다른 ■ 모양을 2개 그립니다.

2-1 세 점을 이어서 서로 다른 ▲ 모양을 2개 그립니다.

2-2 네 점을 이어서 ■ 모양을 그리고, 세 점을 이어서 ▲ 모양을 그립니다.

유형 3 7시에는 시계의 짧은바늘이 7을 가리키고, 긴바늘이 12를 가리킵니다.

3-1 11시에는 시계의 짧은바늘이 11을 가리키고, 긴바늘이 12를 가리킵니다.

3-2 1시 30분에는 시계의 짧은바늘이 1과 2 사이를 가리키고, 긴바늘이 6을 가리킵니다.

3-3 6시 30분에는 시계의 짧은바늘이 6과 7 사이를 가리키고, 긴바늘이 6을 가리킵니다.

유형 4 오른쪽 모양에는 ▲ 모양을 사용했으므로 왼쪽 케이크 모양이 **보기**의 모양만을 사용하여 꾸민 모양입니다.

4-1 ■ 모양 11개, ▲ 모양 2개, ● 모양 2개로 만든 꽃게 모양이므로 ■ 모양 1개를 사용하지 않았습니다.

4-2 **보기**의 모양을 모두 사용하여 나만의 모양을 자유롭게 만듭니다.

유형 5 반듯한 선이 있는 모양은 ■ 모양과 ▲ 모양입니다. 이 중에서 뾰족한 부분이 세 군데 있는 모양은 ▲ 모양입니다.

5-1 뾰족한 부분이 없고, 어느 방향에서 보아도 같은 모양은 ● 모양입니다.

5-2 뾰족한 부분이 있는 모양은 ■ 모양과 ▲ 모양입니다. 이 중에서 반듯한 선이 네 개 있는 모양은 ■ 모양입니다.

5-3 태극기에서 찾을 수 있는 모양은 ■ 모양과 ● 모양입니다. 이 중에서 둥근 부분이 있는 모양은 ● 모양입니다.

참고

유형 6 긴바늘이 12를 가리키므로 몇 시입니다.
짧은바늘이 9를 가리키므로 9시입니다.

6-1 긴바늘이 12를 가리키므로 몇 시입니다.
짧은바늘이 3을 가리키므로 3시입니다.

6-2 긴바늘이 6을 가리키므로 몇 시 30분입니다.
짧은바늘이 2와 3 사이를 가리키므로
2시 30분입니다.

참고 짧은바늘이 숫자와 숫자 사이를 가리킬 때 앞의 숫자를 보고 몇 시 30분이라고 해야 하므로 3시 30분이라고 답하지 않도록 주의합니다.

6-3 긴바늘이 6을 가리키므로 몇 시 30분입니다.
짧은바늘이 10과 11 사이를 가리키므로
10시 30분입니다.

유형 7 시계가 나타내는 시각은 짧은바늘이 10을 가리키고, 긴바늘이 12를 가리키므로 10시입니다.
따라서 10시에 할 수 있는 내용을 넣어 이야기를 만듭니다.

참고 낮과 밤에 할 일이 다르므로 2가지 방법으로 이야기할 수 있습니다.

7-1 시계가 나타내는 시각은 짧은바늘이 1과 2 사이를 가리키고, 긴바늘이 6을 가리키므로 1시 30분입니다.
따라서 1시 30분에 할 수 있는 내용을 넣어 이야기를 만듭니다.

7-2 어제 아침 7시 30분 또는 저녁 7시 30분에 한 일을 생각하여 써 봅니다.

유형 8 종이를 선을 따라 자르면 다음과 같습니다.

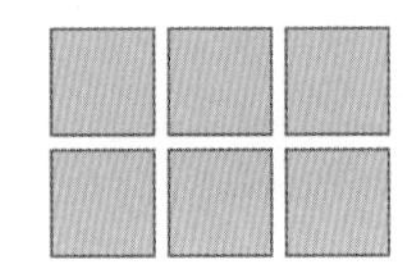

따라서 ■ 모양 6개가 생깁니다.

8-1 종이를 선을 따라 자르면 다음과 같습니다.

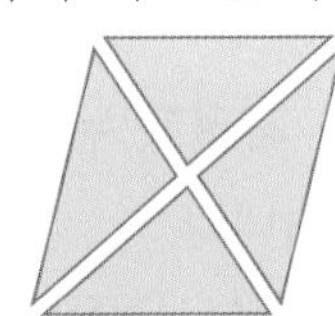

따라서 ▲ 모양 4개가 생깁니다.

8-2 종이를 선을 따라 자르면 다음과 같습니다.

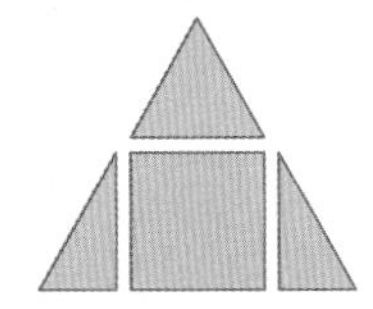

따라서 모양 1개, 모양 3개가 생깁니다.

유형 9 그림을 11시에 그리기 시작하여 12시에 마쳤습니다.
따라서 시작 시각의 시계에 11시를 나타내고, 마친 시각의 시계에 12시를 나타냅니다.

참고 :로 나타낸 시각에서 :의 앞에 있는 숫자는 시를 나타내고, :의 뒤에 있는 숫자는 분을 나타냅니다.

9-1 산책을 4시 30분에 시작하여 5시 30분에 마쳤습니다.
따라서 시작 시각의 시계에 4시 30분을 나타내고, 마친 시각의 시계에 5시 30분을 나타냅니다.

9-2 시작 시각의 시계에 2시를 나타내고, 마친 시각의 시계에 3시 30분을 나타냅니다.

유형 10 빗금을 그은 부분을 종이 위에 대고 본뜨면 모양이 나옵니다.

10-1 • 빗금을 그은 부분을 종이 위에 대고 본뜨면 모양이 나옵니다.

• 빗금을 그은 부분을 종이 위에 대고 본뜨면 모양이 나옵니다.

따라서 나올 수 없는 모양은 모양입니다.

10-2 ㉢ 빗금을 그은 부분을 종이 위에 대고 본뜨면 모양이 나옵니다.

10-3 페인트를 칠한 다음 그림과 같이 눕혀서 똑바로 굴렸을 때 나타나는 모양은 모양입니다.

유형 11

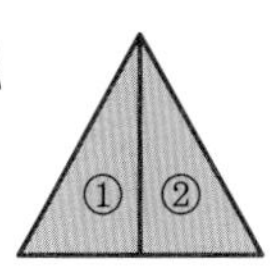

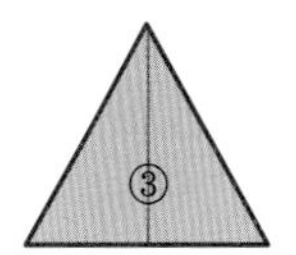

그림에서 찾을 수 있는 크고 작은 모양은 모두 3개입니다.

11-1

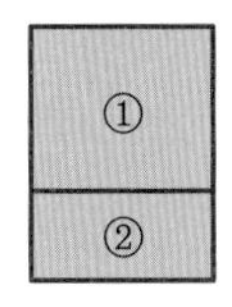

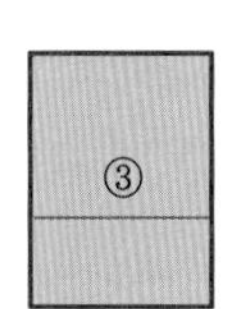

그림에서 찾을 수 있는 크고 작은 모양은 모두 3개입니다.

11-2

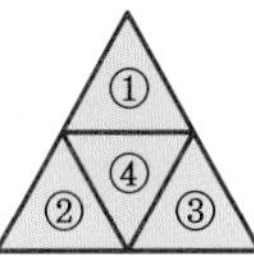

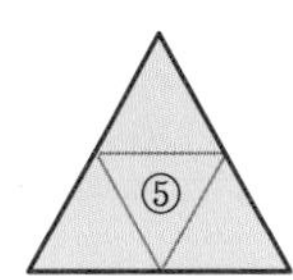

그림에서 찾을 수 있는 크고 작은 모양은 모두 5개입니다.

11-3

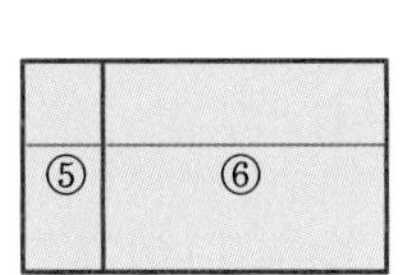

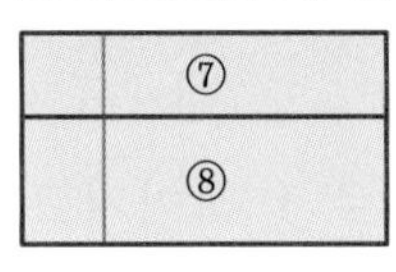

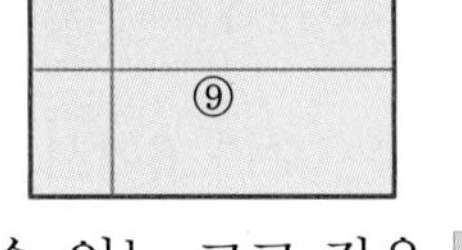

그림에서 찾을 수 있는 크고 작은 모양은 모두 9개입니다.

참고 크고 작은 모양을 찾을 때에는
작은 조각 1개짜리 모양,
작은 조각 2개짜리 모양,
작은 조각 4개짜리 모양으로 나누어 각 모양의 수를 구한 다음 모두 더합니다.

4단원 덧셈과 뺄셈(2)

66~68쪽 AI가 추천한 단원 평가 1회

01 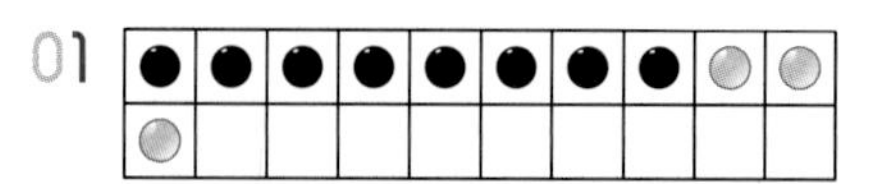

02 11　03 (계산 순서대로) 5, 10
04 14　05 4　06 14
07 7　08 9
09 (　) (　) (○)　10 8, 9
11 풀이 참고　12 11, 12, 13, 14
13 3, 8, 11 / 11층
14 풀이 참고, 7권　15 8, 14
16 (위에서부터) 6, 9, 8, 7　17 5장
18 5　19 9, 7, 16(또는 7, 9, 16)
20 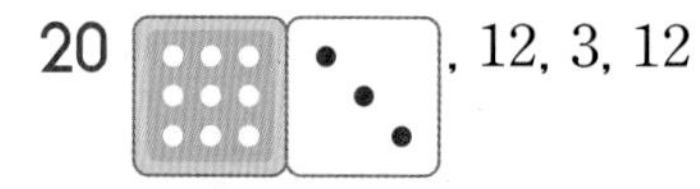, 12, 3, 12

04 7+7=14 (7을 4와 3으로 가르기)

05 12−8=4 (12를 10과 2로 가르기)

07 수직선에서 오른쪽으로 13만큼 간 다음 왼쪽으로 6만큼 가면 7에 도착합니다.
→ 13−6=7

08 가장 큰 수는 11이고, 가장 작은 수는 2입니다.
→ 11−2=9

09 더해지는 수가 6에서 5로 1 작아지고, 더하는 수가 6에서 7로 1 커지면 합이 12로 같습니다.

11 예 빼는 수가 5로 같고, 빼지는 수가 11, 12, 13, 14로 1씩 커지면 차도 6, 7, 8, 9로 1씩 커집니다.」❶

채점 기준

❶ 뺄셈식에서 알 수 있는 규칙 설명하기	5점

12 더해지는 수가 같을 때 더하는 수가 1씩 커지면 합도 1씩 커집니다.

13 현우가 도착한 곳은 현우가 엘리베이터를 탄 층에서 올라간 층의 수를 더하면 되므로 3+8=11(층)입니다.

14 예 남은 책은 가지고 있던 책에서 빌려 준 책의 수를 빼면 되므로 15−8을 계산하면 됩니다.」❶
따라서 남은 책은 15−8=7(권)입니다.」❷

채점 기준

❶ 남은 책의 수를 구하는 식 만들기	2점
❷ 남은 책의 수 구하기	3점

15 덧셈은 더하는 두 수의 순서를 바꾸어도 계산 결과가 같으므로 8+6=6+8=14입니다.

16 10−2=8에서 빼지는 수와 빼는 수를 각각 1씩 크게 하면 계산 결과가 모두 8로 같습니다.

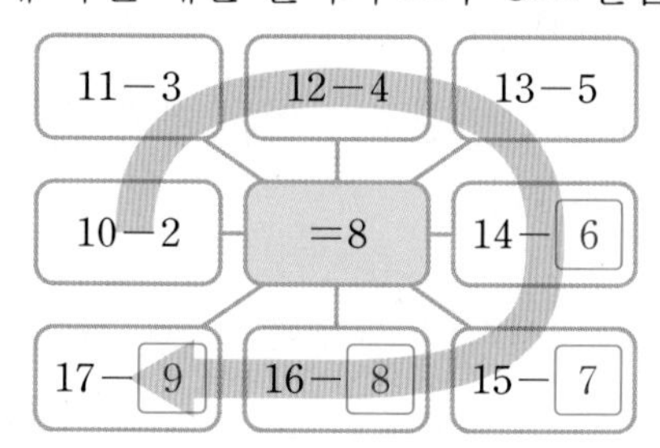

17 (처음에 가지고 있던 색종이의 수)
=6+7=13(장)
→ (남은 색종이의 수)=13−8=5(장)

18 어떤 수를 □라 하면 12−□=7입니다.
7은 2와 5로 가를 수 있으므로
10−□=5, □=5입니다.

19 합이 가장 크게 되려면 가장 큰 수와 두 번째로 큰 수를 더해야 합니다.
가장 큰 수는 9이고 두 번째로 큰 수는 7이므로 두 수의 합을 구하면 9+7=16입니다.

20 왼쪽 도미노의 점의 수를 모두 세어 보면 12개이므로 4+8=12입니다.
오른쪽 도미노에서 점 9개가 점 12개가 될 때까지 점을 더 그려 보면 3개를 그려야 하므로 9+3=12입니다.

69~71쪽 AI가 추천한 단원 평가 2회

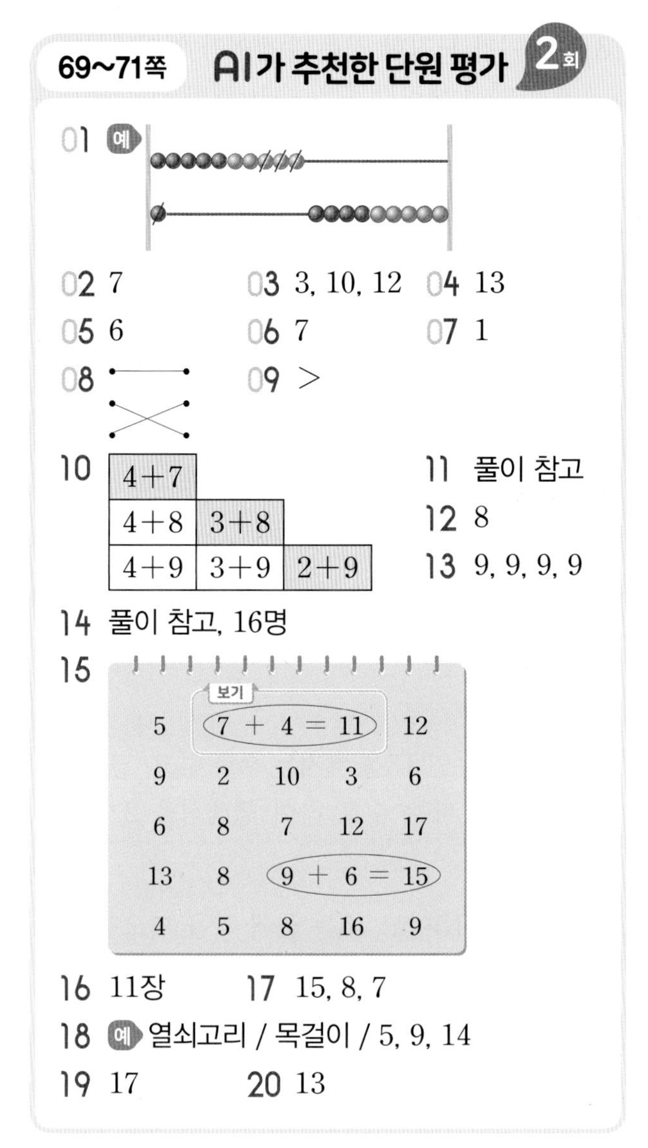

05 두 수의 차는 큰 수에서 작은 수를 빼야 합니다.
➡ $13-7=6$

08 $6+8=14$, $7+9=16$, $8+7=15$

09 $12-6=6$, $14-9=5$이고 $6>5$이므로
$12-6$ ⊙> $14-9$입니다.

10 $4+7=11$, $3+8=11$, $2+9=11$

11 예

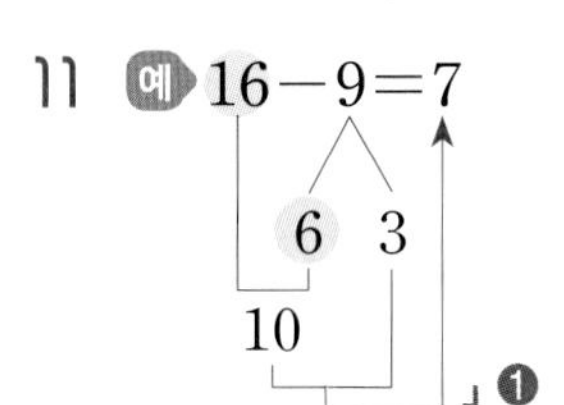

」❶

9를 6과 3으로 가르기하여 16에서 6을 먼저 빼고 10에서 남은 3을 빼는 방법입니다.」❷

채점 기준

❶ 보기와 같은 방법으로 계산하기	2점
❷ 계산한 방법 설명하기	3점

12 더해지는 수가 같고, 합이 1 커졌으므로 더하는 수도 1 커져야 합니다.

$7+7=14$
+1 +1
$7+8=15$

13 빼지는 수와 빼는 수가 모두 1씩 커지면 차가 같습니다.

14 예 재연이네 반 학생 수는 남학생과 여학생 수를 더하면 되므로 $8+8$을 계산하면 됩니다.」❶
따라서 재연이네 반 학생은 모두
$8+8=16$(명)입니다.」❷

채점 기준

❶ 재연이네 반 학생 수를 구하는 식 만들기	2점
❷ 재연이네 반 학생 수 구하기	3점

15 $9+6=15$

16 (친구에게 주고 남은 딱지 수)
$=12-9=3$(장)
➡ (지금 가지고 있는 딱지 수)
$=3+8=11$(장)

17 차가 가장 크게 되려면 가장 큰 수에서 가장 작은 수를 빼야 합니다.
가장 큰 수는 15이고, 가장 작은 수는 8입니다.
➡ $15-8=7$

18 5, 7, 9 중에서 중복을 허용하여 두 개의 수로 만들 수 있는 덧셈식은 다음과 같습니다.
$5+5=10$, $5+7=12$, $5+9=14$,
$7+7=14$, $7+9=16$, $9+9=18$
구슬 14개를 남김없이 사용해야 하므로 열쇠고리와 목걸이 또는 팔찌 2개를 만들 수 있습니다.

19 1부터 9까지의 수 중에서 가장 큰 홀수는 9이고, 가장 큰 짝수는 8입니다.
➡ $9+8=17$

20 상자에 넣었을 때 더하는 수가 같으므로 더해지는 수가 6에서 8로 2만큼 커지면 계산 결과도 2만큼 더 커져야 합니다.
따라서 11보다 2만큼 더 큰 13이 나옵니다.

72~74쪽 **AI가 추천한 단원 평가 3회**

01 10　02 (계산 순서대로) 2, 14
03 (계산 순서대로) 3, 13
04 (계산 순서대로) 2, 8　05 12, 7
06 18　07 11
08 5, 12 / 12마리
09 ( )( )(○)
10 12, 11　11 풀이 참고　12 11
13 17, 8, 9 / 9층
14 풀이 참고, 11　15 12, 4
16 13, 8, 15　17 13−5=8, 13−8=5
18 홀, 짝, 짝　19 7　20 3

03 9를 6과 3으로 가르기하여 4에 6을 먼저 더해서 10을 만든 다음 남은 3을 더하면 13이 됩니다.

04 7을 5와 2로 가르기하여 15에서 5를 먼저 빼서 10을 만든 다음 남은 2를 빼면 8이 됩니다.

05 사과가 모두 12개 있고 먹은 사과가 5개이므로 남은 사과는 12−5=7(개)입니다.

08 나뭇가지에 새 7마리가 앉아 있다가 새 5마리가 더 날아왔으므로 새는 모두 7+5=12(마리)입니다.

09 빼지는 수가 13에서 14로 1 커지고, 빼는 수가 7에서 8로 1 커지면 차가 6으로 같습니다.
참고 12−8=4, 12−9=3, 14−8=6

11 예 더해지는 수가 8로 같고, 더하는 수가 6, 5, 4, 3으로 1씩 작아지면 합도 14, 13, 12, 11로 1씩 작아집니다.」 ❶

채점 기준

❶ 덧셈식에서 알 수 있는 규칙 설명하기	5점

12 빼는 수가 같고, 차가 1 작아졌으므로 빼지는 수도 1 작아져야 합니다.

12−4=8
↓−1　↓−1
11−4=7

13 수정이가 도착한 곳은 수정이가 엘리베이터를 탄 층에서 내려간 층의 수를 빼면 되므로 17−8=9(층)입니다.

14 예 가장 큰 수는 9이고, 가장 작은 수는 2입니다.」 ❶
따라서 가장 큰 수와 가장 작은 수의 합은 9+2=11입니다.」 ❷

채점 기준

❶ 가장 큰 수와 가장 작은 수 각각 알기	2점
❷ 가장 큰 수와 가장 작은 수의 합 구하기	3점

15 9+3=12, 12−8=4

16 더하는 수가 7로 같으므로 더해지는 수를 2씩 크게 하여 합이 2씩 커지도록 덧셈식을 만듭니다.

17 가장 큰 수인 13을 빼지는 수로 하고, 남은 5와 8을 각각 빼는 수로 하여 뺄셈식을 2개 만듭니다.

18 • 9+6=15이고 15는 둘씩 짝을 지으면 하나가 남으므로 홀수입니다.
• 7+7=14이고 14는 둘씩 짝을 지으면 남는 것이 없으므로 짝수입니다.
• 11−3=8이고 8은 둘씩 짝을 지으면 남는 것이 없으므로 짝수입니다.
참고 (홀수)+(짝수)=(홀수),
(홀수)+(홀수)=(짝수),
(홀수)−(홀수)=(짝수)

19 14−□=6이라 할 때 6은 4와 2로 가를 수 있으므로 10−□=2, □=8입니다.
따라서 □ 안에는 8보다 작은 수가 들어가야 하므로 □ 안에 들어갈 수 있는 가장 큰 수는 7입니다.

20 6은 1과 5로 가를 수 있습니다.
어떤 수를 □라 하면 □+6=15에서
□+1+5=15이고, □+1=10입니다.
1과 더해서 10이 되는 수는 9이므로 어떤 수는 9입니다.
따라서 바르게 계산하면 9−6=3입니다.

75~77쪽 **AI가 추천한 단원 평가 4회**

01 12, 3　02 9개　03 10, 13
04 14　05 7　06 12
07 딸기, 3　08 (선 잇기)　09 =

10

14−5	14−6	14−7
	15−6	15−7
		16−7

11 12, 14, 16, 18　12 예 5, 6, 11
13 예 11, 7, 4　14 12, 3, 풀이 참고
15

보기: 14 − 8 = 6

2	14	8	6	9
13	4	5	8	12
3	16	9	5	7
7	2	17	8	3
3	15	6	9	7

(15 − 6 = 9)

16 풀이 참고, 12개
17 예 11−6=5, 13−8=5
18 6　19 3개　20 9, 6

02 12−3=9(개)

03 7+6=13
5 2 5 1 → 10 3
5와 5를 먼저 더해서 10을 만들어 계산합니다.

06 수직선에서 오른쪽으로 4만큼 간 다음 오른쪽으로 8만큼 더 가면 12에 도착합니다.
➡ 4+8=12

07 딸기는 11개, 앵두는 8개 있습니다.
따라서 딸기가 앵두보다 11−8=3(개) 더 많습니다.

08 11−5=6, 13−9=4, 14−9=5

09 8+6=14, 5+9=14이므로
8+6 ⊜ 5+9입니다.

10 14−6=8, 15−7=8

11 더해지는 수와 더하는 수가 각각 1씩 커지면 합은 2씩 커집니다.

12 만들 수 있는 덧셈식을 모두 써 보면
5+6=11, 5+8=13, 7+4=11,
7+6=13, 9+4=13, 9+8=17입니다.

13 만들 수 있는 뺄셈식을 모두 써 보면
11−5=6, 11−7=4, 13−5=8,
13−7=6, 13−9=4, 17−9=8입니다.

14 예 3+9=12이고, 9+3=12입니다.」❶
덧셈에서는 더하는 두 수의 순서를 바꾸어도 합이 같습니다.」❷

채점 기준

❶ □ 안에 알맞은 수 써넣기	2점
❷ 알 수 있는 내용 설명하기	3점

16 예 축구공, 농구공, 배구공의 수를 모두 더해야 하므로 4+4+4를 계산하면 됩니다.」❶
따라서 축구공, 농구공, 배구공은 모두
4+4+4=8+4=12(개)입니다.」❷

채점 기준

❶ 축구공, 농구공, 배구공의 수를 구하는 식 만들기	2점
❷ 축구공, 농구공, 배구공은 모두 몇 개인지 구하기	3점

17 빼지는 수와 빼는 수가 모두 같은 수만큼 커지거나 작아지면 차가 같습니다.
12−7=5 (−1, −1) → 11−6=5
12−7=5 (+1, +1) → 13−8=5

18 7+□=12라 할 때 7은 2와 5로 가를 수 있으므로 5+□=10, □=5입니다.
따라서 □ 안에는 5보다 큰 수가 들어가야 하므로 □ 안에 들어갈 수 있는 가장 작은 수는 6입니다.

19 ㉠ 13−6=7　㉡ 6+5=11
7과 11 사이에 있는 수는 8, 9, 10으로 모두 3개입니다.

20 • 8은 1과 7로 가를 수 있습니다.
●+8=17에서 ●+1+7=17이고,
●+1=10입니다. 1과 더해서 10이 되는 수는 9이므로 ●=9입니다.
• 15−●=▲, ▲=15−9=6

78~83쪽 **틀린 유형 다시 보기**

유형 1 14　1-1 15　1-2 6
1-3 7　유형 2 >　2-1 =
2-2 ㉠, ㉡, ㉢, ㉣　2-3 ㉣, ㉢, ㉡, ㉠
유형 3 (　)(　)(○)
3-1 8+8, 9+7에 색칠
3-2

3+9	7+4	5+8
6+6	6+7	2+9
9+4	8+3	9+3

유형 4 (　)(○)(　)
4-1 14−9, 12−7에 색칠
4-2

11−2	13−6	14−6
12−5	13−5	17−8
11−3	13−4	15−8

유형 5 1
5-1 예 더하는 수가 같을 때, 더해지는 수가 1씩 작아지면 합도 1씩 작아집니다.
5-2 14, 14, 예 더해지는 수가 1씩 커지고 더하는 수가 1씩 작아지면 합은 같습니다.
유형 6 1
6-1 예 빼지는 수가 같을 때, 빼는 수가 1씩 커지면 차는 1씩 작아집니다.
6-2 8, 8, 예 빼지는 수와 빼는 수가 각각 1씩 커지면 차는 같습니다.
유형 7 9　7-1 7　7-2 14
7-3 8　유형 8 7개　8-1 6개
8-2 16마리　8-3 13층
유형 9 9, 8, 17(또는 8, 9, 17)
9-1 6, 5, 11(또는 5, 6, 11)
9-2 9, 5, 14(또는 5, 9, 14)/ 3, 8, 11(또는 8, 3, 11)
유형 10 14, 6, 8　10-1 11, 9, 2
10-2 16−9=7, 16−7=9
유형 11 6　11-1 7　11-2 5, 6, 7
11-3 5, 6, 7, 8　유형 12 7, 5
12-1 6, 9　12-2 5, 4

유형 1 수직선에서 오른쪽으로 7만큼 간 다음 오른쪽으로 7만큼 더 가면 14에 도착합니다.
➡ 7+7=14

1-1 수직선에서 오른쪽으로 6만큼 간 다음 오른쪽으로 9만큼 더 가면 15에 도착합니다.
➡ 6+9=15

1-2 수직선에서 오른쪽으로 14만큼 간 다음 왼쪽으로 8만큼 가면 6에 도착합니다.
➡ 14−8=6

1-3 수직선에서 오른쪽으로 15만큼 간 다음 왼쪽으로 8만큼 가면 7에 도착합니다.
➡ 15−8=7

유형 2 8+7=15, 5+9=14이고 15>14이므로 8+7 ⃝> 5+9입니다.

2-1 11−3=8, 17−9=8이므로 11−3 ⃝= 17−9입니다.

2-2 ㉠ 9+5=14　㉡ 7+6=13
㉢ 5+7=12　㉣ 3+8=11
따라서 14>13>12>11이므로 계산 결과가 큰 것부터 차례대로 쓰면 ㉠, ㉡, ㉢, ㉣입니다.

2-3 ㉠ 12−6=6　㉡ 14−7=7
㉢ 16−8=8　㉣ 18−9=9
따라서 9>8>7>6이므로 계산 결과가 큰 것부터 차례대로 쓰면 ㉣, ㉢, ㉡, ㉠입니다.

유형 3 더해지는 수가 8에서 7로 1 작아지고, 더하는 수가 4에서 5로 1 커지면 합이 12로 같습니다.

8+4=12
−1 +1
7+5=12

3-1 7+9와 계산 결과가 같은 식은 다음과 같습니다.

7+9=16
+1 −1
8+8=16

7+9=16
+2 −2
9+7=16

3-2 더해지는 수가 커지는만큼 더하는 수가 작아지거나, 더해지는 수가 작아지는만큼 더하는 수가 커지면 합이 같다는 것을 이용하여 합이 같은 식을 찾습니다.
이때 더하는 두 수를 바꾸어도 합이 같습니다.

유형 4 빼지는 수가 12에서 11로 1 작아지고, 빼는 수가 8에서 7로 1 작아지면 차가 4로 같습니다.

$12-8=4$
-1 -1
$11-7=4$

4-1 13−8과 계산 결과가 같은 식은 다음과 같습니다.

$13-8=5$
$+1$ $+1$
$14-9=5$

$13-8=5$
-1 -1
$12-7=5$

4-2 빼지는 수가 커지거나 작아지는만큼 빼는 수가 커지거나 작아지면 차가 같다는 것을 이용하여 차가 같은 식을 찾습니다.

유형 5 더해지는 수가 4로 같고, 더하는 수가 7, 8, 9로 1씩 커지면 합도 11, 12, 13으로 1씩 커집니다.

5-1 더하는 수가 5로 같고, 더해지는 수가 8, 7, 6으로 1씩 작아지면 합도 13, 12, 11로 1씩 작아집니다.

5-2 더해지는 수가 7, 8, 9로 1씩 커지고 더하는 수가 7, 6, 5로 1씩 작아지면 합은 같습니다.

유형 6 빼는 수가 6으로 같고, 빼지는 수가 11, 12, 13으로 1씩 커지면 차도 5, 6, 7로 1씩 커집니다.

6-1 빼지는 수가 11로 같고, 빼는 수가 2, 3, 4로 1씩 커지면 차는 9, 8, 7로 1씩 작아집니다.

6-2 빼지는 수가 15, 16, 17로 1씩 커지고 빼는 수도 7, 8, 9로 1씩 커지면 차는 같습니다.

유형 7 더해지는 수가 같고, 합이 1 커졌으므로 더하는 수도 1 커져야 합니다.

$9+8=17$
$+1$ $+1$
$9+9=18$

7-1 덧셈에서 더하는 두 수의 순서를 바꾸어도 합은 같습니다.

$4+7=11$
$7+4=11$

7-2 빼는 수가 같고, 차가 1 커졌으므로 빼지는 수도 1 커져야 합니다.

$13-5=8$
$+1$ $+1$
$14-5=9$

7-3 빼지는 수가 같고, 차가 1 작아졌으므로 빼는 수는 1 커져야 합니다.

$11-7=4$
$+1$ -1
$11-8=3$

유형 8 (통에 들어 있던 사탕 수)=5+6=11(개)
➡ (남은 사탕 수)=11−4=7(개)

8-1 (전체 풍선 수)=7+8=15(개)
➡ (터지지 않은 풍선 수)=15−9=6(개)

8-2 (4마리가 나가고 남은 오리 수)
=12−4=8(마리)
➡ (8마리가 들어온 후 오리 수)
=8+8=16(마리)

8-3 (7개 층을 내려갔을 때 도착한 곳)
=16−7=9(층)
➡ (4개 층을 올라왔을 때 도착한 곳)
=9+4=13(층)

유형 9 합이 가장 크게 되려면 가장 큰 수와 두 번째로 큰 수를 더해야 합니다.
가장 큰 수는 9이고 두 번째로 큰 수는 8이므로 두 수의 합을 구하면 $9+8=17$입니다.

9-1 합이 가장 작게 되려면 가장 작은 수와 두 번째로 작은 수를 더해야 합니다. 가장 작은 수는 5이고 두 번째로 작은 수는 6이므로 두 수의 합을 구하면 $5+6=11$입니다.

9-2 • 합이 두 번째로 크게 되려면 가장 큰 수와 세 번째로 큰 수를 더해야 합니다.
가장 큰 수는 9이고 세 번째로 큰 수는 5이므로 두 수의 합을 구하면 $9+5=14$입니다.
• 합이 두 번째로 작게 되려면 가장 작은 수와 세 번째로 작은 수를 더해야 합니다.
가장 작은 수는 3이고 세 번째로 작은 수는 8이므로 두 수의 합을 구하면 $3+8=11$입니다.

유형 10 차가 가장 크게 되려면 초록색 수 카드 중 더 큰 수에서 보라색 수 카드 중 더 작은 수를 빼야 합니다. ➜ $14-6=8$

10-1 차가 가장 작게 되려면 초록색 수 카드 중 더 작은 수에서 보라색 수 카드 중 더 큰 수를 빼야 합니다. ➜ $11-9=2$

10-2 가장 큰 수인 16을 빼지는 수로 하고, 남은 9와 7을 각각 빼는 수로 하여 뺄셈식을 2개 만듭니다.

유형 11 $8+\square=15$라 할 때 8은 5와 3으로 가를 수 있으므로 $3+\square=10$, $\square=7$입니다.
따라서 □ 안에는 7보다 작은 수가 들어가야 하므로 □ 안에 들어갈 수 있는 가장 큰 수는 6입니다.

11-1 $12-\square=6$이라 할 때 6은 2와 4로 가를 수 있으므로 $10-\square=4$, $\square=6$입니다.
따라서 □ 안에는 6보다 큰 수가 들어가야 하므로 □ 안에 들어갈 수 있는 가장 작은 수는 7입니다.

11-2 • $9+\square=13$이라 할 때 9는 3과 6으로 가를 수 있으므로 $6+\square=10$, $\square=4$입니다.
• $9+\square=17$이라 할 때 9는 2와 7로 가를 수 있으므로 $2+\square=10$, $\square=8$입니다.
따라서 □ 안에는 4보다 크고 8보다 작은 수가 들어갈 수 있으므로 5, 6, 7이 들어갈 수 있습니다.

11-3 • $13-\square=4$라 할 때 4는 3과 1로 가를 수 있으므로 $10-\square=1$, $\square=9$입니다.
• $13-\square=9$라 할 때 9는 3과 6으로 가를 수 있으므로 $10-\square=6$, $\square=4$입니다.
따라서 □ 안에는 4보다 크고 9보다 작은 수가 들어갈 수 있으므로 5, 6, 7, 8이 들어갈 수 있습니다.

유형 12 • 9는 6과 3으로 가를 수 있습니다.
●$+9=16$에서 ●$+6+3=16$이고, ●$+3=10$입니다.
3과 더해서 10이 되는 수는 7이므로 ●$=7$입니다.
• $12-$●$=$▲, ▲$=12-7=5$

12-1 • 8은 4와 4로 가를 수 있습니다.
●$+8=14$에서 ●$+4+4=14$이고, ●$+4=10$입니다.
4와 더해서 10이 되는 수는 6이므로 ●$=6$입니다.
• $15-$●$=$▲, ▲$=15-6=9$

12-2 • ●$+$▲$=9$이므로 ●$+$▲$+$▲$=13$에서
$9+$▲$=13$이고, 9는 3과 6으로 가를 수 있습니다.
$9+$▲$=13$에서 $3+6+$▲$=13$이고, $6+$▲$=10$입니다.
6과 더해서 10이 되는 수는 4이므로 ▲$=4$입니다.
• ●$+$▲$=9$, ●$+4=9$이므로 ●$=5$입니다.

5단원 규칙 찾기

86~88쪽 AI가 추천한 단원 평가 1회

01 (그림)

02 초콜릿 03 ○, ×, ○, ×

04 아이스크림 05 흰색

06 예 1, 0, 0, 1, 0, 0, 1, 0, 0

07 예 ● ○ ● ○ ● ○ ● ○

08 ↓, ↑ 09 10

10 63, 64, 65, 66 11 풀이 참고

12 8, 10, 14, 18 13 풀이 참고

14 ( )(○)( )

15

●	◆	●	◆	●
◆	◆	●	◆	●
●	●	●	◆	●
◆	◆	◆	◆	●
●	●	●	●	●

16 15개, 10개

17

화면

A	1	2	3	4	5	6	7	8	9	10
B	1	2	3	4	5	6	7	8	9	10
C	1	2	3	4	5	6	7	8	9	10
D	1	2	3	4	5	6	7	8	9	10
E	1	2	3	4	5	6	7	8	9	10

18 66, 70

19 55, 60, 65, 70, 75, 80, 85

20 (시계 그림)

04 아이스크림과 초콜릿이 반복되는 규칙이므로 초콜릿 다음에는 아이스크림을 놓아야 합니다.

08 화살표의 방향이 아래쪽 1개, 위쪽 2개가 반복되는 규칙입니다.

09 8, 18, 28, ……, 88, 98은 10개씩 묶음의 수가 1씩 커지는 규칙입니다.
따라서 ↓ 방향으로 10씩 커지는 규칙입니다.

10 → 방향으로 낱개의 수가 1씩 커지는 규칙이므로 ▭에 알맞은 수는 63, 64, 65, 66입니다.

11 예 10개씩 묶음의 수가 1로 같고, 낱개의 수가 $3-1=2$, $5-3=2$……이므로 수 배열에서 다음에 오는 수와의 차를 구하면 모두 2입니다.」 ❶
따라서 2씩 커지는 규칙입니다.」 ❷

채점 기준

❶ 다음에 오는 수와의 차 구하기	3점
❷ 수 배열에서 규칙을 찾아 설명하기	2점

12 2, 4, 6으로 2씩 커지는 규칙입니다.
따라서 6부터 2씩 커지도록 수를 써넣습니다.

13 예 쪼그려 앉은 동작, 손을 머리 위로 올린 동작, 손을 허리춤에 올린 동작이 반복되는 규칙입니다.」 ❶

채점 기준

❶ 어떤 규칙으로 몸동작을 표현한 것인지 설명하기	5점

14 쪼그려 앉은 동작 다음이므로 손을 머리 위로 올린 동작이 와야 합니다.

15

●	◆	●	◆	●
◆	◆	●	◆	●
●	●	●	◆	●
◆	◆	◆	◆	●
●	●	●	●	●

17 좌석 번호가 D4이므로 D로 시작하는 줄에서 4를 찾아 색칠합니다.

18 수 배열표에서 → 방향으로는 1씩 커지고, ↓ 방향으로는 5씩 커지는 규칙입니다.
따라서 ★에 알맞은 수는 66이고, ♣에 알맞은 수는 70입니다.

19 **보기**의 규칙은 5씩 커지는 규칙입니다.
따라서 50부터 시작하여 5씩 커지도록 수를 써넣습니다.

20 시계의 짧은바늘은 1과 2 사이, 2와 3 사이, 3과 4 사이를 가리키므로 1씩 커지는 곳을 가리키는 규칙이고, 긴바늘은 6을 가리키는 규칙입니다.
따라서 네 번째 시계에 짧은바늘은 4와 5 사이를 가리키고, 긴바늘은 6을 가리키도록 그립니다.

89~91쪽 AI가 추천한 단원 평가 2회

01 ■ 모양　02 ▲　03 ● 모양

04 예

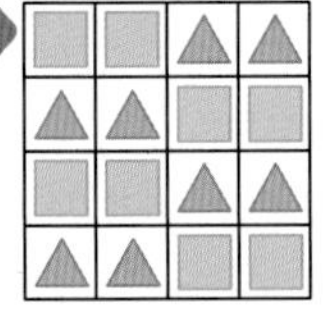

05 손

06 쿵, 쿵, 짝, 쿵, 쿵, 짝

07 14, 16, 17, 18

08 70, 60, 50, 40

09 예

10

11 풀이 참고

12

1	2	3	4	5	6	7	8	9	10
11	12	13	14	15	16	17	18	19	20
21	22	23	24	25	26	27	28	29	30
31	32	33	34	35	36	37	38	39	40

13 1, 0, 1, 1, 0 / 5　14 풀이 참고

15 예 45, 40, 35, 30, 25, 20

16 예 개수, 색

17 예

1	2	3	1	2	3	1	2	3
초	파	초	파	초	파	초	파	초

18 예

41	42	43	44	45	46	47	48	49
50	51	52	53	54	55	56	57	58
59	60	61	62	63	64	65	66	67
68	69	70	71	72	73	74	75	76

/47, 9

19 8, 4　20 검은색 바둑돌, 4개

03 ●, ▲ 모양이 반복되는 규칙이므로 ▲ 모양 다음에는 ● 모양이 와야 합니다.

06 발을 '쿵', 손을 '짝'으로 하여 말로 나타냅니다.

07 1씩 커지는 규칙이므로 낱개의 수를 1씩 커지게 합니다.

08 10씩 작아지는 규칙이므로 10개씩 묶음의 수를 1씩 작아지게 합니다.

09 꿀벌의 배의 무늬는 노란색과 검은색 줄무늬가 반복되는 규칙입니다.

11 예 ▲, ■, ▲ 모양이 반복되는 규칙입니다.」❶

채점 기준

❶ 깃발의 규칙을 찾아 설명하기	5점

12 수 배열표에서 ↓ 방향으로 10씩 커지므로 7부터 시작하여 ↓ 방향으로 색칠합니다.

13 켜진 전구를 1, 꺼진 전구를 0으로 하여 수로 나타냅니다.
➔ $1+0+1+1+0+1+1+0=5$

14 예 왼쪽 수 배열표는 → 방향으로 1씩 커지고, 오른쪽 수 배열표는 ↓ 방향으로 1씩 커집니다.」❶
따라서 1씩 커지는 방향이 다릅니다.」❷

채점 기준

❶ 두 수 배열표의 규칙 찾기	3점
❷ 규칙이 어떻게 다른지 설명하기	2점

15 5씩 작아지는 규칙을 만들 수 있습니다.
따라서 거꾸로 생각하여 15부터 시작하여 왼쪽으로 5씩 커지도록 수를 써넣습니다.
참고 15, 10, 5가 반복되는 규칙을 만들 수도 있습니다.

17 • 연결 모형의 개수가 1개, 2개, 3개가 반복되는 규칙입니다.
• 연결 모형의 색이 초록색과 파란색이 반복되는 규칙입니다.

18 한쪽 방향으로 색칠하고 규칙을 설명합니다.

19 $2+2=4$, $3+3=6$이므로 양옆에 같은 수를 더한 계산 결과를 가운데에 쓰는 규칙입니다.
➔ $4+4=8$

20 ○●● ○●● ○●●이므로 흰색, 검은색, 검은색 바둑돌이 반복되는 규칙입니다.
바둑돌을 3개 더 놓는다면 흰색 바둑돌 1개와 검은색 바둑돌 2개를 더 놓습니다.
따라서 검은색 바둑돌이 흰색 바둑돌보다 $8-4=4$(개) 더 많습니다.

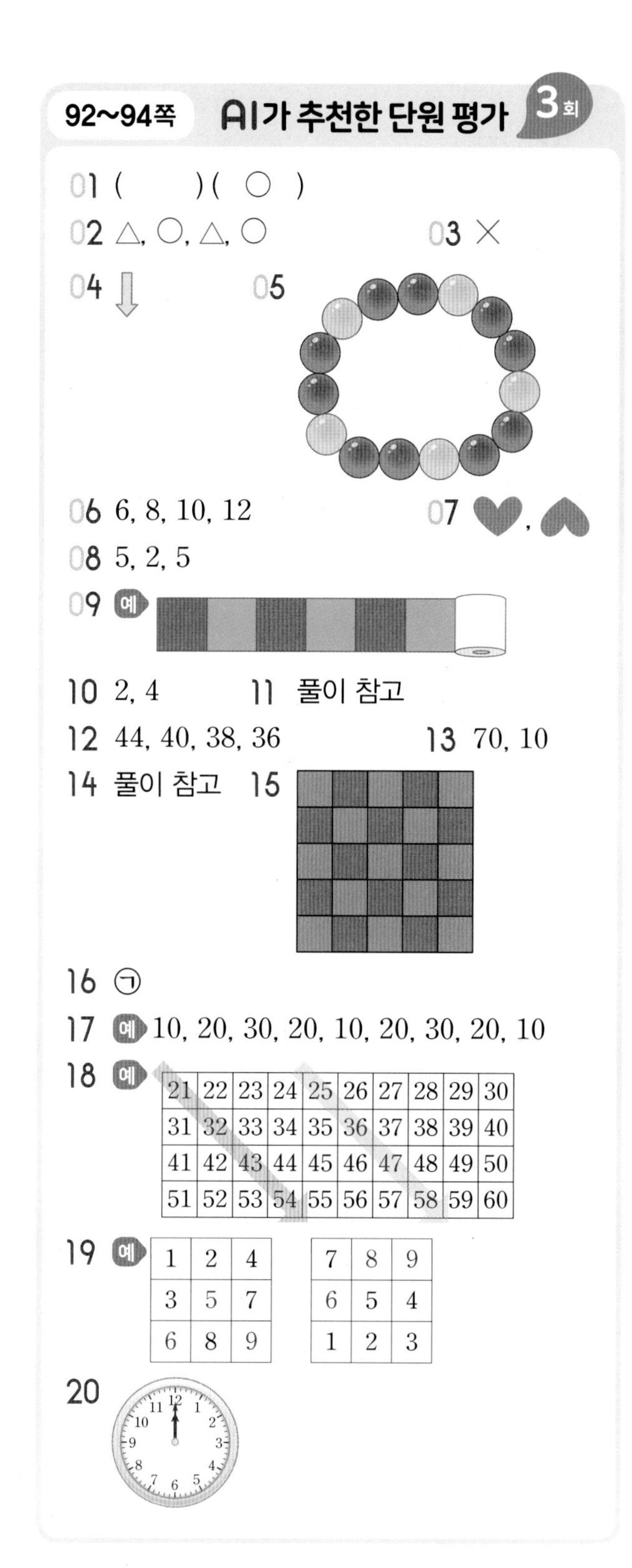

92~94쪽 **AI가 추천한 단원 평가 3회**

01 ( )(○)

02 △, ○, △, ○

03 ×

04 ⇩

05

06 6, 8, 10, 12

07 ♥, ♠

08 5, 2, 5

09 예

10 2, 4

11 풀이 참고

12 44, 40, 38, 36

13 70, 10

14 풀이 참고

15

16 ㉠

17 예 10, 20, 30, 20, 10, 20, 30, 20, 10

18 예

21	22	23	24	25	26	27	28	29	30
31	32	33	34	35	36	37	38	39	40
41	42	43	44	45	46	47	48	49	50
51	52	53	54	55	56	57	58	59	60

19 예

1	2	4
3	5	7
6	8	9

7	8	9
6	5	4
1	2	3

20

05 노란색, 빨간색, 빨간색 구슬이 반복되는 규칙입니다.

06 2씩 커지도록 수를 써넣습니다.

07 ♥, ♠이 반복되는 규칙입니다.

08 2, 5가 반복되는 규칙입니다.

09 색이 반복되도록 규칙을 만들어 색칠합니다.

11 예 」❶

1부터 시작하여 1씩 커지는 규칙입니다.」❷

채점 기준

❶ 나만의 규칙을 정해 주사위의 눈 그리기	2점
❷ 규칙 설명하기	3점

12 50부터 시작하여 2씩 작아지는 규칙입니다.

13 70, 80, 90, 100이므로 70부터 시작하여 ↓ 방향으로 10씩 커지는 규칙입니다.

14 예

61	62	63	64	65	66	67	68	69	70
71	72	73	74	75	76	77	78	79	80
81	82	83	84	85	86	87	88	89	90
91	92	93	94	95	96	97	98	99	100

」❶

81부터 시작하여 1씩 커지는 규칙입니다.」❷

채점 기준

❶ 규칙을 정해 수 배열표 색칠하기	2점
❷ 규칙 설명하기	3점

15 파란색과 빨간색이 반복되는 규칙입니다.

16 ㉠ 1, 2, 3, 2가 반복되는 규칙입니다.
㉡ 2씩 커지는 규칙입니다.
㉢ 2씩 커지는 규칙입니다.
따라서 ㉠은 반복되는 규칙이고 ㉡, ㉢은 2씩 커지는 규칙이므로 규칙이 다른 것은 ㉠입니다.

18 화살표(➡)와 방향이 같도록 파란색 화살표를 그립니다.

19 1씩 커지는 방향이 서로 다르도록 수를 써넣습니다.

1	2	4
3	5	7
6	8	9

7	8	9
6	5	4
1	2	3

20 시계의 짧은바늘은 3, 6, 9를 가리키므로 3씩 커지는 수를 가리키는 규칙이고, 긴바늘은 12를 가리키는 규칙입니다.
따라서 네 번째 시계에 짧은바늘이 $9+3=12$를 가리키고, 긴바늘이 12를 가리키도록 그립니다.

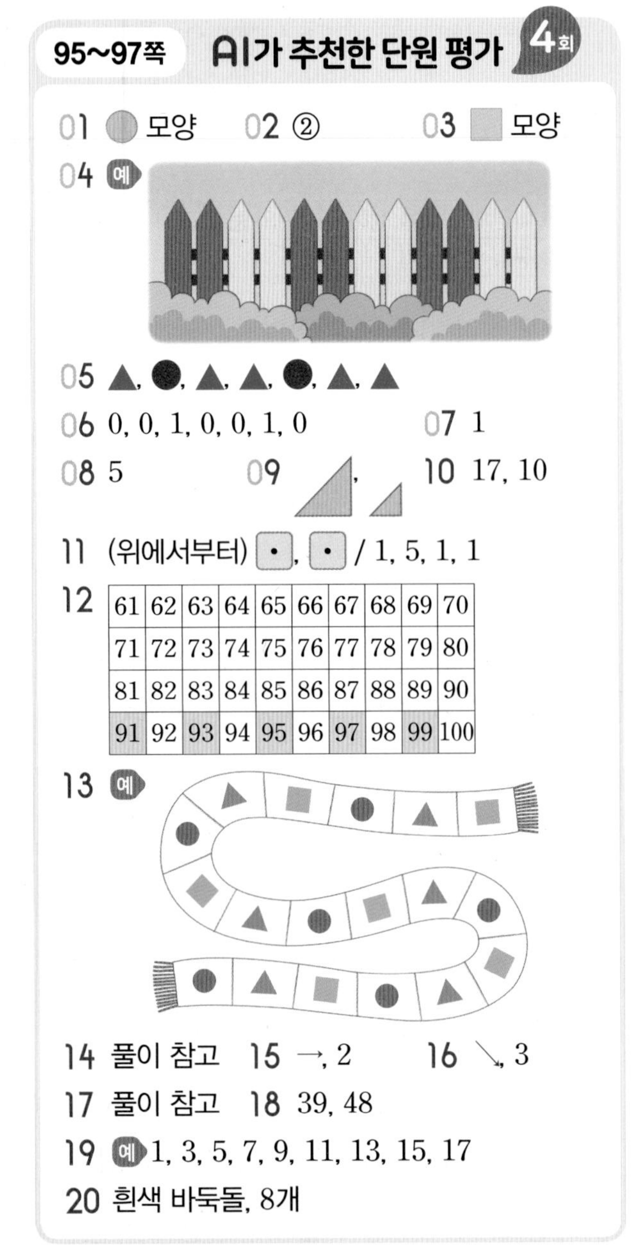

95~97쪽 AI가 추천한 단원 평가 4회

01 ◍ 모양　02 ②　03 ■ 모양

04 예

05 ▲, ●, ▲, ▲, ●, ▲, ▲

06 0, 0, 1, 0, 0, 1, 0　07 1

08 5　09 ◢, ◢　10 17, 10

11 (위에서부터) ⚀, ⚀ / 1, 5, 1, 1

12

61	62	63	64	65	66	67	68	69	70
71	72	73	74	75	76	77	78	79	80
81	82	83	84	85	86	87	88	89	90
91	92	93	94	95	96	97	98	99	100

13 예

14 풀이 참고　15 →, 2　16 ↘, 3

17 풀이 참고　18 39, 48

19 예 1, 3, 5, 7, 9, 11, 13, 15, 17

20 흰색 바둑돌, 8개

03 ■, ▲ 모양이 반복되는 규칙이므로 ▲ 모양 다음에는 ■ 모양이 와야 합니다.

05 사탕, 막대사탕, 막대사탕이 반복되는 규칙입니다.
사탕은 ●, 막대사탕은 ▲로 나타냅니다.

06 ◒, ●, ◒이 반복되는 규칙입니다.
◒은 0, ●은 1로 나타냅니다.

07 21, 22, 23, 24, 25는 1씩 커지는 규칙입니다.

08 4, 9, 14, 19, 24는 5씩 커지는 규칙입니다.

12 수 배열표에서 → 방향으로 1씩 커지는 규칙이므로 91부터 시작하여 → 방향으로 2칸씩 뛰어 가며 색칠합니다.

13 여러 가지 모양으로 규칙을 만들어 목도리를 꾸밉니다.
참고 목도리에 여러 가지 색을 칠하여 규칙을 만들 수도 있습니다.

14 예 ■, ▲, ● 모양이 반복되는 규칙으로 목도리를 꾸몄습니다.」 ❶

채점 기준

❶ 목도리를 꾸민 규칙 설명하기	5점

15 → 4부터 시작하여 → 방향으로 2씩 커지는 규칙입니다.

16

→ 1부터 시작하여 ↘ 방향으로 3씩 커지는 규칙입니다.

17 예 새로운 규칙의 수 배열을 찾으면

입니다.」 ❶

1, 2, 3, 4는 1부터 시작하여 ↙ 방향으로 1씩 커지는 규칙입니다.」 ❷

채점 기준

❶ 새로운 규칙의 수 배열 찾기	2점
❷ 규칙 설명하기	3점

18 수 배열표에서 → 방향으로는 1씩 커지고, ↓ 방향으로는 6씩 커지는 규칙입니다.
따라서 ♠에 알맞은 수는 39이고, ♥에 알맞은 수는 48입니다.

19 홀수로만 이루어진 규칙이므로 홀수부터 시작하여 짝수만큼씩 커지는 규칙으로 만듭니다.

20 ○○●○ | ○○●○ | ○○●○이므로 흰색, 흰색, 검은색, 흰색 바둑돌이 반복되는 규칙입니다.
바둑돌을 4개 더 놓는다면 흰색 바둑돌 3개와 검은색 바둑돌 1개를 더 놓습니다.
따라서 흰색 바둑돌이 검은색 바둑돌보다 $12-4=8$(개) 더 많습니다.

유형 1 1

1-1 

1-2 예 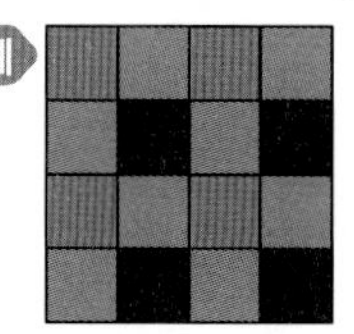

1-3 예 빨간색 불과 초록색 불이 번갈아 가며 켜지는 규칙입니다.

1-4 예 봄, 여름, 가을, 겨울이 반복되는 규칙입니다.

유형 2 예 

2-1 예 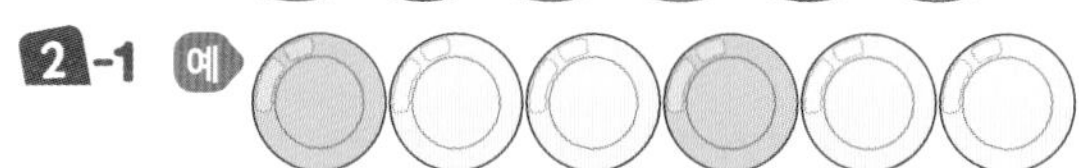

2-2 예 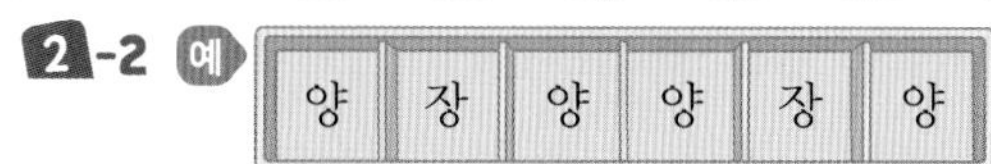

2-3 예 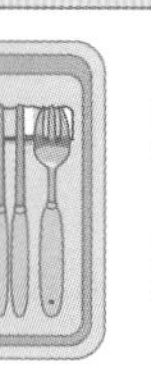  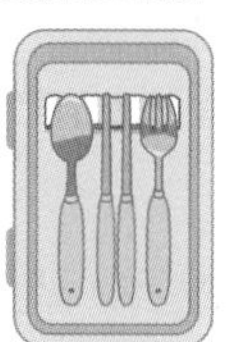

유형 3 10, 50

3-1 51, 61, 81, 91

3-2 3, 9

3-3 87, 84, 81, 78

유형 4

11	12	13	14	15	16	17	18	19	20
21	22	23	24	25	26	27	28	29	30
31	32	33	34	35	36	37	38	39	40
41	42	43	44	45	46	47	48	49	50

4-1

51	52	53	54	55	56	57	58	59	60
61	62	63	64	65	66	67	68	69	70
71	72	73	74	75	76	77	78	79	80
81	82	83	84	85	86	87	88	89	90
91	92	93	94	95	96	97	98	99	100

4-2

41	42	43	44	45	46	47	48
49	50	51	52	53	54	55	56
57	58	59	60	61	62	63	64
65	66	67	68	69	70	71	72
73	74	75	76	77	78	79	80

유형 5 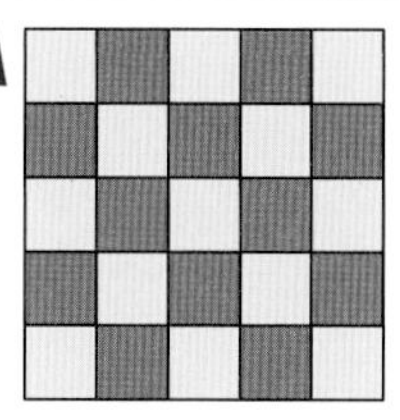

5-1 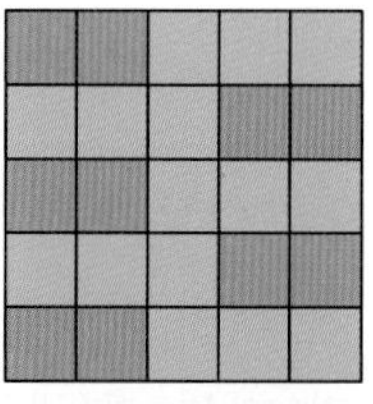

5-2 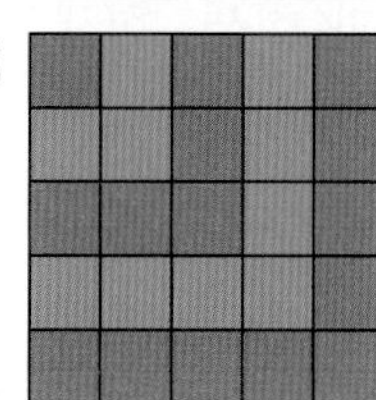

유형 6

화면

가	1	2	3	4	5	6	7	8	9	10
나	1	2	3	4	5	6	7	8	9	10
다	1	2	3	4	5	6	7	8	9	10
라	1	2	3	4	5	6	7	8	9	10
마	1	2	3	4	5	6	7	8	9	10

6-1

화면

A	1	2	3	4	5	6	7	8	9	10
B	1	2	3	4	5	6	7	8	9	10
C	1	2	3	4	5	6	7	8	9	10
D	1	2	3	4	5	6	7	8	9	10
E	1	2	3	4	5	6	7	8	9	10
F	1	2	3	4	5	6	7	8	9	10
G	1	2	3	4	5	6	7	8	9	10
H	1	2	3	4	5	6	7	8	9	10

유형 7 ㉡, ㉢

7-1 (위에서부터) 5, 7, 5, 7 / ㄴ, ㄷ, ㄴ, ㄷ

7-2 예 (위에서부터) 8, 10, 8, 8, 10, 8 / ㅁ, ㅂ, ㅁ, ㅁ, ㅂ, ㅁ

유형 8 14, 17

8-1 91, 100

8-2 69, 84

유형 9 

9-1 

9-2 5시 30분

9-3 

유형 10 흰색 바둑돌, 4개

10-1 검은색 바둑돌, 6개

10-2 검은색 바둑돌, 5개

10-3 흰색 바둑돌, 10개

유형 1 어린이 신문 1, 2, 3권으로 수가 1씩 커지는 규칙입니다.

1-1 • 나무는 큰 나무와 작은 나무가 반복됩니다.
• 도로에 검은색과 노란색이 반복됩니다.

1-2 윗옷의 색은 빨간색과 회색, 회색과 검은색이 줄을 바꾸어 가며 반복되는 규칙입니다.

1-3 신호등의 불이 반복되어 켜지는 규칙을 설명합니다.

1-4 우리나라의 사계절은 봄, 여름, 가을, 겨울로 4개의 계절이 반복되는 규칙입니다.

유형 2 2가지 또는 3가지 색이 반복되도록 규칙을 만들어 색칠합니다.

2-1 2가지 또는 3가지 색이 반복되도록 규칙을 만들어 색칠합니다.

2-2 양말 4켤레와 장갑 2켤레가 반복되는 규칙을 정해 다시 정리합니다.

2-3 숟가락, 젓가락, 포크를 규칙을 정해 3개의 수저통에 똑같이 넣습니다.

유형 3 10, 50, 50이 반복되는 규칙입니다.
따라서 두 번째 50 다음이므로 10, 50이 와야 합니다.

3-1 21, 31, 41로 10씩 커지는 규칙입니다.
따라서 41부터 10씩 커지도록 수를 써넣습니다.

참고 10씩 커지는 규칙은 10개씩 묶음의 수가 1씩 커집니다.

3-2 3, 6, 9가 반복되는 규칙입니다.
따라서 9 다음에는 3, 6 다음에는 9가 와야 합니다.

3-3 99, 96, 93, 90으로 3씩 작아지는 규칙입니다.
따라서 90부터 3씩 작아지도록 수를 써넣습니다.

유형 4 수 배열표에서 → 방향으로 1씩 커지므로 15부터 시작하여 → 방향으로 4칸씩 뛰어 가며 색칠합니다.

4-1 수 배열표에서 ↓ 방향으로 10씩 커지므로 60부터 시작하여 ↓ 방향으로 색칠합니다.

4-2 수 배열표에서 ↘ 방향으로 9씩 커지므로 44부터 시작하여 ↘ 방향으로 색칠합니다.

유형 5 노란색과 빨간색이 반복되는 규칙입니다.

5-1 파란색 2칸과 초록색 3칸, 초록색 3칸과 파란색 2칸이 줄을 바꾸어 가며 반복되는 규칙입니다.

5-2 보라색과 파란색이 반복되며 ＿| 모양으로 색칠되는 규칙입니다.

유형 6 좌석 번호가 다7이므로 다로 시작하는 줄에서 7을 찾아 색칠합니다.

6-1 좌석 번호가 G6, G7이므로 G로 시작하는 줄에서 6과 7을 찾아 각각 색칠합니다.

유형 7 • 연결 모형의 색이 노란색, 빨간색, 빨간색이 반복되는 규칙입니다.
• 연결 모형의 개수가 1개, 2개, 2개가 반복되는 규칙입니다.

7-1 • (연결 모형)은 연결 모형의 수가 5개이고, ㄴ 모양입니다. 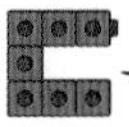
• (연결 모형)은 연결 모형의 수가 7개이고, ㄷ 모양입니다.
따라서 (연결 모형), (연결 모형)이 반복되는 규칙에 따라 수와 모양으로 각각 나타냅니다.

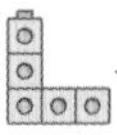

7-2 • (연결 모형)은 연결 모형의 수가 8개이고, ㅁ 모양입니다. 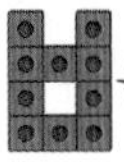
• (연결 모형)은 연결 모형의 수가 10개이고, ㅂ 모양입니다.
따라서 (연결 모형), (연결 모형), (연결 모형)이 반복되는 규칙에 따라 수와 모양으로 각각 나타냅니다.

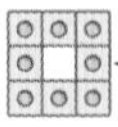

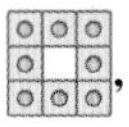

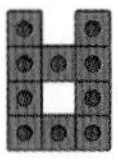

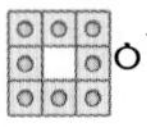

유형 8 수 배열표에서 → 방향으로는 1씩 커지고, ↓ 방향으로는 5씩 커지는 규칙입니다.
따라서 ★에 알맞은 수는 14이고, ♣에 알맞은 수는 17입니다.

다른 풀이 수 배열표를 모두 채우면 다음과 같습니다.

1	2	3	4	5
6	7	8	9	10
11	12	13	14	15
16	17	18	19	20

따라서 ★에 알맞은 수는 14이고, ♣에 알맞은 수는 17입니다.

8-1 수 배열표에서 → 방향으로는 1씩 커지고, ↓ 방향으로는 5씩 커지는 규칙입니다.
따라서 ★에 알맞은 수는 91이고, ♣에 알맞은 수는 100입니다.

참고 • ★에 알맞은 수는 81부터 ↓ 방향으로 5씩 2번 커지므로 91입니다.
• ♣에 알맞은 수는 96부터 → 방향으로 1씩 5번 커지므로 100입니다.

8-2 수 배열표에서 → 방향으로는 1씩 커지고, ↓ 방향으로는 7씩 커지는 규칙입니다.
따라서 ★에 알맞은 수는 69이고, ♣에 알맞은 수는 84입니다.

유형 9 시계의 짧은바늘은 7과 8 사이, 8과 9 사이, 9와 10 사이를 가리키므로 1씩 커지는 곳을 가리키는 규칙이고, 긴바늘은 6을 가리키는 규칙입니다.
따라서 네 번째 시계에 짧은바늘이 10과 11 사이를 가리키고, 긴바늘이 6을 가리키도록 그립니다.

9-1 시계의 짧은바늘은 1, 3, 5, 7, 9를 가리키므로 2씩 커지는 수를 가리키는 규칙이고, 긴바늘은 12를 가리키는 규칙입니다.
따라서 여섯 번째 시계에 짧은바늘이 $9+2=11$을 가리키고, 긴바늘이 12를 가리키도록 그립니다.

9-2 시계의 짧은바늘은 3, 3과 4 사이, 4, 4와 5 사이, 5를 가리키므로 1의 반씩 커지는 곳을 가리키는 규칙이고, 긴바늘은 12와 6이 반복되도록 가리키는 규칙입니다.
따라서 여섯 번째 시계는 짧은바늘이 5와 6 사이를 가리키고, 긴바늘이 6을 가리켜야 하므로 5시 30분입니다.

9-3 시계의 짧은바늘은 5와 6 사이 다음이므로 6을 가리키고, 긴바늘은 6 다음이므로 12를 가리키도록 그립니다.

유형 10 ○○●|○○●|○○●이므로 흰색, 흰색, 검은색 바둑돌이 반복되는 규칙입니다.
바둑돌을 3개 더 놓는다면 흰색 바둑돌 2개와 검은색 바둑돌 1개를 더 놓습니다.
따라서 흰색 바둑돌이 검은색 바둑돌보다 $8-4=4$(개) 더 많습니다.

10-1 ●●●○|●●●○이므로 검은색, 검은색, 검은색, 흰색 바둑돌이 반복되는 규칙입니다.
바둑돌을 4개 더 놓는다면 검은색 바둑돌 3개와 흰색 바둑돌 1개를 더 놓습니다.
따라서 검은색 바둑돌이 흰색 바둑돌보다 $9-3=6$(개) 더 많습니다.

10-2 ●○●|●○●|●○●이므로 검은색, 흰색, 검은색 바둑돌이 반복되는 규칙입니다.
바둑돌을 6개 더 놓는다면 검은색 바둑돌 4개와 흰색 바둑돌 2개를 더 놓습니다.
따라서 검은색 바둑돌이 흰색 바둑돌보다 $10-5=5$(개) 더 많습니다.

10-3 ○●○○|○●○○|○●○○이므로 흰색, 검은색, 흰색, 흰색 바둑돌이 반복되는 규칙입니다.
바둑돌을 8개 더 놓는다면 흰색 바둑돌 6개와 검은색 바둑돌 2개를 더 놓습니다.
따라서 흰색 바둑돌이 검은색 바둑돌보다 $15-5=10$(개) 더 많습니다.

6단원 덧셈과 뺄셈(3)

106~108쪽 AI가 추천한 단원 평가 1회

01 16　02 16　03 70
04 89　05 60　06 63
07 미나　08 (위에서부터) 99, 92
09 (선 잇기)　10 >　11 풀이 참고
12 홀, 짝, 홀　13 38번　14 12번
15 ㉡, ㉣　16 59, 51
17 풀이 참고, 61명
18 (위에서부터) 4, 1　19 3개
20 50, 20 / 60, 30

04 낱개끼리 더한 다음 10개씩 묶음끼리 더합니다.

05 낱개끼리 뺀 다음 10개씩 묶음의 수를 그대로 내려 씁니다.

06 $88-25=63$

07
$$\begin{array}{r} 2\ 3 \\ +\ 3\ 2 \\ \hline 5\ 5 \end{array}$$

08 $94+5=99$, $94-2=92$

09 $19-4=15$, $26-12=14$, $38-22=16$

10 $52-2=50$, $74-33=41$이고 $50>41$이므로 $52-2$ (>) $74-33$입니다.

11 예 7은 낱개의 수이므로 12의 낱개의 수인 2와 더해야 하는데 10개씩 묶음의 수인 1과 더했으므로 잘못 계산했습니다.」❶
$$\begin{array}{r} 1\ 2 \\ +\quad 7 \\ \hline 1\ 9 \end{array}$$ 」❷

채점 기준

❶ 틀린 이유 쓰기	2점
❷ 바르게 계산하기	3점

12 • $36+3=39$ → 홀수
• $15-3=12$ → 짝수
• $67-36=31$ → 홀수
참고 (짝수)+(홀수)=(홀수),
(홀수)−(홀수)=(짝수),
(홀수)−(짝수)=(홀수)

13 $25+13=38$(번)

14 $25-13=12$(번)

15 ㉠ $41+5=46$ ㉡ $22+22=44$
㉢ $46-5=41$ ㉣ $66-22=44$
따라서 계산 결과가 같은 두 식은 ㉡, ㉣입니다.

16 (원기둥) 모양은 55과 4입니다.
→ 합: $55+4=59$, 차: $55-4=51$

17 예 미술관에 입장한 사람은 모두 $43+45=88$(명)입니다.」❶
따라서 박물관에 입장한 사람은 $88-27=61$(명)입니다.」❷

채점 기준

❶ 미술관에 입장한 사람 수 구하기	2점
❷ 박물관에 입장한 사람 수 구하기	3점

18
$$\begin{array}{r} ㉠\ 2 \\ +\ 4\ ㉡ \\ \hline 8\ 3 \end{array}$$
• 2+㉡=3에서 2와 더해서 3이 되는 수는 1이므로 ㉡=1입니다.
• ㉠+4=8에서 4와 더해서 8이 되는 수는 4이므로 ㉠=4입니다.

19 ㉠ $62+6=68$ ㉡ $75-3=72$
따라서 68과 72 사이에 있는 수는 69, 70, 71이므로 모두 3개입니다.

20 (몇십)−(몇십)=30이므로 10개씩 묶음의 수의 차가 3이 되는 두 수를 찾습니다.
$5-2=3$, $6-3=3$이므로 차가 30이 되는 뺄셈식은 $50-20=30$, $60-30=30$입니다.

109~111쪽 AI가 추천한 단원 평가 

01 27	02 10, 30	03 90
04 30	05 66	06 33
07 79	08 23	09
10 24, 23, 22, 21		11 43, 78

12 (위에서부터) 99, 40, 59
13 $21+8=29$, 29쪽
14 풀이 참고, 사탕, 21개
15 예 $35+21=56$ / 예 $72-11=61$
16 5 17 풀이 참고, 5
18 78, 48, 80 19 11 20 98

07 수직선을 식으로 나타내면 $44+35=\square$이므로 $\square=44+35=79$입니다.

08 $29-6=23$

09 $73+5=78$, $61+15=76$, $52+25=77$

10 빼지는 수가 같고, 빼는 수가 1씩 커지면 차는 1씩 작아집니다.

$$35-11=24$$
$$35-12=23$$
$$35-13=22 \quad (+1, -1)$$
$$35-14=21$$

11 더하는 두 수의 순서를 바꾸어도 합이 같습니다.
➡ $43+35=35+43=78$

12 $20+20=40$, $16+43=59$, $40+59=99$

13 (오늘까지 읽은 동화책 쪽수)
=(어제까지 읽은 동화책 쪽수)
+(오늘 읽은 동화책 쪽수)
$=21+8=29$(쪽)

14 예 $63>42$이므로 사탕의 수에서 초콜릿의 수를 뺀 $63-42$를 계산하면 됩니다.」❶
따라서 사탕이 초콜릿보다 $63-42=21$(개) 더 많습니다.」❷

채점 기준

❶ 문제에 알맞은 식 만들기	2점
❷ 사탕과 초콜릿 중에서 어느 것이 몇 개 더 많은지 구하기	3점

15 • 빨간색 주머니에서 고른 수와 파란색 주머니에서 고른 수를 더해서 덧셈식을 만듭니다.
• 빨간색 주머니에서 고른 수에서 파란색 주머니에서 고른 수를 빼서 뺄셈식을 만듭니다.

16
$$\begin{array}{r} 4\ 7 \\ -\ \ \square \\ \hline 4\ 2 \end{array}$$
• $7-\square=2$에서 7에서 빼서 2가 되는 수는 5이므로 $\square=5$입니다.
• 4는 그대로 내려 씁니다.

17 예 $96-32=64$이므로 식을 간단하게 만들면 $64>\square5$입니다.」❶
따라서 $\square$ 안에는 6보다 작은 수가 들어가야 하므로 $\square$ 안에 들어갈 수 있는 가장 큰 수는 5입니다.」❷

채점 기준

❶ 식을 간단하게 만들기	3점
❷ $\square$ 안에 들어갈 수 있는 가장 큰 수 구하기	2점

18 • ■ 모양은 액자와 메모지이므로 합은 $45+33=78$입니다.
• ▲ 모양은 교통 표지판과 삼각자이므로 합은 $31+17=48$입니다.
• ● 모양은 단추와 동전이므로 합은 $60+20=80$입니다.

19 오른쪽으로 갈수록 낱개의 수가 1씩 커지는 규칙이고, 아래쪽으로 내려갈수록 10개씩 묶음의 수가 1씩 커지는 규칙입니다.
따라서 ㉠에 알맞은 수는 18이고, ㉡에 알맞은 수는 29입니다.
➡ ㉡$-$㉠$=29-18=11$

20 만들 수 있는 가장 큰 수는 75이고, 가장 작은 수는 23입니다.
➡ $75+23=98$

112~114쪽 AI가 추천한 단원 평가 3회

01 예

○	○	○	○	○	○	○	∅
○	○	○	○	○	○	○	
○	○	○	○	○	○	∅	
○	○	○	○	○	○	∅	
○	○	○	○	○	○	∅	

02 32 03 76 04 31
05 50 06 60 07 86
08 $45+34=40+5+30+4=70+9=79$
09 45, 55 10 $=$ 11 풀이 참고
12 (위에서부터) 63, 40, 23
13 $68-6=62$, 62권
14 풀이 참고, 87송이 15 57, 13
16 (위에서부터) 5, 6 17 56개
18 18, 11 19 42 20 52

05 $80-30=50$

06 [6]은 10개씩 묶음의 수이므로 60을 나타냅니다.

07 $84+2=86$

08 $45+34=40+5+30+4=70+9=79$

09 더하는 수가 같고, 더해지는 수의 10개씩 묶음의 수가 1씩 커지면 합의 10개씩 묶음의 수도 1씩 커집니다.

10 $53+6=59$, $44+15=59$이므로
$53+6 = 44+15$입니다.

11 예 4는 낱개의 수이므로 95의 낱개의 수인 5에서 빼야 하는데 10개씩 묶음의 수인 9에서 뺐으므로 잘못 계산했습니다.」❶

$$\begin{array}{r} 9\ 5 \\ -\quad 4 \\ \hline 9\ 1 \end{array}$$ 」❷

채점 기준

❶ 틀린 이유 쓰기	2점
❷ 바르게 계산하기	3점

12 $77-14=63$, $50-10=40$, $63-40=23$

13 (남은 책 수)
=(학급 문고에 있던 책 수)−(빌린 책 수)
$=68-6=62$(권)

14 예 정원에 핀 장미와 튤립의 수를 더하면 되므로 $36+51$을 계산하면 됩니다.」❶
따라서 정원에 핀 장미와 튤립은 모두
$36+51=87$(송이)입니다.」❷

채점 기준

❶ 문제에 알맞은 식 만들기	2점
❷ 정원에 핀 장미와 튤립은 모두 몇 송이인지 구하기	3점

15 • 합: $35+22=57$
• 차: $35-22=13$

16
$$\begin{array}{r} 6\ ㉠ \\ +\quad 1 \\ \hline ㉡\ 6 \end{array}$$
• ㉠$+1=6$에서 1과 더해서 6이 되는 수는 5이므로 ㉠$=5$입니다.
• 6을 그대로 내려 쓰면 되므로 ㉡$=6$입니다.

17 (팔고 남은 우유 수)
=(처음에 있던 우유 수)−(판 우유 수)
$=47-16=31$(개)
➡ (지금 있는 우유 수)
=(팔고 남은 우유 수)+(더 채운 우유 수)
$=31+25=56$(개)

18 • ●$=14+4=18$
• ●$-7=$▲, ▲$=18-7=11$

19 (두 번째에 구운 쿠키 수)
=(처음에 구운 쿠키 수)+2
$=20+2=22$(개)
➡ (전체 쿠키 수)
=(첫 번째에 구운 쿠키 수)
+(두 번째에 구운 쿠키 수)
$=20+22=42$(개)

20 만들 수 있는 가장 큰 수는 98이고, 가장 작은 수는 46입니다.
➡ $98-46=52$

115~117쪽 **AI가 추천한 단원 평가 4회**

01 22 02 6 03 59
04 42 05 96
06 90−70, 70−50에 색칠
07 37 08 ( )(○)( )
09 17, 18 10 (왼쪽에서부터) 50, 58, 19
11 풀이 참고, 71
12 20, 26, 46(또는 26, 20, 46)
13 23, 11, 12
14 88, 88, 풀이 참고 15 97
16 6 17 7, 50, 57, 57
18 (위에서부터) 9, 2 19 25
20 25, 53(또는 53, 25) / 34, 44(또는 44, 34)

06 $20-10=10$, $90-70=20$, $80-40=40$, $70-50=20$

07 수직선을 식으로 나타내면 $89-52=\square$이므로 $\square=89-52=37$입니다.

08 $73+3=76$, $75+11=86$, $77-1=76$

09 빼는 수가 같고, 빼지는 수의 낱개의 수가 1씩 커지면 차의 낱개의 수도 1씩 커집니다.

10 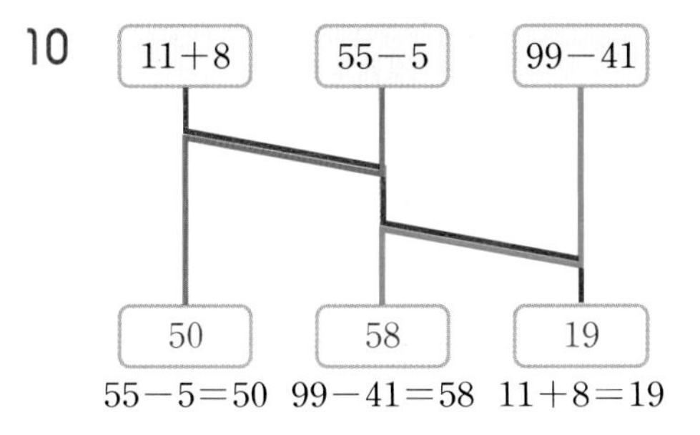

11 예 가장 큰 수는 75이고, 가장 작은 수는 4입니다.」❶
따라서 가장 큰 수와 가장 작은 수의 차는 $75-4=71$입니다.」❷

채점 기준

❶ 가장 큰 수와 가장 작은 수 각각 알기	2점
❷ 가장 큰 수와 가장 작은 수의 차 구하기	3점

12 파란색 공깃돌은 20개, 초록색 공깃돌은 26개이므로 은지 책상에 있는 공깃돌은 모두 $20+26=46$(개)입니다.

13 노란색 공깃돌은 23개, 분홍색 공깃돌은 11개이므로 노란색 공깃돌은 분홍색 공깃돌보다 $23-11=12$(개) 더 많습니다.

14 예 덧셈을 계산해 보면 $62+26=88$, $26+62=88$입니다.」❶
따라서 덧셈에서는 더하는 두 수의 순서를 바꾸어도 합이 같습니다.」❷

채점 기준

❶ 덧셈식 2개 계산하기	2점
❷ 덧셈식 2개를 보고 알 수 있는 내용 설명하기	3점

15 $71+4=75$, $75+22=97$

16 $56+11=67$이므로 식을 간단하게 만들면 $67>\square6$입니다.
따라서 $\square$ 안에는 6과 같거나 6보다 작은 수가 들어가야 하므로 $\square$ 안에 들어갈 수 있는 가장 큰 수는 6입니다.

17 ① 낱개끼리 더하면 $3+4=7$입니다.
② 10개씩 묶음끼리 더하면 $20+30=50$입니다.
③ 두 계산 결과를 더하면 $7+50=57$입니다.
④ $23+34=\boxed{57}$

18
$$\begin{array}{r} 8\ ㉠ \\ -\ ㉡\ 8 \\ \hline 6\ 1 \end{array}$$
• $㉠-8=1$에서 8을 빼서 1이 되는 수는 9이므로 $㉠=9$입니다.
• $8-㉡=6$에서 8에서 빼서 6이 되는 수는 2이므로 $㉡=2$입니다.

19 ㉠ $90+7=97$ ㉡ $77-5=72$
따라서 ㉠과 ㉡의 차는 $㉠-㉡=97-72=25$입니다.

20 (몇십몇)+(몇십몇)=78이므로 (몇십)+(몇십)=70, (몇)+(몇)=8이 되는 두 수를 찾습니다.
$20+50=70$, $30+40=70$이고, $5+3=8$, $4+4=8$이므로 합이 78이 되는 덧셈식은 $25+53=78$, $53+25=78$, $34+44=78$, $44+34=78$입니다.

118~123쪽 **틀린 유형 다시 보기**

유형 1 49	1-1 96	1-2 32
1-3 21	유형 2 >	2-1 <
2-2 >	2-3 ㉢, ㉠, ㉡, ㉣	
유형 3 66, 76, 86, 96		3-1 59, 17
3-2 62, 52, 42, 32		
3-3 31, 32, 33, 34		유형 4 17, 홀수
4-1 짝, 짝	4-2 홀, 홀, 짝	
4-3 ②, ⑤	유형 5 7	5-1 7
5-2 5	5-3 5	유형 6 56개
6-1 51명	6-2 26명	6-3 78권
유형 7 3	7-1 (위에서부터) 8, 2	
7-2 (위에서부터) 4, 2		
7-3 (위에서부터) 1, 3		유형 8 3
8-1 (위에서부터) 1, 5		
8-2 (위에서부터) 7, 2		
8-3 (위에서부터) 9, 3		유형 9 49, 42
9-1 53, 69	9-2 20, 40	9-3 23, 69
유형 10 99	10-1 88	
10-2 20, 70(또는 70, 20) / 40, 50(또는 50, 40)		
10-3 35, 51(또는 51, 35) / 42, 44(또는 44, 42)		
유형 11 65	11-1 74	
11-2 30, 10 / 90, 70		
11-3 54, 23 / 85, 54		

유형 1 수직선을 식으로 나타내면 41+8=□이므로 □=41+8=49입니다.

1-1 수직선을 식으로 나타내면 32+64=□이므로 □=32+64=96입니다.

1-2 수직선을 식으로 나타내면 39−7=□이므로 □=39−7=32입니다.

1-3 수직선을 식으로 나타내면 76−55=□이므로 □=76−55=21입니다.

유형 2 21+5=26, 29−4=25이고 26>25이므로 21+5 ⃝> 29−4입니다.

2-1 53+35=88, 66+23=89이고 88<89이므로 53+35 ⃝< 66+23입니다.

2-2 63−31=32, 79−51=28이고 32>28이므로 63−31 ⃝> 79−51입니다.

2-3 ㉠ 40+30=70 ㉡ 10+57=67
㉢ 90−10=80 ㉣ 84−20=64
따라서 80>70>67>64이므로 계산 결과가 큰 것부터 차례대로 기호를 쓰면 ㉢, ㉠, ㉡, ㉣입니다.

유형 3 더해지는 수가 같고, 더하는 수의 10개씩 묶음의 수가 1씩 커지면 합의 10개씩 묶음의 수도 1씩 커집니다.

56+10=66
56+20=76
56+30=86
56+40=96
(+10, +10)

3-1 덧셈은 더하는 두 수의 순서를 바꾸어도 합이 같으므로 17+42=42+17=59입니다.

3-2 빼지는 수가 같고, 빼는 수의 10개씩 묶음의 수가 1씩 커지면 차의 10개씩 묶음의 수는 1씩 작아집니다.

72−10=62
72−20=52
72−30=42
72−40=32
(+10, −10)

3-3 빼지는 수의 낱개의 수가 1씩 커지고, 빼는 수가 같으면 차의 낱개의 수도 1씩 커집니다.

46−15=31
47−15=32
48−15=33
49−15=34
(+1, +1)

유형 4 11+6=17이고, 17은 둘씩 짝을 지으면 남는 것이 있으므로 홀수입니다.

4-1 • 20+30=50이고, 50은 둘씩 짝을 지으면 남는 것이 없으므로 짝수입니다.
• 48−16=32이고, 32는 둘씩 짝을 지으면 남는 것이 없으므로 짝수입니다.

4-2 • $33+22=55$이고, 55는 둘씩 짝을 지으면 남는 것이 있으므로 홀수입니다.
• $29-8=21$이고, 21은 둘씩 짝을 지으면 남는 것이 있으므로 홀수입니다.
• $57-15=42$이고, 42는 둘씩 짝을 지으면 남는 것이 없으므로 짝수입니다.

4-3 ① $30+19=49$ ➔ 홀수
② $33+45=78$ ➔ 짝수
③ $53+34=87$ ➔ 홀수
④ $56-45=11$ ➔ 홀수
⑤ $86-32=54$ ➔ 짝수
참고 계산한 다음 낱개의 수가 0, 2, 4, 6, 8인 수를 모두 찾습니다.

유형 5 $52+6=58$이므로 식을 간단하게 만들면 $58>5\square$입니다. 따라서 □ 안에는 8보다 작은 수가 들어가야 하므로 □ 안에 들어갈 수 있는 가장 큰 수는 7입니다.

5-1 $23+41=64$이므로 식을 간단하게 만들면 $64<\square3$입니다. 따라서 □ 안에는 6보다 큰 수가 들어가야 하므로 □ 안에 들어갈 수 있는 가장 작은 수는 7입니다.

5-2 $79-3=76$이므로 식을 간단하게 만들면 $76>7\square$입니다. 따라서 □ 안에는 6보다 작은 수가 들어가야 하므로 □ 안에 들어갈 수 있는 가장 큰 수는 5입니다.

5-3 $99-43=56$이므로 식을 간단하게 만들면 $56<\square7$입니다. 따라서 □ 안에는 5와 같거나 5보다 큰 수가 들어가야 하므로 □ 안에 들어갈 수 있는 가장 작은 수는 5입니다.

유형 6 (전체 구슬 수)
=(노란색 구슬 수)+(파란색 구슬 수)
$=15+63=78$(개)
➔ (남은 구슬 수)
=(전체 구슬 수)
−(팔찌를 만드는 데 사용한 구슬 수)
$=78-22=56$(개)

6-1 (1학년 학생 수)
=(남학생 수)+(여학생 수)
$=34+35=69$(명)
➔ (안경을 쓰지 않은 학생 수)
=(1학년 학생 수)
−(안경을 쓴 학생 수)
$=69-18=51$(명)

6-2 (승객이 내리고 버스에 남은 승객 수)
=(처음에 타고 있던 승객 수)
−(내린 승객 수)
$=23-11=12$(명)
➔ (지금 버스에 타고 있는 승객 수)
=(승객이 내리고 버스에 남은 승객 수)
+(새롭게 탄 승객 수)
$=12+14=26$(명)

6-3 (학생들이 빌리고 남은 책 수)
=(처음에 있던 책 수)−(빌린 책 수)
$=86-23=63$(권)
➔ (지금 학급 문고에 있는 책 수)
=(학생들이 빌리고 남은 책 수)
+(반납한 책 수)
$=63+15=78$(권)

유형 7
$$\begin{array}{r} 1\ 6 \\ +\ \ \ \square \\ \hline 1\ 9 \end{array}$$
• $6+\square=9$에서 6과 더해서 9가 되는 수는 3이므로 $\square=3$입니다.
• 1은 그대로 내려 씁니다.

7-1
$$\begin{array}{r} ㉠\ 2 \\ +\ \ \ ㉡ \\ \hline 8\ 4 \end{array}$$
• $2+㉡=4$에서 2와 더해서 4가 되는 수는 2이므로 $㉡=2$입니다.
• ㉠을 그대로 내려 쓰면 8이 되므로 $㉠=8$입니다.

7-2
$$\begin{array}{r} 3\ 1 \\ +\ ㉠\ 1 \\ \hline 7\ ㉡ \end{array}$$
• $1+1=㉡$에서 $㉡=1+1=2$입니다.
• $3+㉠=7$에서 3과 더해서 7이 되는 수는 4이므로 $㉠=4$입니다.

7-3

$$\begin{array}{r} 5\ ㉠ \\ +\ ㉡\ 8 \\ \hline 8\ 9 \end{array}$$

• ㉠+8=9에서 8과 더해서 9가 되는 수는 1이므로 ㉠=1입니다.
• 5+㉡=8에서 5와 더해서 8이 되는 수는 3이므로 ㉡=3입니다.

유형 8

$$\begin{array}{r} 6\ \square \\ -\ \ \ 1 \\ \hline 6\ 2 \end{array}$$

• □−1=2에서 1을 빼서 2가 되는 수는 3이므로 □=3입니다.
• 6은 그대로 내려 씁니다.

8-1

$$\begin{array}{r} ㉠\ 9 \\ -\ \ \ ㉡ \\ \hline 1\ 4 \end{array}$$

• 9−㉡=4에서 9에서 빼서 4가 되는 수는 5이므로 ㉡=5입니다.
• ㉠을 그대로 내려 쓰면 1이 되므로 ㉠=1입니다.

8-2

$$\begin{array}{r} 4\ 8 \\ -\ 2\ ㉠ \\ \hline ㉡\ 1 \end{array}$$

• 8−㉠=1에서 8에서 빼서 1이 되는 수는 7이므로 ㉠=7입니다.
• 4−2=㉡에서 ㉡=4−2=2입니다.

8-3

$$\begin{array}{r} ㉠\ 6 \\ -\ 5\ ㉡ \\ \hline 4\ 3 \end{array}$$

• 6−㉡=3에서 6에서 빼서 3이 되는 수는 3이므로 ㉡=3입니다.
• ㉠−5=4에서 5를 빼서 4가 되는 수는 9이므로 ㉠=9입니다.

유형 9 • ●=45+4=49
• ●−7=▲, ▲=49−7=42

9-1 • ●=85−32=53
• 16+●=▲, ▲=16+53=69

9-2 • 30+●=50에서 30과 더해서 50이 되는 수는 20입니다. 따라서 ●=20입니다.
• 60−●=▲, ▲=60−20=40

9-3 • ●=28−5=23
• ●+●+●=▲,
▲=23+23+23=46+23=69

유형 10 만들 수 있는 가장 큰 수는 85이고, 가장 작은 수는 14입니다. ➔ 85+14=99

10-1 만들 수 있는 가장 큰 수는 65이고, 가장 작은 수는 23입니다. ➔ 65+23=88

10-2 (몇십)+(몇십)=90이므로 10개씩 묶음의 수의 합이 9가 되는 두 수를 찾습니다.
2+7=9, 4+5=9이므로 합이 90이 되는 덧셈식은 20+70=90, 70+20=90, 40+50=90, 50+40=90입니다.

10-3 (몇십몇)+(몇십몇)=86이므로
(몇십)+(몇십)=80, (몇)+(몇)=6이 되는 두 수를 찾습니다.
30+50=80, 40+40=80이고,
5+1=6, 2+4=6이므로 합이 86이 되는 덧셈식은 35+51=86, 51+35=86, 42+44=86, 44+42=86입니다.

유형 11 만들 수 있는 가장 큰 수는 75이고, 가장 작은 수는 10입니다. ➔ 75−10=65

참고 가장 작은 몇십몇을 만들 때 0은 10개씩 묶음의 수에 놓을 수 없으므로 두 번째로 작은 1을 10개씩 묶음의 수에 놓아야 합니다.

11-1 만들 수 있는 가장 큰 수는 97이고, 가장 작은 수는 23입니다. ➔ 97−23=74

11-2 (몇십)−(몇십)=20이므로 10개씩 묶음의 수의 차가 2가 되는 두 수를 찾습니다.
3−1=2, 9−7=2이므로 차가 20이 되는 뺄셈식은 30−10=20, 90−70=20입니다.

11-3 (몇십몇)−(몇십몇)=31이므로
(몇십)−(몇십)=30, (몇)−(몇)=1이 되는 두 수를 찾습니다.
50−20=30, 80−50=30이고,
4−3=1, 5−4=1이므로 차가 31이 되는 뺄셈식은 54−23=31, 85−54=31입니다.

MEMO

MEMO

아이스크림
더 실전